エネルギー環境経済システム

藤井　康正 著

コロナ社

まえがき

本書は筆者が東京大学や横浜国立大学で行ってきたエネルギーシステムに関する講義のノートやスライドを整理したものである。これらの講義は，両大学の電気系工学科の学生を対象として20年近く前に始めたものであるが，最近では文理融合の総合工学を目指すシステム創成学の学部生や社会科学系の大学院生の聴講も想定した分野横断の講義へと変化してきている。そのため読者の専門分野にかかわらず，エネルギー，環境，経済の広範な分野に関する基礎的事項を系統的に学べる教科書ができればと思い本書を執筆することにした。また，大学生だけでなく，エネルギー環境にかかわる行政の政策立案者や企業のプロジェクト立案者にも，業務の参考書として利用してもらえればと思い，比較的多くのコラムを挿入するなどし，実社会での課題などもできるだけ記述するようにした。ただ，筆者の能力不足や思い込みで，説明が不足していたり偏っていたりする箇所も多いと思われる。最近はインターネットでの検索が容易になったことから，本書で示したキーワードなどを手掛かりに，読者自身で必要な情報を探し出し，さらに深く勉強していただければと思う。

ところで6章では，2015年12月に採択されたパリ協定を考慮したエネルギーの長期シナリオを示したが，そのシナリオを描くために，世界エネルギーモデルDNE21（Dynamic New Earth 21）の計算コードを用いた。このモデルは，1995年に筆者が横浜国立大学の電子情報工学科の専任講師の頃に，前身のNE21（New Earth 21）を改良する形で開発したものである。その後DNE21はいくつかの改良を経て，国内の研究機関において2015年頃まで現役の統合評価モデルとして活用された。開発当初は1回の数値計算に1週間くらいの時間を要したこともあったが，ハードの進歩と商用ソフト（IBM社のCPLEX）の利用で，今回の計算ではそれが数秒に短縮された。この所要時間の変化に，20年以上の長い年月が経ってしまったことを思い知らされた。

この20年の間に，京都議定書の採択・発効，シェールガスや再生可能エネルギーの利用拡大，原子力発電所の過酷事故，原油価格の乱高下，中国経済の躍進など，さまざまな出来事が起きた。ただその中で，筆者の予想が大きくはずれたことといえば，それは温室効果ガスの濃度上昇による気候変動問題が，日本だけでなく世界的にも，これほどまでに継続的にかつ広範に社会の関心を集め続けていることである。低炭素社会の実現などを標語に，いまでは小中学生にも当然のように知られる問題となった。しかし，1988年以来この気候変動問題を見続けている古参の研究者としては，この問題に付随する科学的な不確実性が一般にはあまり認識されていないような気がして，逆に少し心配になることもある。本書ではこの不確実性の問題についても随所で意識して触れることにした。

さらに本書の執筆過程で意識せざるを得なかったことは原子力発電の扱いである。2011年3月の東京電力福島第一原子力発電所の事故以降，日本の世論調査では，本書執筆時点でも原子力発電に反対する意見が過半数を超えている。世界的にも脱原発を決定した国も少なくない。ただ，筆者自身は原子力発電を火力発電に代わる発電技術として将来的にも確保すべき重要な選択肢の一つであると考えている。原子力工学は筆者の本来の専門分野ではないが，本書ではやや詳しく記述することにした。少しでも多くの読者に原子力について知ってもらえればと思うからである。改めて調べてみると，筆者自身もそうであったが，原子力に関する予想外の事実にいろいろと気付くのではないかと思う。

本書の執筆にあたり，コロナ社のご担当の方々にはいろいろとご迷惑をお掛けした。関係者のご尽力がなくては本書の発刊は実現できなかったと思う。心より御礼申し上げたい。

2018年4月

藤井　康正

目　　　次

1. 序　　　論

2. エネルギー技術

3. エネルギーシステム

4．エネルギーと環境

5.　エネルギー環境と経済

6. エネルギーの長期シナリオ

7. バランスのとれたエネルギーの利用を目指して

1 序　論

1.1 超長期の地球的規模の課題

1.1.1 地球の有限性

石油製品，都市ガス，電力などの形で供給されるエネルギーは，現代社会の経済活動を支える必需財である。自動車や工場の生産設備の動力源として，オフィスや住宅の空調，給湯の熱源として，またコンピュータや照明機器などの電源として，さまざまな形態でエネルギーが消費されている。このように現代社会にはなくてはならないエネルギーであるが，その利用には，さまざまな問題が伴う。その具体例を順不同でいくつか挙げると以下のようになる。

・石油，天然ガス，石炭，ウランなどの地下資源の枯渇
・化石燃料の燃焼による CO_2 が原因とされる地球温暖化
・排気ガス（以降，排ガスと記述）に含まれる硫黄酸化物，煤塵などによる大気汚染
・災害や事故による発電所や輸送流通設備からの有害物の漏えい
・燃料用木材の過剰伐採を原因とする森林破壊
・ダムや風車などの発電設備の設置が及ぼす生態系への悪影響
・燃料価格の乱高下による貿易収支，企業収益，家計への悪影響
・輸入エネルギーの供給途絶に関する懸念
・エネルギー利用に伴う副産物，廃棄物への懸念
・平和利用目的の核物質の兵器転用への懸念

このようなエネルギー問題の中で，特に資源枯渇や環境影響の問題は，**地球の有限性**が根本原因となるため，それへの対応は人類存亡にかかわる重要な課題といえる。現状の継続は長期的には不可能であり，将来的には社会におけるエネルギーの利用の仕方を大きく変化させる必要がある。

この地球の有限性は，1972 年に**ローマクラブ**によって世界各国の言語で出版され，ミリオンセラーとなった『成長の限界』[1)†]という本でも中心的なキーワードとして取り上げられた。その本では，米国マサチューセッツ工科大学の

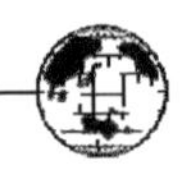

コラム 1

第一次石油危機

『成長の限界』が出版された翌年の 1973 年に，偶然ではあるが，中東地域の紛争が原因となって，原油価格が 1 バレル当り 3 ドルから 12 ドルに跳ね上がる第一次石油危機が勃発し，世界経済が大混乱に陥るという歴史的な出来事があった。この石油危機は，資源枯渇とは無関係であったが，それまで安価であった石油が全世界的な規模で急騰したことで，『成長の限界』の警告は現実味を帯びて社会に受け入れられた。

この石油危機の日本経済への影響はきわめて大きかったように思われる。経済成長率は第二次世界大戦後で初めてマイナスを記録するとともに，消費者物価指数は 20 % 以上も高騰した。街中ではトイレットペーパーや洗剤の買い占め騒動が起きた。筆者自身も，当時は低学年の小学生であったが，遠足に持参するお菓子の値段が大幅に上がり，子供ながらに社会の大きな変化を実感した。

さらに，この石油危機は，世界各国のエネルギー政策や研究開発にも大きな影響を与えた。西側先進国を中心に脱石油のエネルギー政策が進められ，1974 年にはエネルギー安全保障を高めるために国際エネルギー機関（IEA : International Energy Agency）が設立された。日本では，当時の通産省工業技術院により，1974 年から太陽，地熱，石炭，水素エネルギー技術などの新エネルギー技術を対象としたサンシャイン計画が，そして 1978 年からは高効率発電やヒートポンプなどの省エネルギー技術を対象としたムーンライト計画がそれぞれ実施された。国家予算を背景に，さまざまなエネルギー関連技術の利点や課題のほとんどがこの頃に洗い出されており，それらをまとめた報告書などは，現時点でも大変参考になる。両計画の研究成果は，その後 1980 年代後半から始まる日本における地球温暖化対策の基盤的知識にもなったと考えられる。

---

† 肩付数字は巻末の引用・参考文献番号を示す。

デニス・メドウズを主査とする国際チームが実施した**システムダイナミックス**と呼ばれる**コンピュータシミュレーション**を用いた世界モデルの研究成果が取りまとめられた。そこでは，有限な世界では経済成長を継続することは不可能であり，特に**指数関数的成長**を続ければ，人類社会は100年以内に地球の有限性の壁に突き当たり破局を迎えるとの警告がなされた。地球があたかも無限と見なす従来の考え方を改め，世界的な定常状態を目指す必要があると論じた。これは，18世紀末にマルサスが出版した『人口の原理』[2)]の現代版ともいえる。当時マルサスは，幾何級数的な人口増加に対し，食糧生産は算術級数的にしか増やせないため，いずれ食糧は不足してしまうと予言した。

指数関数的成長の凄まじさはつぎの例で理解できる。机の左端にコイン（直径2cm，厚さ2mm）を1枚置き，その右隣に2枚を積み重ねて高さ4mmのコインの塔を作り，そのまた右隣に4枚を積み重ねて高さ8mmの塔を作り，…と右隣に倍の枚数のコインを積み重ねて塔を作る操作を繰り返すとする。**図1.1**に示すようにコインの塔は明らかに机の左から右に向けて指数関数的に高くなる。机の幅が1mであれば，もしこの操作を最後まで繰り返せたとすると，机の右端に積み重ねられたコインの塔の高さは2^{50}mmとなる。これはおよそ10億kmであり，太陽から木星の距離よりも長くなる。

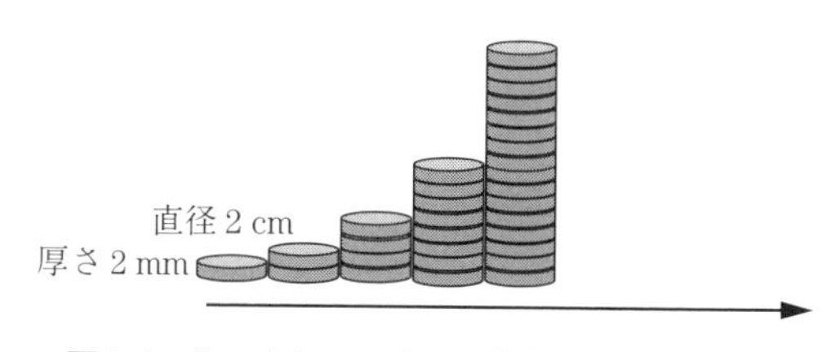

図1.1　倍の高さのコインの塔を右隣に作る操作

ところで，『成長の限界』でなされた警告に対しては，科学技術の進歩による資源の利用効率の改善や代替資源の開発の効果などが軽視されており，あまりにも悲観的過ぎるとの批判もなされた。このような批判は当然であり，それはその古典版であるマルサスの予言が，実際には的中しているとは言い難いことからもわかる。化学肥料の発明などの技術進歩により，マルサスの時代から比べると人口は爆発的に増加したにもかかわらず，現時点では全世界的な食糧不足は起きておらず，将来的な人口のさらなる増加を考慮しても，食糧需給を悲観視する見通しは昨今ではあまり見かけない。

1.1.2　持続可能な開発

地球の有限性に起因する資源枯渇や環境影響の問題は大きく2種類に分けられる。一つは，石油などの枯渇性資源の消費に関する**ストック型の問題**である。枯渇性資源は，単位時間当りの消費量を一時的に増やせる自由度がある一方で，単位時間当りの消費量をいくら削減してもわずかでも消費を続ける限りは，枯渇という破局は避けられない。もう一つは**フロー型の問題**で，森林資源などの再生可能資源の消費や，CO_2 などの廃棄物排出に関するものである。この場合，単位時間当りの消費量や排出量がある一定量（閾値）を超えると問題が発生するが，逆にそれ以下であれば特に問題とはならない。ただ，フロー型の問題の最終的な影響は，森林破壊や大気中 CO_2 濃度の増加など，ストック型の問題の形で起きることもある。

このようなストック型とフロー型の両タイプの問題を整理し，それらを回避するための物理的条件として表現されたものが，持続可能な開発に関する**ハーマン・デイリーの三原則**[3]と呼ばれる条件であり，以下にはそれらを簡潔に示す。ここでの資源はエネルギー資源だけに限定されない。

① 再生可能資源はその再生ペースを超えて消費してはならない。

② 廃棄物は自然浄化能力を超えて排出してはならない。

③ 枯渇性資源は再生可能資源での代替ペースを超えて消費してはならない。

上記の3原則で，①と②はフロー型の問題に対する条件であり，比較的自明でわかりやすい。ここでの問題は③で表現される条件である。③の含意は，再生可能資源で代替可能となる前にそれが枯渇してしまわないように，枯渇性資源は節約しながら消費せよということである。しかし，代替手段の開発速度や資源枯渇までの期間の長さは関連技術の進歩や資源の経済価値などの人為的要因に大きく左右されるうえ，枯渇までの期間が数百〜数万年と非常に長い場合もあるため，具体的な議論は難しい。有益な示唆を得るには，次節で述べるエネルギー環境経済システムという枠組みでの定量的な検討が必要である。

ところで**持続可能な開発**という理念は，1987 年に国連の「環境と開発に関する世界委員会」による**ブルントラント報告**[4)]でも提起され，この理念は「将来世代のニーズを満たす能力を損なうことなく，現代世代のニーズを満たすような開発」と説明されている。そこでは発展途上国の**貧困問題**という**南北問題**も含む，より広範な人類社会の課題が対象となっている。

持続可能な開発には，将来世代への悪影響を抑制するために，現代世代の活動を制限すべきとの**世代間倫理**の主張が基本にある。ただ世代間倫理に配慮するあまり現代世代の自由を必要以上に制限しないように，そしてそれを口実に，独善的な組織などに将来世代の意見を勝手に代弁させないように，注意が必要である。現代と将来の問題をバランスよく考えることが重要であり，まさにその判断に人類の英知が試されているといえる。

ところで，人口増加は資源消費を増長させるため，持続可能な開発に対する大きな障害要因になると考えられる。しかし，**人口抑制政策**は人権侵害や人種差別につながる恐れがあることや，宗教上も問題視される場合もあることから，それを持続可能な開発の直接的な目標とすることはあえて避けられてい

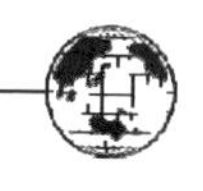

コラム 2

海水淡水化

中東諸国を始めとしてさまざまな国で海水淡水化装置が利用されている。蒸発法と膜法（逆浸透法）の 2 種類があり，昨今はエネルギー効率の高い膜法が主流となっている。膜法では，淡水 1 トンの製造費用は 100〜200 円とされ通常の水道料金よりは数割高く，電力消費量は 6 kWh/トン程度とされる。日本の発電電力量は年間約 1 兆 kWh であるが，仮にこの電力量のすべてを利用すると約 1 600 億トンの淡水が得られる。それに対して，日本の年間水使用量は農業用水を含めても約 800 億トンであり，年間の全降水量は約 6 400 億トンである。国連の持続可能な開発の目標の一つに安全な水の確保があるが，もし豊富なエネルギーが利用できれば，水不足の問題はかなり緩和されるものと思われる。

る。貧しい国々では貧困問題が出生率を高め，その結果としての人口増加が貧困問題を深刻化させるという悪循環に陥っているとされる。貧困問題の解決への取り組みを通して，間接的に人口増加の抑制を期待する構図となっている。

世界人口は19世紀末から21世紀に至るまで**人口爆発**と称されるほどのペースで増大してきた。1900年には約16億5 000万人であった人口は，1950年には25億人となり，2017年に76億人を突破している。ただ21世紀初頭では，中東やアフリカ地域の出生率は依然高いが，アジアや南米の多くの発展途上国では出生率が低下してきており，世界全体の人口増加率も1965〜70年の2.06％をピークとして減少する傾向にある。国連の推計[5)]では，世界人口は2030年には83億人，さらに2050年には98億人に達することが見込まれている。世界人口の増加は今後も続くものの人口爆発の危機は遠のいたとされる。日本や欧州諸国など一部の先進国では，むしろ逆に，人口の減少とその急激な**高齢化**が心配されるようになっている。

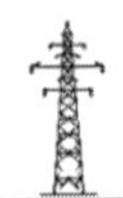

1.2　エネルギー環境経済システムとは

1.2.1　三つのシステム

地球の有限性に起因する諸問題への対応を定量的に検討するための枠組みとして，**エネルギー環境経済システム**が考えられる。この枠組みでは，文字通り**エネルギーシステム**，**環境システム**，**経済システム**という三つのシステムと，それらの間の相互作用を考慮する。エネルギーシステムとは社会におけるエネルギーの流通系であり，環境システムとは自然界における物質などの循環系であり，経済システムとは社会における財の生産，消費，流通，取引の総体である。以下に概略を示すように，これらの間には相互に密接な関係がある。

まず，エネルギーシステムと環境システムの関係は，エネルギー利用の結果として環境問題が引き起こされるという一方向の関係がおもに見られる。19世紀頃から**スモッグ**などの石炭利用による局所的な環境影響が知られていた。1960年代には自動車や工場の排ガスによる大規模な**大気汚染**による**公害**が社会問題となった。さらに1988年には**気候変動に関する政府間パネル**（**IPCC**：Intergovernmental Panel on Climate Change）が国連に設立されるなど，おもに化石燃料の燃焼で発生するCO_2などの温室効果ガスの大気中濃度の増加によって，**地球温暖化**や**気候変動**が引き起こされることへの懸念が高まった。今後もし，気候変動が実際に深刻なものになれば，環境システムからエネルギー生産や消費へのさまざまな影響が現れるものと思われる。

つぎに，経済システムと環境システムについては，環境の悪化がさまざまな経済的損失をもたらすという捉え方が基本となる。経済から環境への作用は，上記のエネルギー利用を介したもののほかに農業活動や都市化による環境破壊もあるが，本書での説明は割愛する。発展途上国では貧困問題と環境破壊の悪循環が1980年代から認識され，前述のブルントラント報告に至っている。一方，先進国では19世紀頃から，大気汚染による健康被害などの経済損失が問題視されてきた。1960年代から環境の経済価値評価や環境保護政策などを対象とした環境経済学という学問分野も立ち上がっている。そして，今後は気候変動や海面上昇による経済損失も増加すると予想されている。

経済システムとエネルギーシステムの間には，エネルギーの生産や消費が経済活動の一部に含まれるなど，強い相互作用が見出される。主要国の長期統計からは，**国内総生産**（**GDP**：gross domestic product）の成長に伴い，エネルギー消費量はほぼ同じペースで増大してきた。1970年代の二度の石油危機を通して，エネルギー価格の上昇が経済活動に深刻な悪影響を及ぼすことも明らかとなった。石油危機をきっかけに，エネルギー経済学という学問分野も発展し，統計データに基づく実証的な計量経済分析や最適化理論に基づくシステム評価がなされるようになった。

このように，エネルギー，環境，経済の三つのシステムはたがいに独立には取り扱えないものと考えられる。そのため，例えば，経済発展と環境保全の両立は簡単ではないことなども推測される。なぜなら，経済活動が活発になると，社会のエネルギー消費量が増大し，汚染物質や温室効果ガスの排出量も増えるという連鎖が予想されるからである。逆に，エネルギー環境経済システムという大きな枠組みで考えると，三つのシステムを協調させることで，このような連鎖の悪影響を緩和できる可能性がある。

1.2.2　視点や価値指標としてのエネルギー，環境，経済

「エネルギー」「環境」「経済」の三つキーワードは，政府などによるエネルギー環境政策や，企業などの行動方針などを評価する際に，その視点や価値指標としてもしばしば現れる。ただし，これらのキーワードの示唆する領域は広く，それらが具体的に示す内容は使用者の意図によって異なる。例えば，日本政府のエネルギー基本計画のケースでは，エネルギーの視点では「安定供給」，環境の視点では「環境適合性」，そして経済の視点では「経済効率性」が，政策目標として掲げられている。さらに，それぞれ「エネルギー自給率向上」「CO_2排出量削減」「電力コスト低減」が具体的な指標とされている。

これ以外の例では，経済の視点に関しては，「経済効率性」ではなく，本来の持続可能な開発という理念に沿った「経済発展」を指標に使うケースも多い。また別のケースでは，経済の視点として，エネルギーの利用機会の「公平性」が指標として採用されたりもする。

コラム3

最優先すべき価値指標は，「エネルギー」「環境」「経済」のどれ？

「エネルギー」「環境」「経済」という価値指標のすべてを同時に改善できない場合，どの指標を最優先すべきか。個人の価値観にも依存するのでこの問には特に正解はないと思われる。

どの指標の選好者が多いか，講義の途中で学生に挙手をさせたり，アンケートを回収したりすると，大体いつも人数が多い方から「エネルギー」「環境」「経済」の順となる。「環境」の選択者数は，その時点のマスコミ報道などの社会的雰囲気に左右され，多いときには「エネルギー」に近付くが，少ないときは「経済」を下回る。「環境」に関する価値判断の延長線上には，人間と人間以外の生物（ホッキョクグマやサンゴなど）の間の生命価値のトレードオフという厄介な問題や，前述の世代間倫理の議論もあり，とても奥が深い。筆者自身は短見浅慮のためか，安全保障も環境保全も広い意味での経済問題に還元できると考え，「経済」を最も優先すべきとする少数派に与している。

1.2.3 エネルギー環境経済システムの対象

エネルギー環境経済システムの枠組みが必要となるのは，特に地球の有限性が問題となる超長期の地球的規模の問題を対象とするときであるが，そのような問題は不確実性が大きい。不確実な問題を考慮する際に重要となるのが，**予防原則**という環境リスクを管理する考え方である。予防原則は，環境に重大かつ不可逆的な影響を及ぼす仮説上の恐れがある場合，科学的に因果関係が十分証明されていない状況でも，それへの対策の実施を要請する考え方である。このような不確実な環境問題の代表例は，温室効果ガスの濃度上昇による地球温暖化とそれによる気候変動問題である。1992年にリオデジャネイロで採択された**気候変動に関する国際連合枠組条約**（**UNFCCC**：United Nations Framework Convention on Climate Change）を始めとして，予防原則に従ったさまざまな国際的な取り決めがいくつもなされている。

エネルギー環境経済システムは，科学的に因果関係が証明されている問題は勿論のこと，必要であれば予防原則をとらざるを得ないような不確実な問題ま

コラム 4

予防原則の光と影

予防原則は英語では precautionary principle と記述される。1970年代の旧西ドイツで使われ始めた直感的で説得力のある考え方で，環境問題にかかわる各種の国際条約などに取り入れられている。ただ，precautionary の和訳は「予防」というよりも「予備」の方がよかったのではないかとの意見もある。予備原則であれば，「念のために準備しておく程度」とのニュアンスが感じられたかもしれない。じつは，precautionary principle とは別に，科学的因果関係が証明された環境問題を対象とした preventive principle という原則もあり，こちらの方はより確実な対策が望まれるが，**未然防止原則**と和訳されている。

予防原則は通常の科学的な確認手続きを経ない**科学を超えた原則**である。その適用には注意が必要であり，濫用を避けるため，国際条約によっては適用条件が定められている。また，予防原則に基づく政策は，社会に一度根付くと，当初懸念されたリスクが後に科学的に解消されても，**迷信**や**既得権**となって残り，逆に社会の発展を阻害する恐れもある。科学を超えた原則に基づく政策は，非科学的であるがゆえに，個人や団体の思想信条などとも共鳴しやすく，科学的事実だけではその間違いの修正が困難な場合もある。

でも，その分析評価対象に含めなくてはならない。

1.2.4　エネルギー環境経済システムのモデル化

ある鉱山の資源枯渇や，ある地域の食糧や水の不足など，ローカルな環境・エネルギー問題については，人類は過去に何回か経験しており，その科学的因果関係は解明され，再び起きた際の状況もある程度想像できる。しかし，同様の問題が同様の因果関係で，そのままグローバルなスケールで起きるかはだれにもわからない。仮に物理的な因果関係は同じでも，問題の規模や数が大きくなると，予期せぬ相乗・相殺効果が発現するかもしれず，さらには人間の意志が働く経済システムでの反応はまったく異なってくる可能性がある。

超長期の地球的規模の問題は，因果関係の証明の有無にかかわらず，その兆候は見られても，まだ実際には深刻な事態には至っていないものが多い。そのほとんどはわれわれの脳内だけにある仮想的な問題であることに気が付く。

このような仮想的な問題の認識手段として，科学的知見を反映させた**数値計算モデル**による**コンピュータシミュレーション**がある。前述の『成長の限界』で紹介された研究が，まさに当時の最先端のコンピュータシミュレーションを試みている。また，**スーパーコンピュータ**を駆使した大気大循環モデルによる地球温暖化のシミュレーションなども環境システムを対象にしているが，同じような役割を果たしている。すなわち，超長期の地球的規模の問題を考えるエネルギー環境経済システムという枠組みは，人間が想定した論理に基づく数値計算モデルのような仮想的な存在であり，それらはもっぱらコンピュータのプログラムとして実現され，その計算によるシミュレーションを通して，実体が初めて認識されるものといえる。したがって，この分野の研究では，エネルギー，環境，経済に関する数値計算モデルを意識して，定量的なデータの収集やシステム分析などを行うことが中心となる。

エネルギー環境経済システムの実体はコンピュータ上の数値計算モデルであると述べたが，そのモデルが考慮する範囲のイメージを**図 1.2** に示す。エネルギーシステムと経済システムの大部分が網羅されるが，環境システムはその一

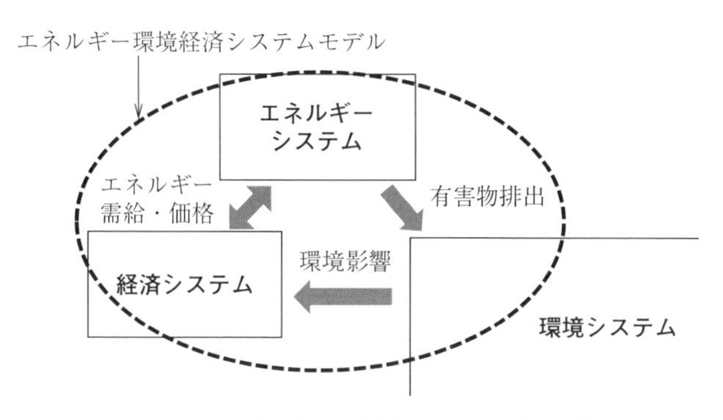

図 1.2　エネルギー環境経済システムモデルの範囲

部に限られる。環境システムは自然界を対象とするが，そこでのエネルギー，物質の循環は多種多様でしかも膨大である。エネルギー環境経済システムモデルでは，そのうちのエネルギーシステムからの汚染物質の影響を受け，さらにその影響が経済システムにおいて経済損失として計量できるような部分が考慮できればよいと考えられる。

エネルギーシステムと経済システムは，その両者の相互作用も合わせてエネルギー経済モデルとして定式化される場合が多い。エネルギーシステムモデルでは枯渇性資源や再生可能資源の生産活動がモデル化され，地球の有限性による制約は明示的に考慮される。エネルギーシステムモデルは工学的に実現可能なエネルギーフローを導出し，経済システムモデルは経済合理的な物やサービスの選択や需給均衡価格を導出する。そして，環境システムモデルでは，排出された有害物質の蓄積量や環境影響などの環境適合性を定量的に評価する。特に気候変動政策評価を目的としたエネルギー環境経済システムモデルは，**統合評価モデル**（IAM : integrated assessment model）と呼ばれ，先進国を中心に日本も含めた世界各国の研究所や大学において開発が進められている。

エネルギー環境経済システムモデルを用いるおもな目的は二つある。まず一つは，数値計算による**シミュレーション**を通して，遠くの物体を拡大して見せる望遠鏡のように，われわれの将来像を描き出すことである。もう一つは，やはり数値計算による**システム最適化**を通して，羅針盤が船長に進むべき方角を示すように，われわれが進むべき方向性を具体的に示すことである。ただし，数値計算モデルは実際の望遠鏡や羅針盤とは異なり，虚像を見せたり間違った方角を指したりする恐れがある。数値計算モデルが占い師の怪しげな水晶玉となってしまわないようにするには，モデル構造やプログラム，入力データなどを公開し，それらの第三者への透明性を高め，多くの人々による批判的なチェックが絶えず行われるようにしなくてはならない。特に予防原則を反映するパラメータを含む数値計算モデルは，通常の科学を進める手続きによってのみでは，その妥当性を確認できない。

1.2.5　複合的な学問領域とさまざまな関連トピック

エネルギー環境経済システムを理解するには，幅広い知識が必要となる。工学分野だけを考えても，機械工学，電気電子工学，化学工学，建築土木工学，資源開発工学，原子力工学などに及ぶ。経済学では，厚生経済学，国民経済計算，経済成長理論，計量経済学，ゲーム理論，エネルギー経済学，環境経済学などが関係する。また，環境システム関連では，気候学，大気物理学，海洋力学，地質学，農学，生物学などへも広がる。

エネルギー環境経済システムに関係する学術的課題，ビジネスチャンス，そして社会的問題も多岐にわたる。電気や都市ガス事業の規制緩和，新興国でのエネルギー消費量の増大，シェールガスなどの新しい資源の開発，国際条約による温室効果ガス排出量の削減，太陽光発電などの自然変動電源の普及，電気や水素を利用した自動車による脱石油，社会受容性のある原子力エネルギー利用技術の開発など，長期的に取り組むべきさまざまな重要トピックがある。

1.3　本 書 の 構 成

エネルギー環境経済システムは，エネルギー，環境，経済の三つのシステムとそれらの間のさまざまな相互作用で構成される。そのすべてを同等の深みをもって解説すべきであるが，筆者の専門的知識にも限界があるため，本書ではエネルギーシステムを中心にした視点から，エネルギー環境経済システムを記す。

2章では，エネルギーを物理的観点から分類整理し，各種のエネルギー変換，輸送，貯蔵技術について概説する。さまざまな物理現象を利用した技術に基づいてエネルギーシステムが構築されていることを理解してもらいたい。

3章では，化石燃料や再生可能エネルギーなどの供給システムや，社会の各部門における需要技術について述べる。また，電力システムや核燃料サイクルなどの社会における各種のエネルギーシステムについても説明する。

4章のエネルギーと環境の章で，エネルギー利用に起因する大気汚染や気候変動問題などの環境問題やその対策を説明する。放射線被曝や放射性廃棄物についても述べる。

5章のエネルギー環境と経済の章で，エネルギー利用に関連する経済学的な項目を説明し，環境経済学についても触れる。本来ここで数理計画法についても説明すべきであるが，紙面も限られるため割愛した。

6章では，エネルギー環境経済システムの分析道具であるエネルギーモデルについて述べる。エネルギーモデルは現在もさまざまな研究機関で開発が進められているが，本書では筆者の研究室で構築したものを紹介する。エネルギーの長期シナリオの計算例を示す。

7章は終章であり，将来に向けた課題などを整理して本書をまとめる。

2 エネルギー技術

2.1 エネルギーの物理的な分類

エネルギーの語源はエネルゲイア（ギリシャ語で $\varepsilon\nu\varepsilon\rho\gamma\varepsilon\iota\alpha$）とされ，「仕事の状態にある」という意味を持つ。人類は，蒸気機関などの熱機関の発明とその利用を通して，熱と仕事が等価であることを見出した。さらに熱だけでなく，電気や光などからも同様に仕事を取り出せることから，さまざまな形態のエネルギーの存在を知るに至った。

エネルギーは，物理的背景から**表 2.1** に示すように，**熱エネルギー**，**化学エネルギー**，**力学エネルギー**，**電気・磁気エネルギー**，**光量子エネルギー**，そして**核エネルギー**の 6 種類に分類される。**エネルギー保存則**から，これらのエネルギーは形態がどのように変化しても総量は保存される。

表 2.1　エネルギーの分類と物理的背景

エネルギー形態	物理的な背景
熱エネルギー	原子や分子の熱運動のエネルギーなど
化学エネルギー	物質を構成する分子間の化学結合エネルギーなど
力学エネルギー	物体の位置・運動・回転エネルギーなど
電気・磁気エネルギー	電界や磁界によって空間に蓄積されるエネルギーなど
光量子エネルギー	光子の量子力学的エネルギーなど
核エネルギー	陽子ならびに中性子の結合エネルギーなど

2.1.1　熱エネルギー

〔1〕 熱力学的温度　熱エネルギーは，原子や分子などの微視的な運動（**熱運動**）によるものであり，その量を**熱量**という。**温度**は分子などの熱運動で規定され，熱運動が激しいほど高くなる。この熱運動が最も小さくなった状態（静止状態）に相当する温度が**絶対零度**である。これは自然界の温度の下限であり，具体的には－273.15℃である。絶対零度を基準に定義された温度が**絶対温度**（熱力学的温度）であり，単位はケルビン〔K〕である。絶対温度は**セルシウス度**に273.15を加えた値となる。例えば100℃は373.15 Kとなる。

〔2〕 顕熱と潜熱　大気圧下の絶対零度の氷に熱を加えると，氷，水，水蒸気と順に形態を変化させて，模式的に**図2.1**の温度変化を示す。加熱に伴い温度変化する領域と変化しない領域がある。0℃では氷から水へ，100℃では水から水蒸気へ相変化が起きる。温度変化を伴って吸収，放出される熱エネルギーを**顕熱**，そして相変化を伴うそれを**潜熱**と呼ぶ。1 g当りの物

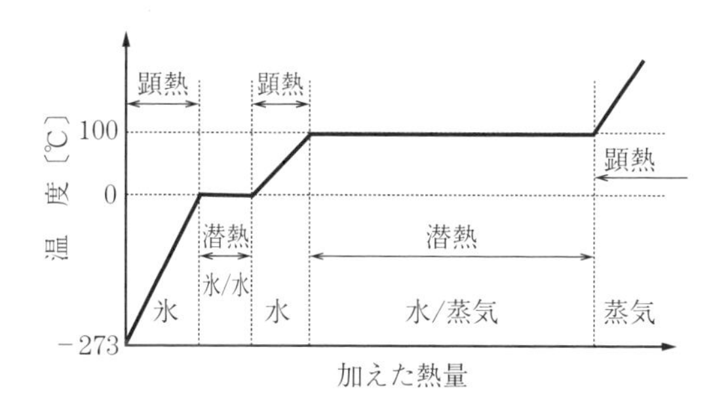

図2.1　氷，水，水蒸気の温度と熱量の関係

表2.2　さまざまな潜熱の名称

相変化	熱移動の方向	潜熱の名称	相変化時の温度
固定⇒液体	吸熱	融解熱	融点，融解点
液体⇒固体	放熱	凝固熱	凝固点
液体⇒気体	吸熱	蒸発熱，気化熱	沸点
気体⇒液体	放熱	凝縮熱	凝縮点，露点
固体⇒気体	吸熱	昇華熱	昇華点
気体⇒固体	放熱		

質の温度を1℃上げるのに必要な顕熱の熱量を**比熱**という。比熱が大きい物質ほど温度が変化しにくい。潜熱は，**表2.2**に示すように，相変化の種類に応じて固有の名称がある。

〔**3**〕**熱　力　学**　分子などの熱運動として物質中に存在するエネルギーなどを**内部エネルギー**という。ある系が熱量 δQ を外部から受け取った結果，内部エネルギー U が dU だけ増加し，同時に外部に対して力学的な仕事 δW を作用したとすれば，**エネルギー保存則**（熱力学第1法則）により次式が成立する。

$$\delta Q = dU + \delta W \tag{2.1}$$

U は**状態量**であり，系の温度 T，圧力 P，体積 V などの状態量の関数として表現できる。詳細は熱力学の教科書に譲るが，次式で定義される系の状態量 S を考える。この状態量 S が**エントロピー**である。

$$dS = \frac{dU + PdV}{T} \tag{2.2}$$

エントロピーは情報科学でも使われるが，熱力学では系を構成する物質の粒子のとりうる状態数に関する物理量であり，粒子の運動が速く（温度 T が高く），動く範囲が広い（体積 V が大きい）ほど大きくなる。例えば，系として n〔mol〕の理想気体を想定し，$dU = nC_v\,dT$（C_v は定積比熱），$PV = nRT$（R は気体定数）の関係を用いて，式(2.2)を積分するとつぎのようになる。

$$S = nC_v \ln T + nR \ln V + \text{積分定数} \tag{2.3}$$

系が外部に作用する仕事 δW，外部の圧力 P_{ex}，系の圧力 P，体積 V の関係は，V が膨張するには $P_{ex} \leqq P$ であることから，つぎの関係が成立する。

$$\delta W = P_{ex}dV \leqq PdV \tag{2.4}$$

等号は $P_{ex} = P$ のとき（**準静的変化**のとき）のみ成立する。式(2.4)を式(2.1)に代入して，式(2.2)と比較すると，つぎの不等式が得られる。

$$dS \geqq \frac{\delta Q}{T} \tag{2.5}$$

これは，系が準静的に変化するとき，dS は，外部から系への流入熱量 δQ

をそのときの温度 T で除した値に一致することを示している。

〔4〕 **熱エネルギーの伝達**　熱エネルギーの伝達には，**熱伝導**，**対流**，そして**放射**の3通りがある。まず，熱伝導は物質の接触を介した伝達である。物質中の温度を T とすると，熱伝導による**熱流ベクトル $\boldsymbol{F}$** は，温度勾配に比例することから次式で求められる。これは**フーリエの法則**と呼ばれる。

$$\boldsymbol{F} = -\lambda \nabla T \tag{2.6}$$

λ は**熱伝達率**であり，∇（**ナブラ**）は以下の微分演算子である。

$$\nabla \equiv \left(\frac{\partial}{\partial x}, \frac{\partial}{\partial y}, \frac{\partial}{\partial z}\right)$$

式 (2.6) から，T を変数とする**熱の拡散方程式**が導出できる。ただし，C は物質の比熱，ρ は物質の比重，q は物質の単位体積当りの発熱量である。

$$C\rho\frac{\partial T}{\partial t} = -\nabla \boldsymbol{F} + q = \lambda \nabla^2 T + q \tag{2.7}$$

つぎに対流は，流体（気体や液体など）の粒子の運動あるいは混合による熱の伝達であり，**自然対流**と**強制対流**がある。前者は流体中の温度差に起因する密度の不均一性が原因となって発生し，後者は送風などによって人為的に流体を流すことで起きる。対流による熱伝達は，流体の密度や流速，熱的性質，伝熱面の形状などに複雑に影響される。また，熱伝達は，伝熱面の表面にわたって一様ではなく局所的に変化する。高温の固体が気体や液体などの流体によって冷却される現象を近似的に表しているのが**ニュートンの冷却則**である。この法則では，熱伝達の量は固体の表面積および固体と流体の温度差に比例するものとする。すなわち固体の熱量を Q，時間を t，固体の表面積を A，固体の温度を T，流体の温度を T_0 とするとつぎの関係が成り立つ。ただし，α は固体境界面形状，流体の性質や流れ方などで決まる**熱伝達係数**である。

$$\frac{dQ}{dt} = -\alpha A(T - T_0) \tag{2.8}$$

最後に熱放射は熱エネルギーが赤外線などの電磁波として空間へ放射される現象である。熱放射が最大となるのは，表面が**完全黒体**（表面に当たるすべての光を吸収する物質）の場合で，絶対温度 T の熱平衡状態の完全黒体からの単位面積当りの熱放射 $J_B(T)$ は，つぎの**ステファン・ボルツマンの法則**に従う。σ は**ステファン・ボルツマン定数**であり，後述の 2.1.5 項で再度触れる。

$$J_B(T) = \sigma T^4 \tag{2.9}$$

2.1.2 化学エネルギー

化学エネルギーは，物質の内部エネルギーのうちおもに**化学結合エネルギー**に関係するものである。**同素体変化**などの転移熱も化学エネルギーの一種である。また，物質どうしの吸収，吸着，溶解などの反応にも，化学エネルギーの変化による発熱や吸熱が伴う。

〔**1**〕 **燃　焼　反　応**　燃焼反応は，着火を契機とする燃料の急激な化学反応であり，大きな発熱を伴う。一定圧力下での単位量の燃料の燃焼反応による熱量を**発熱量**と呼び，それは反応物（燃料と酸素）と生成物の**エンタルピー**の差 ΔH となる。特に 1 気圧，25℃ の標準状態の ΔH を**標準燃焼エンタルピー**という。

化石燃料の主成分は炭素 C と水素 H であり，これらが空気中の酸素 O_2 と反応して燃焼反応を起こす。また石炭や石油のように，燃料中に硫黄 S が含まれていると，それも反応して発熱する。燃料 1 kg 中の C，H，O，S ならびに水の重さをそれぞれ w_C，w_H，w_O，w_S，w_W〔kg〕とすると，1 kg の燃料の発熱量 ΔH_H〔kcal/kg〕はおおむね次式で求められる。

$$\Delta H_H = 8\,080 w_C + 33\,910\left(w_H - \frac{w_O}{8}\right) + 2\,210 w_S \tag{2.10}$$

式 (2.10) では，燃料分子に含まれる酸素によって水素の一部がすでに水に酸化されているとして，その影響を差し引いている。水素や水を含む燃料を燃やすと水蒸気が発生するが，その水蒸気を凝縮して室温の水に戻すと無視できない大きさの潜熱を放出する。この潜熱などを含めた発熱量を**高位発熱量**（**HHV**：higher heating value）もしくは**総発熱量**，含まないものを**低位発熱量**（**LHV**：lower heating value）もしくは**真発熱量**と呼ぶ。式 (2.10) の ΔH_H は HHV であるが，LHV を ΔH_L とすると，それはおおむね次式で求められる。

$$\Delta H_L = \Delta H_H - 570(9w_H + w_W) \tag{2.11}$$

燃料中の水素原子が多いほど，両発熱量の差は大きくなる。例えば水素ガスの発熱量は，HHV で 33 910 kcal/kg，LHV で 28 780 kcal/kg となり，この場合は LHV が HHV よりも 15 % 程度小さい。

〔2〕 **化学反応によるエネルギー変換**　化学反応では反応系と外部との間で仕事と熱の 2 種類のエネルギーのやり取りがなされる。ここでは，温度 T の定温定圧下の化学反応による可逆変化を仮定して，仕事として外部に最大限取り出しうるエネルギー ΔW と，それに対応する反応系への流入熱量 ΔQ について考える。

第 i 反応物と第 j 生成物の各成分のエンタルピーとエントロピーをそれぞれ H_{Ri} と H_{Pj} および S_{Ri} と S_{Pj} とすると，熱力学第 1 法則より次式が成立する。なお総エンタルピーの変化分を ΔH とする。

$$\Delta Q - \Delta W = \Delta H \equiv \sum_j H_{Pj} - \sum_i H_{Ri} \tag{2.12}$$

総エントロピーの変化分を ΔS とすると，エントロピーに関する反応系でのバランスより，可逆変化を仮定して次式が得られる。

$$\frac{\Delta Q}{T} = \Delta S \equiv \sum_j S_{Pj} - \sum_i S_{Ri} \tag{2.13}$$

ここで，次式で定義される**ギブスの自由エネルギー** G を考える。

$$G = H - TS \tag{2.14}$$

TS の項は**束縛エネルギー**とも呼ばれる。定温定圧下の化学反応の前後における ΔG は，次式に示すように ΔW の符号を反転させたものとなる。

$$\Delta G = \Delta H - T\Delta S = -\Delta W \tag{2.15}$$

多くの化学反応で，ΔH および ΔS は T によらずにほぼ一定と見なせるため，模式的に**図 2.2** に示すように，ΔG は ΔH を切片，ΔS を傾きとする T の一次関数となり，ΔH と ΔS の符号に応じて，つぎの 4 通りのケースがある。

ΔG が正なら外から系への仕事が必要であり，負なら系から外に仕事を取り出せる。化学反応の**平衡定数** K と ΔG との間には，**質量作用の法則**により次式の関係があり，ΔG が小さいほど K は大きくなり，当該反応は進みやすい。

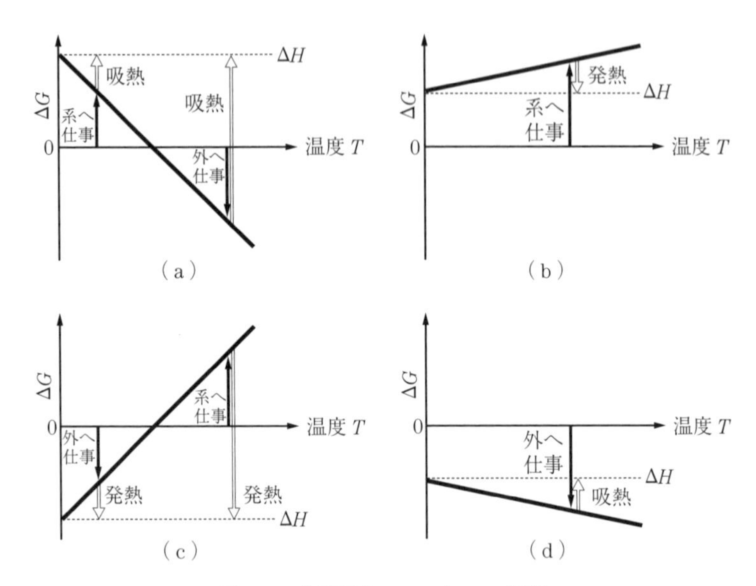

図 2.2　化学反応の ΔG と T の関係

ΔG が負なら，一般に系へ仕事を加えることなく反応が進展する。

$$\Delta G = -RT \ln K$$

$\Delta Q = \Delta H - \Delta G$ が温度 T における熱力学的な熱量の出入りであり，ΔQ が正であれば熱を吸収し，負であれば熱を放出する。

例えば図 2.2(a)において，$\Delta G < 0$ となる高温の T では，熱を与えると系へ仕事を加えることなく反応が進展し，逆に系から外に仕事を取り出せる可能性がある。また，図(d)では，温度 T が高いほど，外部から熱を吸収して，その分だけ多くの仕事を取り出せる可能性がある。

2.1.3　力学エネルギー

〔1〕 **質点・剛体の力学エネルギー**　　力学エネルギーの最も基本的なものは**微小仕事** dW であり，力 $\boldsymbol{F}$ と微小変位 $d\boldsymbol{x}$ の内積として次式で表される。

$$dW = \boldsymbol{F}\cdot d\boldsymbol{x} \tag{2.16}$$

例えば，弾性係数 k のばねに，平衡位置からの変位が X であるときに蓄えられる力学エネルギー W は以下のようにして求められる。

$$W = \int_0^X kx \cdot dx = \frac{1}{2}kX^2$$

力学エネルギーを求めるための $\boldsymbol{F}$ と $d\boldsymbol{x}$ との組み合わせは，通常の（力〔N〕，変位〔m〕）のほかに，（トルク〔N·m·rad^{-1}〕，回転角〔rad〕），（圧力〔Pa〕，体積〔m^3〕）などがある。質点・剛体の力学エネルギーには，位置エネルギー，運動エネルギー，回転運動エネルギーなどもあるが，説明は省略する。

〔2〕 流 体 力 学　流体は粘性のある**粘性流体**とまったくない**完全流体**に分類できる。また，流体の密度が圧力に依存しない**非圧縮性流体**と，気体のように圧縮できる**圧縮性流体**の分類もある。最も一般的な流体の挙動は**ナビエ・ストークスの運動方程式**で表され，特に密度 ρ が一定の非圧縮性流体は以下の式で表現される。

$$\rho\frac{\partial \boldsymbol{v}}{\partial t} + \rho(\boldsymbol{v}\cdot\nabla)\boldsymbol{v} = -\nabla P + \mu\nabla^2\boldsymbol{v} + \boldsymbol{F} \tag{2.17}$$

ただし，$\boldsymbol{v}$ は速度ベクトル，P は圧力，μ は粘性率，$\boldsymbol{F}$ は外力ベクトルである。この式の左辺第二項と右辺第二項（粘性項）の大きさの比を**レイノルズ数**という。レイノルズ数が大きい流体は μ が小さく完全流体に近付く。上式で特に $\mu = 0$ のときは，**オイラーの方程式**と呼ばれる。一方，μ が大きくレイノルズ数が小さい流体の挙動は，時間微分項と粘性項のみで構成される拡散方程式で近似される。

粘性ならびに，$\boldsymbol{v}$ の時間微分と回転が無視できるとき，重力 $\boldsymbol{F} = -\nabla(\rho gz)$ を考慮すると式(2.17)の積分形式としてつぎの**ベルヌーイの定理**を得る。

$$\frac{1}{2}\rho v^2 + P + \rho gz = 一定 \tag{2.18}$$

z は基準水平面からの高さである。式の左辺は順に単位体積当りの**運動エネルギー**，**圧力エネルギー**，**位置エネルギー**であり，これらの和は一定となる。

この定理は水力発電の理論計算にも用いられる。おもに運動エネルギーを利用するのが**衝動水車**であり，ノズルから噴射する水を空気中で羽根に当てて水流と同方向に回転させるもので，大落差でも回転数を抑えられる。一方，圧力エネルギーも利用するのが**反動水車**であり，水中の羽根を水圧差で押す形で回転させるもので，小落差でも回転数を確保できる。反動水車は，放水側水面よりも下に水車を設置できるため，逆回転させれば揚水ポンプにもなる。

〔3〕 風車の効率　風車は**ブレード**（翼）を何枚か組み合わせた**ロータ**（回転翼）を用いて，空気の運動エネルギーの一部を機械的仕事に変換する装置である。風車の風上の風速を v_1，風下のそれを v_2 とすると，単位時間当りに風車の回転翼の受風面を通過する空気の流量 M は，通過時の風速を v_a，空気密度を ρ，受風面積を A とするとつぎのようになる。

$$M = \rho A v_a \tag{2.19}$$

密度 ρ の変化を無視すると，ベルヌーイの定理などから，v_a は v_1 と v_2 の単純平均となる。風車出力 L は風車の前後での空気の運動エネルギーの変化からつぎのようになる。L は $v_2 = v_1/3$ときに最大で，v_1 の 3 乗に比例する。

$$L = \frac{1}{2}M({v_1}^2 - {v_2}^2) = \frac{1}{2}\rho A \frac{v_1 + v_2}{2}({v_1}^2 - {v_2}^2) \leqq \frac{1}{2}\rho A {v_1}^3 \frac{16}{27} \tag{2.20}$$

$\rho A {v_1}^3/2$ は受風面積 A を v_1 で通過する空気の単位時間当りのエネルギーであるから，風車の最大効率は 16/27 ≒ 59 % とされ，これを**ベッツの上限**と呼ぶ。なお，v_a が v_1 の 2/3 と遅くなることから風車前面に空気が溜まり，風車前方の気流の 1/3 は受風面から逸れて流れる。そのため，実際に受風面を通過する風のエネルギーのみを考えると，L の上限値はその 8/9 ≒ 89 % となる。

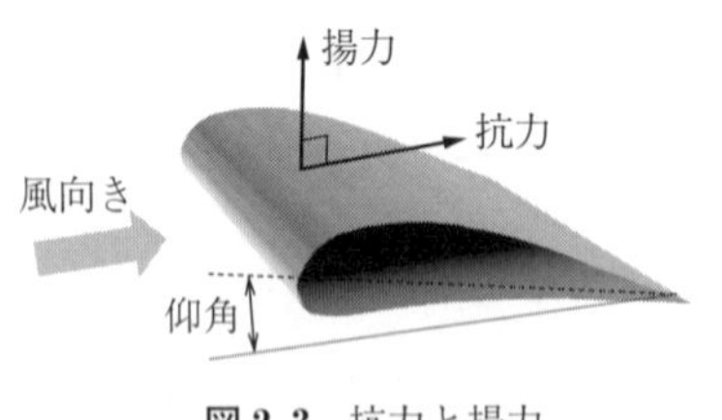

図 2.3　抗力と揚力

ブレードに対して風の流れと平行に働く力を**抗力**，そして垂直に働く力を**揚力**と呼ぶ（**図 2.3**）。抗力をおもに利用したものがパラシュートであり，揚力を利用したものが航空機の翼である。抗力型の風車は風速よりも速く回転できないのに対し，揚力型の風車は風速の数倍の速さで回転できる。一般に揚力を利用した風車の方が効率は高く，近代的な風車は揚力を利用している。

2.1.4　電気・磁気エネルギー

〔1〕 **電気磁気学**　真空中で距離 r にある二つの点電荷 q と q' の間の**クーロン力** F は，真空の**誘電率** ε_0 を用いて次式で表される。ここでは斥力を正とする。

$$F = \frac{qq'}{4\pi\varepsilon_0 r^2} \tag{2.21}$$

電荷の周囲に物質があると，その**誘電分極**のため上式で F は定まらない。誘電率 ε の物質で空間が一様に満たされる場合，ε_0 の代わりに ε を用いればよい。

ここで，点電荷 q が空間に**静電界**を形成し，q' がその静電界からクーロン力を受けると考える。強さ E の静電界中では q' につぎの力 f が働く。

$$f = q'E \tag{2.22}$$

q の周囲が誘電率 ε の物質で一様に満たされ，球対称に静電界が発生すると考えると，式 (2.21)，(2.22) から，E は次式で表される。

$$E = \frac{q}{4\pi\varepsilon r^2} \tag{2.23}$$

ここで，$D = \varepsilon E$ となる**電束密度** D を導入すると，次式を得る。

$$4\pi r^2 D = q \tag{2.24}$$

この式は ε を含まず，じつは ε が空間で一様でない場合でも成立する。

電束密度と静電界をそれぞれベクトル $\boldsymbol{D}$ と $\boldsymbol{E}$ で表し，空間の各点で $\boldsymbol{D} = \varepsilon\boldsymbol{E}$ とする。任意の閉曲面 S に関して，その内部に存在する電荷の総量が q のとき，式 (2.24) は次式のように一般化して表現できる。これは**ガウスの法則**と呼ばれ，電束は正電荷に始まり負電荷に終わることを示している。

$$\oint_S \boldsymbol{D}\cdot\boldsymbol{n}dS = q \tag{2.25}$$

$\boldsymbol{E}$ は**静電ポテンシャル**（電位）ϕ の勾配の符号を反転させたものでもある。

$$\boldsymbol{E} = -\nabla\phi \tag{2.26}$$

真空中で距離 r の 2 本の平行導線に同方向の電流を流すと導線間に引力が働く。それぞれの導線の電流が I，J のとき，単位長の導線間に働く力 F は真空の**透磁率** μ_0 を用いて次式で表せる。

$$F = \mu_0 \frac{IJ}{2\pi r} \tag{2.27}$$

導線の周囲に**磁性体**があると，その**磁化**のため上式で F は定まらない。透磁率 μ の物質で空間が一様に満たされる場合，μ_0 の代わりに μ を用いればよい。

ここで，電流 J が空間に**磁界**を形成し，その磁界から電流 I が力を受けると考える。磁界の**磁束密度**を B とし，I と B がなす角を θ とすると，一般に電流 I が流れる単位長の導線にはつぎの力 F が働く。

$$F = IB\sin\theta \tag{2.28}$$

電流 I の周囲が透磁率 μ の物質で一様に満たされ，導線を中心軸に同心円状に磁束密度 B の磁界が発生すると考えると，θ は直角となり，式 (2.27)，(2.28) から，B は次式の関係を満たす。

$$2\pi r B = \mu J \tag{2.29}$$

コラム 5

磁性体のヒステリシス損

磁性体中の B と H の関係は，実際には**図 1** に示す B-H 曲線のようになり，H を強くしても B が一定値に飽和したり，H の増加時と減少時とで B が異なる現象（ヒステリシス）を示したりする。透磁率 μ はこのような非線形関係にある B と H の比で定義される。

モータや変圧器などの鉄心として利用される磁性体では，B が飽和しない原点付近の領域で，図の網掛け部分の境界線に沿う形で B と H が時間的に増減する。1 回の増減で網掛け部分の面積に比例したエネルギーが熱として損失する。この損失（**ヒステリシス損**）を抑制するには網掛け部分の面積が小さい磁性材料を用いればよい。一方，ヒステリシス現象を積極的に活用したものが**永久磁石**である。図中の B_r は**残留磁束密度**，H_c は**保磁力**と呼ばれ，これらの値が大きいほど優れた永久磁石の材料となる。

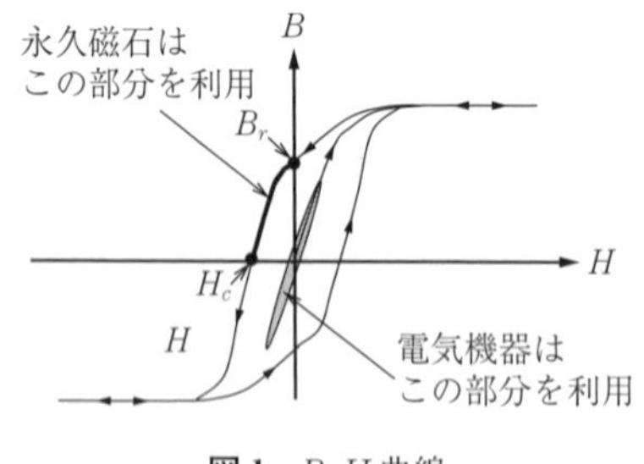

図 1　B-H 曲線

ここで，$B=\mu H$ となる**磁界の強さ** H を導入すると，上式は次式となる。

$$2\pi rH = J \tag{2.30}$$

この式は μ を含まず，じつは μ が空間で一様でない場合でも成立する。

磁束密度と磁界をそれぞれベクトル $\boldsymbol{B}$ と $\boldsymbol{H}$ で表し，空間の各点で $\boldsymbol{B}=\mu\boldsymbol{H}$ とする。任意の閉曲線 C に関して，それを貫く電流が J のとき，式 (2.30) は次式のように一般化して表現できる。これは**アンペアの法則**と呼ばれる。

$$\oint_C \boldsymbol{H}\cdot d\boldsymbol{s} = J \tag{2.31}$$

ところで，磁束は輪ゴムのように環状につながり，電束とは異なり始点も終点もないため，$\boldsymbol{B}$ は次式の**磁束保存則**を満たす。

$$\oint_S \boldsymbol{B}\cdot\boldsymbol{n}dS = 0 \tag{2.32}$$

電束密度 $\boldsymbol{D}_0$ のときに空間 V に蓄積される**電界エネルギー** W_E と，磁束密度 $\boldsymbol{B}_0$ のときに蓄積される**磁界エネルギー** W_H はそれぞれつぎの体積積分で求められる。

$$W_E = \iiint_V\left(\int_0^{D_0}\boldsymbol{E}\cdot d\boldsymbol{D}\right)dv \tag{2.33}$$

$$W_H = \iiint_V\left(\int_0^{B_0}\boldsymbol{H}\cdot d\boldsymbol{B}\right)dv \tag{2.34}$$

図 2.4 に示す誘電率 ε，厚さ d の絶縁体を面積 S の平行板電極で挟むコンデンサに電圧 v を印加した場合を考える。絶縁体中の電界 $E_0=v/d$ は電極に垂直で一様と近似し，絶縁体外の E や D は無視できるとするとコンデンサのエネルギー W_C は次式で求まる。$C=\varepsilon S/d$ はこのコンデンサの**静電容量**（キャパシタンス）となる。

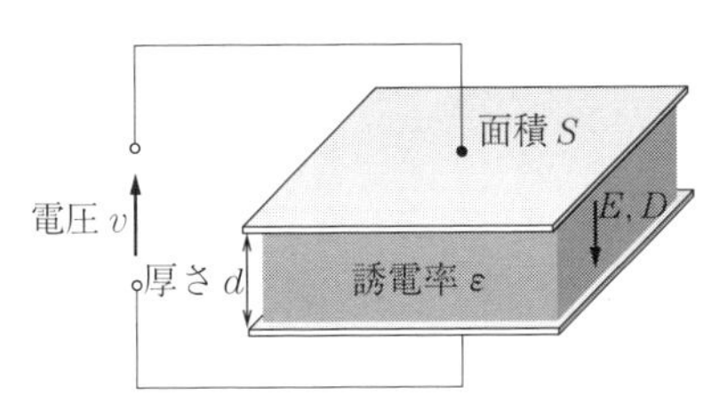

図 2.4 平行板コンデンサ

$$W_C = \frac{1}{2}\iiint_V\left(\int_0^{E_0} E\cdot\varepsilon dE\right)dv = \frac{1}{2}\varepsilon E_0^2\cdot Sd = \frac{1}{2}\frac{\varepsilon S}{d}\cdot v^2 \tag{2.35}$$

コンデンサに流れ込む電流を i とすると，$dW_C/dt = v\cdot i$ となるから，式(2.35) の両辺を時間微分して整理すると以下の式が得られる。

$$i = C\frac{dv}{dt} \tag{2.36}$$

図 2.5 に示す断面積 S，大円周長 l（$= 2\pi R$），透磁率 μ の環状鉄心に，導線を n 回巻いたコイルに電流 i を流す場合を考える。磁界 $H_0 = ni/l$ は環状で鉄心断面では一様と近似し，鉄心外の B や H は無視できるとするとコイルのエネルギー W_L は次式で求まる。$L = \mu n^2S/l$ はこの環状鉄心コイルの**自己インダクタンス**となる。

$$W_L = \frac{1}{2}\iiint_V\left(\int_0^{H_0} H\cdot\mu\, dH\right)dv = \frac{1}{2}\mu H_0^2\cdot lS = \frac{1}{2}\frac{\mu n^2S}{l}i^2 \tag{2.37}$$

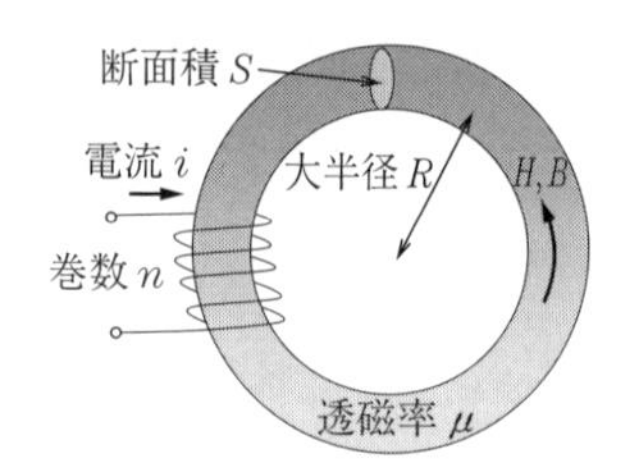

図 2.5　環状鉄心コイル

コイルの両端の電圧を v とすると，$dW_L/dt = v\cdot i$ となるから，式 (2.37) の両辺を時間微分して整理すると以下の式が得られる。

$$v = L\frac{di}{dt} \tag{2.38}$$

図 2.6 に示すように，回路 C を貫く磁束 Φ_B の時間変化で，**電磁誘導**により C に沿って電界 $\boldsymbol{E}$ が発生する。この電界を回路に沿って線積分したものは**誘導起電力**と呼ばれ，つぎの**ファラデーの法則**を満たす。S は閉曲線 C を周縁とする任意の曲面である。

$$\oint_C \boldsymbol{E}\cdot d\boldsymbol{s} = -\frac{d}{dt}\int_S \boldsymbol{B}\cdot\boldsymbol{n}\, dS \tag{2.39}$$

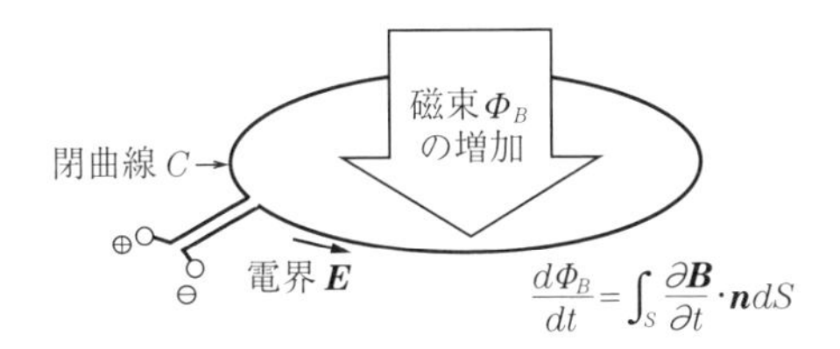

図 2.6　電 磁 誘 導

電界 $\boldsymbol{E}$ は式 (2.22) で電荷に力を及ぼすが，静電界ではないため式 (2.26) の静電ポテンシャルとは無関係である。$\boldsymbol{B}$ の時間変化だけでなく，回路の移動でも回路を貫く磁束は変化し，**電磁誘導**が起きる。磁束密度 $\boldsymbol{B}$ の磁界中を速度 $\boldsymbol{v}$ で運動する電荷 q の荷電粒子にはつぎの**ローレンツ力 $\boldsymbol{f}$** が働く。これは式 (2.28) の電流にかかる力と物理的には同じものである。

$$\boldsymbol{f} = q(\boldsymbol{v} \times \boldsymbol{B}) \tag{2.40}$$

この式と式 (2.22) から，この荷電粒子にはつぎの電界 $\boldsymbol{E}$ が誘導されると解釈できる。この電界を回路に沿って線積分したものが**速度起電力**となる。

$$\boldsymbol{E} = \boldsymbol{v} \times \boldsymbol{B} \tag{2.41}$$

図 2.7 に示すように，電流 J だけでなく，電束 Φ_D の時間変化も広義の電流と見なすと，コンデンサ電極間にも電流は連続して流れることになる。この広義の電流を**変位電流**と呼び，これを式 (2.31) に加えたものが，次式の**マクスウェル・アンペアの法則**である。電束の時間変化による磁界の誘導を示している。ただし，C は任意の閉曲線で，S は C を周縁とする曲面である。

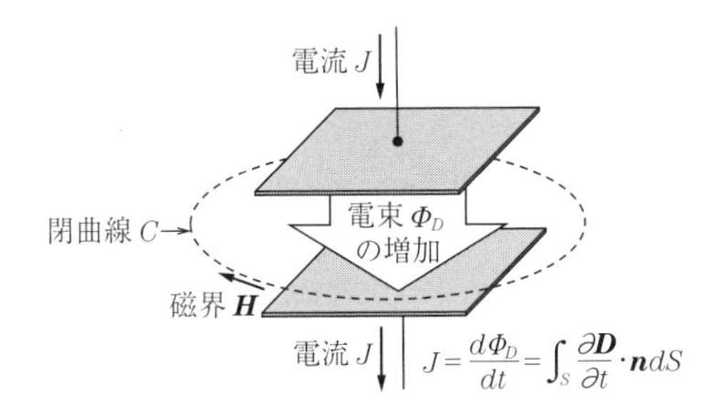

図 2.7　変 位 電 流

$$\oint_C \boldsymbol{H}\cdot d\boldsymbol{s} = J + \frac{d}{dt}\int_S \boldsymbol{D}\cdot\boldsymbol{n}dS \tag{2.42}$$

電界や磁界の分布や変化を記述する電磁気学の基礎方程式が**マクスウェル方程式**であり，ファラデーの法則，マクスウェル・アンペアの法則，ガウスの法則，磁束保存則で構成される。誘電率 ε，透磁率 μ の空間で，電荷も電流もないとき，上記の四つの法則を連立させると以下の**波動方程式**が導出される。

$$\nabla^2\boldsymbol{E} = \varepsilon\mu\frac{\partial^2\boldsymbol{E}}{\partial t^2} \text{ あるいは } \nabla^2\boldsymbol{H} = \varepsilon\mu\frac{\partial^2\boldsymbol{H}}{\partial t^2} \text{ など} \tag{2.43}$$

この方程式の解は伝播速度が $c = 1/\sqrt{\varepsilon\mu}$ の電磁波となり，真空中での c は**光速**となる。詳細は省略するが，電磁波は荷電粒子の加速運動に伴って発生する。

〔2〕 交 流 回 路　**周波数** f〔Hz〕の交流の電圧 $e(t)$〔V〕と電流 $i(t)$〔A〕は時間 t の関数として次式で表される。

$$e(t) = \sqrt{2}E\cos\omega t \tag{2.44}$$

$$i(t) = \sqrt{2}I\cos(\omega t - \varphi) \tag{2.45}$$

ここで，$\omega = 2\pi f$ は**角周波数**であり，E と I はそれぞれ電圧と電流の**実効値**，φ は**位相差**である。このとき，**瞬時電力** $p(t)$〔W〕は以下のように表される。$p(t)$ は周波数 $2f$ で振動する。

コラム 6

渦電流

物体を貫く磁束が時間変化すると物体内部にも誘導起電力が発生する。その物体が銅板や鉄心などの導体であれば，特に電気回路やコイルがなくても，磁束の変化を妨げるように導体内部に**渦電流**が流れる（**図 2**）。導体に渦電流が流れれば電気抵抗によって熱（**渦電流損**）が発生する。モータや変圧器の鉄心は渦電流を抑制するために，材料の電気抵抗を高め，磁束と平行な薄板を重ねた構造としている。一方，渦電流損を積極的に利用するのが**誘導加熱**（IH : induction heating）による電磁調理器などである。金属鍋やフライパンの底を渦電流損で直接加熱する。

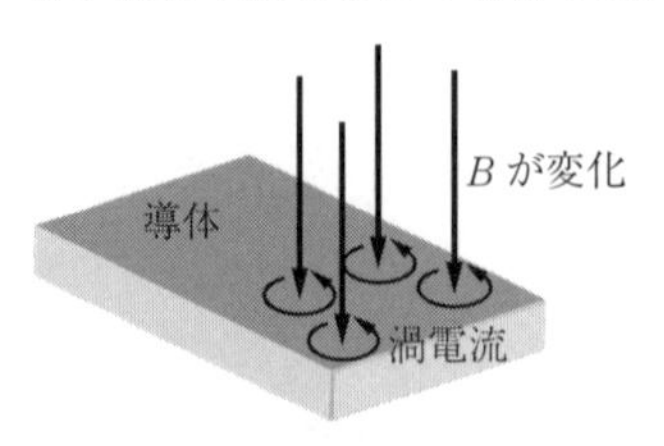

図 2　渦　電　流

$$p(t) = e(t) \cdot i(t) = EI\{\cos\varphi + \cos(2\omega t - \varphi)\} \tag{2.46}$$

$p(t)$の周期 $T = \pi/\omega$ での平均電力 P は次式で求められる。

$$P = \frac{1}{T}\int_0^T p(t)\,dt = EI\cos\varphi \tag{2.47}$$

この P を**有効電力**，$\cos\varphi$ を**力率**と呼び，つぎの Q を**無効電力**（単位は〔var〕），S を**皮相電力**（単位は〔VA〕）と呼ぶ。

$$Q = EI\sin\varphi \tag{2.48}$$

$$S = EI \tag{2.49}$$

振幅が等しく位相が $2\pi/n$ ずつ異なる n 個の交流回路を合わせたものを対称 n 相交流と呼ぶ。特に $n = 3$ の**対称三相交流**は広く用いられている。$n = 1$ の場合は特に**単相交流**ともいう。**図 2.8** に，対称三相交流の電圧波形（図(a)）と，三つの単相交流回路を太線部の導線を共用する形で構成した三相交流回路を示す（図(b)）。対称三相交流の太線部の電流は三つの**相電流**の和となるが，

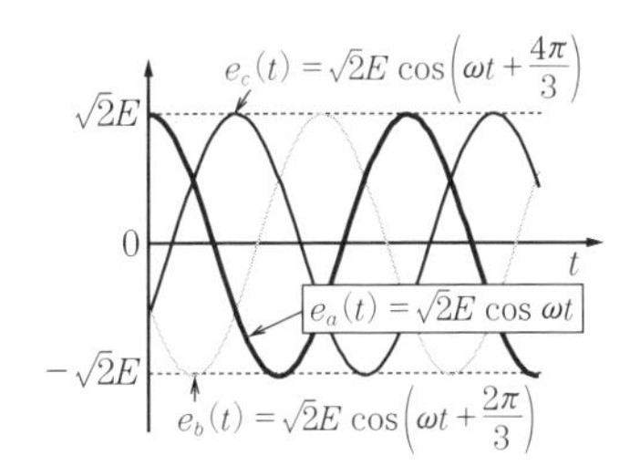

（a）　三相交流電圧の波形

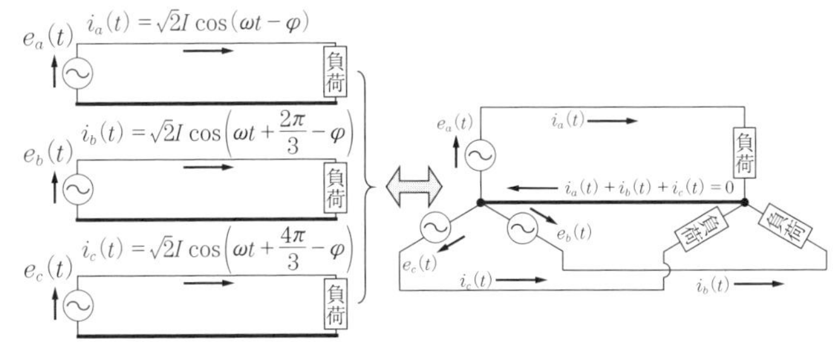

（b）　三つの単相交流回路と三相交流回路

図 2.8　三相交流回路

これはつねに0となるため太線部の導線は省略でき，結局3本の導線ですむ。また，対称三相交流の瞬時電力 $p(t)$ は次式で表され，時間 t によらず一定となる。

$$p(t) = e_a(t)i_a(t) + e_b(t)i_b(t) + e_c(t)i_c(t) = 3EI\cos\varphi \tag{2.50}$$

詳細は省略するが，送電設備の耐圧が同じであれば，導線1本当りの送電可能な最大有効電力は三相の方が単相よりも15％ほど大きくなる。そのため，大容量の送配電には三相交流が使われ，電線の本数が3の倍数となることが多い。また，三相交流を用いると**回転磁界**を容易に発生させられるため，電源として交流電動機との相性もよい。

ところで，正弦波 $x(t)$ は，**虚数単位** j を用いてつぎのように表現できる。

$$x(t) = A\cos(\omega t + \theta) = \mathrm{Re}\left[Ae^{j(\omega t+\theta)}\right] = \mathrm{Re}\left[Xe^{j\omega t}\right] \tag{2.51}$$

ただし，A は振幅，θ は初期位相，Re〔*〕は複素数「*」の実部である。$X = Ae^{j\theta}$ を正弦波 $x(t)$ の**フェーザ表示**という。そして，$x(t)$ の微分と積分のフェーザ表示は以下の関係式から，それぞれ $j\omega\mathrm{X}$ と $X/j\omega$ となり，代数的な操作により微分や積分が容易に求められる。

$$\frac{dx(t)}{dt} = \mathrm{Re}\left[j\omega Xe^{j\omega t}\right] \tag{2.52}$$

$$\int x(t)dt = \mathrm{Re}\left[\frac{X}{j\omega}e^{j\omega t}\right] \tag{2.53}$$

定常状態の交流回路の解析にはフェーザ表示が便利である。上記の関係と式(2.36)，(2.38)から，回路中のインダクタンス L やキャパシタンス C はそれぞれ $j\omega L$，$1/(j\omega C)$ という複素数の抵抗と見なせる。複素数に拡張された抵抗を**インピーダンス**，その逆数を**アドミタンス**という。インピーダンスの実部を**抵抗**，虚部を**リアクタンス**，そしてアドミタンスの実部を**コンダクタンス**，虚部を**サセプタンス**という。フェーザ表示された交流回路は，複素数に拡張された**オームの法則**で比較的容易に解析できる。

〔3〕**半　導　体**　**導体**と**絶縁体**の中間の抵抗率を持つ物質を**半導体**と呼ぶ。半導体となる結晶性物質では，電子はエネルギー準位の低い場所に高い確率で存在し，**価電子**（原子の最外殻の電子）が充満する**価電子帯**と空き準

位のある**伝導帯**は**禁制帯**で隔てられる。**禁制帯幅** E_g は**バンドギャップ**ともいう。E_g が 0 の物質が導体で，E_g がもっと大きな物質が絶縁体である。価電子帯の電子は自由に移動できないが，価電子帯から伝導帯へ電子を励起させれば，導電性を持たせられる。

半導体では導電性を高めるために微量の不純物が添加される。半導体を構成する原子よりも電子を取り込みやすい原子（アクセプタ）を添加したものが **p 形半導体**，逆に電子を放出しやすい原子（ドナー）を添加したものが **n 形半導体**となる（**図 2.9**）。p 形では，アクセプタは禁制帯の下端付近にアクセプタ準位 E_A を形成し，そこへ価電子帯から価電子を励起させて価電子帯に**正孔**（電子の不足）を生じさせる（図(b)）。正孔は自由に移動可能な正電荷のキャリアとなる。それに対し n 形では，ドナーは禁制帯の上端付近にドナー準位 E_D を形成し，そこから伝導帯へその価電子を励起させて負電荷キャリアとなる伝導電子を供給する（図(c)）。**フェルミ準位** E_F は，熱力学的平衡状態で 50％の確率で電子が存在する仮想的なエネルギー準位で，不純物のない真性半導体では禁制帯の中央に，p 形では価電子帯と E_A の間に，そして n 形では E_D と伝導体の間にある。

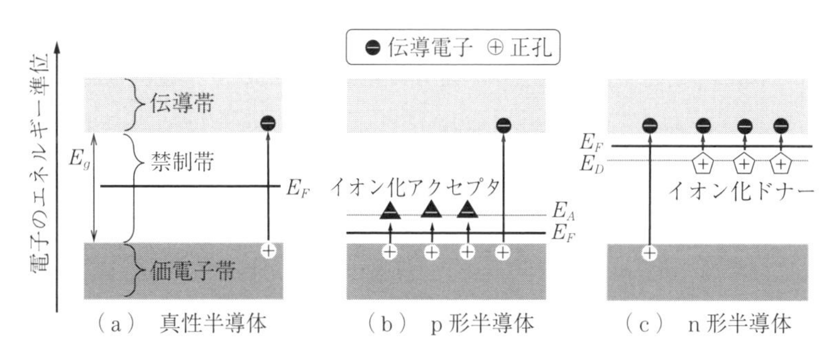

図 2.9　半導体中の電子のエネルギー準位

図 2.10 に示すように，pn 接合すると両半導体の E_F がそろい，接合部ではイオン化ドナーからイオン化アクセプタに向かって**内部電界**が発生し，正孔は p 形領域に，伝導電子は n 形領域にそれぞれ隔離され，接合部には**空乏層**が形

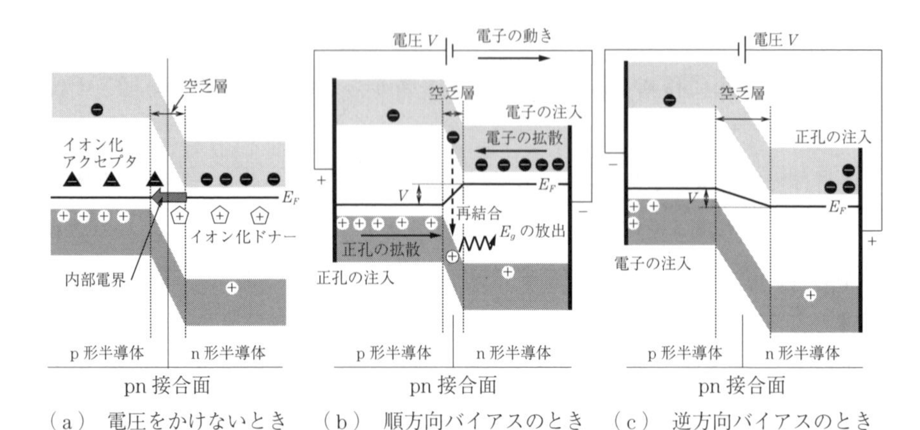

（a） 電圧をかけないとき　（b） 順方向バイアスのとき　（c） 逆方向バイアスのとき

図 2.10　pn 接合とバイアス方向別の動作の模式図

成される。p 形へ正，n 形へ負の電圧をかけることを**順方向バイアス**と呼び，p 形に正孔，n 形に電子が注入され，それぞれの領域で過剰となった正孔や伝導電子が接合部の空乏層へ押し出される。接合部付近で正孔や伝導電子がつぎつぎに再結合することで電流が流れ，E_g に対応するエネルギーが熱や光として放出される。**逆方向バイアス**では，p 形に電子，n 形に正孔が注入され，それぞれの領域で正孔や伝導電子が不足して空乏層は広がり，電流は流れにくくなる。

pn 接合の電圧電流特性は理論的に以下の式で表される。

$$I = I_s\left(e^{\frac{qV}{nkT}} - 1\right) \tag{2.54}$$

ここで，I は電流，I_s は**逆方向飽和電流**，q は電気素量（電子 1 個の電荷），V は p 形側を正とした電圧，n は通常 1 から 2 の間の値をとる補正係数，k は**ボルツマン定数**，T は絶対温度である。電流は，正の電圧に対して指数関数的に大きくなり，負の電圧に対しては最大でも I_s しか流れない。I_s の値が十分小さいと見なせる場合，pn 接合は実質的に一方向の電流しか流さない特性を示す。これを利用したのが整流素子の**ダイオード**である。

2.1.5 光量子エネルギー

〔1〕 **光の単位** 光にはいくつかの物理量がある（**図 2.11**）。まず**放射束** Φ はある面を単位時間に通過する放射エネルギーである。**放射強度** I は，点状の**放射源**からある方向の単位立体角当りに放射される放射束で，Φ を放射源から見た立体角 ω で微分して得る。**放射輝度** L は，投影面積 $A\cos\theta$ による I の微分で定義される。**放射照度** E は物体の単位面積当りへ照射される放射束であり，**放射発散度** J は単位面積当りの放射表面から放射される放射束である。波長や振動数別にこれらの物理量を取り扱うときは，それぞれ「分光」を前に付けて，例えば**分光放射輝度**などという。

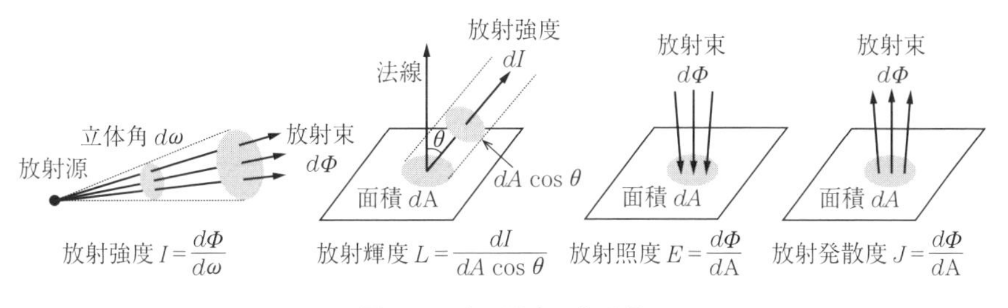

図 2.11 光に関する物理量

人の目は光の波長ごとに明るさの感じ方が異なる。人の目の波長 λ での**比視感度** $V(\lambda)$ は**図 2.12** のようになり，一般に波長 λ が 555 nm の光を最も明るく感じるとされる。人のこのような視覚特性を反映させた**心理物理量**がいくつかあり，その一つが**光束** Φ_v である。$\phi_L(\lambda)$ を対象とする**分光放射束**とすると，$V(\lambda)$ を用いて以下の式で関係付けられる。

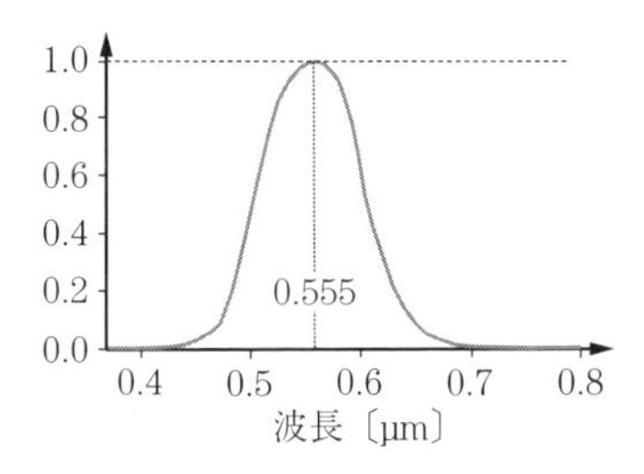

図 2.12 比視感度

$$\Phi_v = 683\int_0^\infty V(\lambda)\phi_L(\lambda)d\lambda \tag{2.55}$$

表 2.3 に，物理量に対応する心理物理量の名称と単位を示す。表中の sr は立体角の単位**ステラジアン**である。発光装置の光束を消費電力で除したものが**発光効率**〔lm/W〕となるが，式 (2.55) より 1 W で得られる光束の最大値は 683 lm となる。683 という半端な数値は，**カンデラ**〔cd〕がろうそくに基づく昔の定義のままのためである。発光効率は発光波長に大きく依存し，紫外線（波長 10～400 nm）や赤外線（波長 0.7～1 000 μm）を放出しても発光効率には寄与しない。

表 2.3　光に関する物理量・心理物理量と単位

物理量	単　位	心理物理量	単位
放射束	W	光束	lm（ルーメン）
放射強度	W/sr	光度	cd（カンデラ）= lm/sr
放射輝度	$W/sr/m^2$	輝度	cd/m^2
放射照度	W/m^2	照度	lx（ルクス）= lm/m^2
放射発散度	W/m^2	光束発散度	rlx（ラドルクス）= lm/m^2

〔**2**〕**プランクの法則**　振動数 ν の光は，h を**プランク定数**とすると，$h\nu$ というエネルギーを有する**光子**（光量子）でもある。絶対温度 T の黒体の**分光放射輝度** L (ν, T) は以下の**プランク関数**に従って連続分布する。

$$L(\nu, T) = \frac{2h\nu^3}{c^2}\frac{1}{e^{\frac{h\nu}{kT}} - 1} \tag{2.56}$$

ただし，c は光速である。この式は，$c = \lambda\nu$ の関係を用いてつぎのように波長 λ の関数としても表せる。

$$L'(\lambda, T) = \frac{2hc^2}{\lambda^5}\frac{1}{e^{\frac{hc}{\lambda kT}} - 1} \tag{2.57}$$

放射光の振動数や波長の分布は物体の T よって変化し，式 (2.57) が最大となる波長 $\lambda_{\max}$〔m〕は次式の**ウィーンの変位則**で与えられ T に反比例する。

$$\lambda_{\max} = \frac{2.898 \times 10^{-3}}{T} \tag{2.58}$$

地表付近の 15℃ くらいの温度では波長が 10 μm の赤外線が，6 000 K の太陽の表面では波長 0.5 μm の可視光線が放射光の最大の成分となる。人間の視覚特性は太陽光の波長が最もよく見えるように最適化されている。

〔3〕 **ステファン・ボルツマンの法則** $L(\nu, T)$ を ν で積分して放射輝度を求め，それを放射強度に変換したものを半球の立体角で積分すると，黒体の**放射発散度**の理論値 $J_B(T)$ が求められる。

$$J_B(T) = \int_0^{2\pi} d\varphi \int_0^{\frac{\pi}{2}} \left(\cos\theta \int_0^{\infty} L(\nu, T)\, d\nu \right) \sin\theta\, d\theta = \frac{2\pi^5 k^4}{15c^2 h^3} T^4 = \sigma T^4 \tag{2.59}$$

この式より，黒体から射出される光のエネルギーは，T の 4 乗に比例するという**ステファン・ボルツマンの法則**が導かれる。この式は式 (2.9) と同じもので，**ステファン・ボルツマン定数** σ は 5.67×10^{-8}〔$\mathrm{W \cdot m^{-2} \cdot K^{-4}}$〕となる。

物体表面に入射した光のエネルギーで，反射や透過もせずに吸収されて熱に変わる割合を**吸収率**という。任意の物体の放射発散度は，同じ温度の黒体の放射発散度に吸収率を乗じたものに等しい。つまり，吸収率が大きい物体ほど放射発散度も大きい。これを熱放射平衡における**キルヒホッフの法則**という。

2.1.6 核エネルギー

〔1〕 **原子核とエネルギー** **原子核**は**陽子**と**中性子**で構成され，陽子数 Z と中性子数 N で区別される原子核の種類を**核種**という。核種は元素と**質量数** $A(=Z+N)$ の組み合わせで表現される。ただし，エネルギー準位が異なる核種が存在する場合は，たがいに**核異性体**という。

アインシュタインの**特殊相対性理論**から，エネルギー E と質量 m は，光速 c を用いた式 $E = mc^2$ で関係付けられ，エネルギーと質量はたがいに等価であることが導かれた。質量の消失はエネルギーの発生を意味し，エネルギー保存の法則は，「質量を含めたエネルギーの総和が保存される」というものへと拡張された。

陽子や中性子の質量は，単独で存在するときよりも，**核力**によって結び付いて原子核を形成するときの方が軽くなる。この質量変化が原子核の**結合エネルギー**である。原子核の種類ごとの**比結合エネルギー**（核子当りの結合エネルギー）E_b は次式で計算され，この値が大きな核種ほど安定した原子核を構成する。ただし，m_p，m_n，M はそれぞれ陽子，中性子，原子核の質量である。

$$E_b = \frac{[Zm_p + Nm_n - M]\,c^2}{A} \tag{2.60}$$

図 2.13 に示すように E_b を質量数 A で整理すると，鉄，ニッケル，コバルト，亜鉛などの質量数が 50〜60 付近の原子核で大きくなり，両端の水素やウランで小さくなる。水素のように A の小さな原子核は**核融合**で大きな原子核へと変化することで，そしてウランのように A の大きな原子核は逆に**核分裂**で小さな原子核へと変化することで，原子核としては安定した状態に近付く。

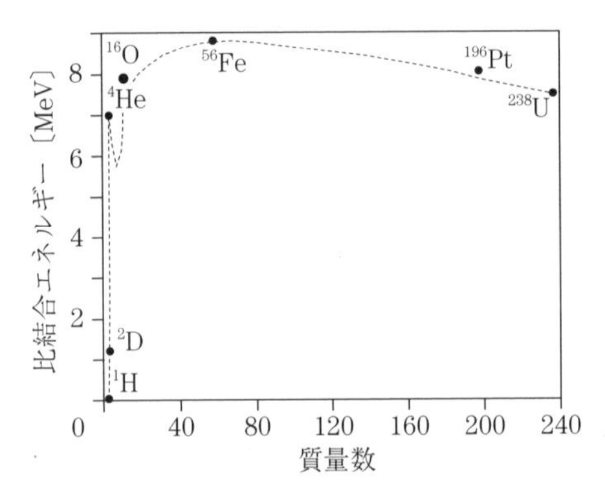

図 2.13　核子当りの結合エネルギー

〔**2**〕 **放射性崩壊**　質量数 A だけでなく，陽子 Z と中性子 N の組成も核種の安定性と関係している。安定した核種の Z と N は，A が小さい核種ではほぼ同数であるが，A が大きくなると，N が Z よりも大きくなる傾向がある。例えば，^{12}C, ^{14}N, ^{16}O などは Z と N は同数であるが，^{56}Fe では $Z = 26$，$N = 30$ となり，^{238}U では $Z = 92$，$N = 146$ となる。A が大きな核種が核分裂すると，生成核種は中性子を過剰に含み不安定となることが多い。不安定な核種が，後述する**放射線**を放出しつつ別の**安定核種**へと自然に変化することを**放射**

性崩壊と呼び，そのような性質や能力のことを**放射能**という。放射性崩壊する核種が**放射性核種**である。また，放射性核種の同位体は**放射性同位体**（RI：radio-isotope）と呼ばれる。

ある物体が放射能を有するとき，その放射能の量は1秒当りに放射性崩壊する原子核の個数で把握され，その単位は**ベクレル**〔Bq〕である。放射性核種はそれぞれ固有の**半減期**と呼ばれる期間ごとに，原子核の半数が崩壊し減少する。半減期は，温度や電磁界などの外的要因にはほとんど左右されない。半減期をτとすると，時刻tの放射性核種の原子核の個数$x(t)$はつぎの常微分方程式に従う。

$$\frac{dx(t)}{dt} = -\lambda \cdot x(t) \quad \text{ただし，} \lambda = \frac{\ln 2}{\tau} \text{ は崩壊定数} \tag{2.61}$$

このとき，放射能の量は$\lambda \cdot x(t)$となりτに反比例する。初期時点t_0での原子核の個数をx_0とすると，上記の微分方程式の解はつぎの指数関数となる。

$$x(t) = x_0 e^{-\lambda(t-t_0)} \tag{2.62}$$

半減期の3倍の時間が経つと，$2^3 = 8$で原子核の個数は元の1/8となり，10倍の時間が経つと，$2^{10} = 1\,024$でおよそ1/1 000まで減少する。

放射性崩壊する元の核種を**親核種**，崩壊によって新たに生成された核種を**娘核種**という。娘核種が放射性崩壊するとき，娘核種の個数の変化は，自身の崩壊による減少分だけでなく，親核種からの生成による追加分も考慮しなくてはならない。娘核種の半減期が親核種よりも短い場合は，十分な時間が経つと**放射平衡**と称する状況となる。放射平衡では，親核種と娘核種の原子核の個数の比（存在比）は半減期の比と等しくなる。

放射性崩壊には，**α崩壊**，**β崩壊**，**γ崩壊**などがある。なお，αはアルファ，βはベータ，γはガンマと読む。発生確率は低いが，**中性子放出**や**自発核分裂**という放射性崩壊もある。

α崩壊は量子力学的トンネル効果によって**α粒子**（ヘリウムの同位体^{4}Heの原子核）を原子核が放出する放射性崩壊であり，放出される放射線は**α線**と呼ばれる。α崩壊すると原子核のAは4減り，Zも2減る。放出されるα

粒子の運動エネルギーの大きさは，放射性核種ごとに固有の値があるため，その値が測定できれば核種を同定できる。

β崩壊は一般には**電子**と反電子ニュートリノを原子核が放出するβ^-崩壊を指すが，それ以外にも**陽電子**と電子ニュートリノを放出するβ^+崩壊，軌道電子を原子核に取り込み電子ニュートリノと**X線**（エックス線は短い波長の電磁波）を放出する電子捕獲もある。放出される電子あるいは陽電子は**β粒子**または**β線**と呼ばれる。安定同位体よりも中性子の多い核種では，β^-崩壊が起きやすく，原子核中の中性子1個が陽子へ変わり，Aが不変のままZは1増える。単独で存在する中性子は平均寿命約15分でβ^-崩壊して陽子に変わる。一方，β^+崩壊や電子捕獲では，原子核中の陽子1個が中性子へ変わり，Aが不変のままZは1減る。核種によっては，β^-崩壊，β^+崩壊，電子捕獲が一定の確率で混合して起きる。β粒子のエネルギーは，放射性核種ごとに一定ではなく，ある範囲にばらつく。これは崩壊時のエネルギーを**ニュートリノ**とβ粒子で分け合うからである。そのため，β粒子のエネルギー測定だけでは核種の推定は難しい。

γ崩壊は，核分裂やα崩壊，β崩壊などの先行する核変換の結果として，**励起状態**となった原子核が，**γ線**（高エネルギーの短い波長の電磁波）を放出してより安定なエネルギー準位へ遷移する現象である。なお，γ線とX線は同じような波長の電磁波であるが，発生機構によって区別され，γ線は原子核内のエネルギー準位の遷移を起源とし，X線は**軌道電子**の遷移を起源とする。γ崩壊ではZやNは変化しない。放出されるγ線のエネルギーは，α粒子と同様に放射性核種ごとに固有の大きさとなる。そのためγ線の波長を測定することで，それを放出した核種を比較的容易に同定できる。

α線は**電離作用**が強いため**透過力**は小さく，紙や数cmの空気層で容易に**遮蔽**できる。しかし，α崩壊する物質を体内に取り込んだ場合，組織近傍にα粒子の電離作用が集中し強い影響を及ぼす。β線は電離作用が弱いため透過力は比較的強く，空気中の飛程は長い場合で10m程度に達し，遮蔽には数mmのアルミ板などが必要となる。なお，β粒子は遮蔽物中の原子核の電場による影響を受けて，制動放射によりX線も放出する。そしてγ線の遮蔽には比重の重い物質が使われるが，α線やβ線と比べると遮蔽は容易ではない。例えば1/100から1/1 000に減衰させるには，厚さ10 cm程度の鉛の壁が必要となる。

放射性崩壊の過程で放出されるこれらの放射線は，工学や医学のさまざまな分野で利用されている。例えば，脳腫瘍などの治療に使われるガンマナイフと呼ばれる放射線照射装置は，コバルトの同位体 ^{60}Coが，半減期5.27年でβ崩壊をして励起状態のニッケルの同位体 ^{60}Niとなり，さらにそれが安定した ^{60}Niへと遷移する過程で放出するγ線を利用している。また，宇宙探査機に搭載される**原子力電池**は，プルトニウムの同位体 ^{238}Puが半減期87.7年でα崩壊する過程で放出する**崩壊熱**を利用している。1 gの ^{238}Puからは0.56 Wの熱が得られる。なお，ポロニウムの同位体 ^{210}Poのα崩壊の発熱量は1 gで140 Wにも達するが，半減期が138日と短い。

放射性核種は，カリウムの同位体 ^{40}Kなど天然にもいくつか存在するが，後述する核分裂反応後の生成物の中に多数存在する。原子炉中の核分裂生成物の放射性崩壊による崩壊熱の大きさは，核分裂停止直後では定格出力の7％になるが，1時間後には約1.3％，24時間後では約0.5％と，時間経過に従い減少する。2011年3月の東京電力福島第一原子力発電所の炉心溶融事故の原因は，地震により原子炉中の核分裂は緊急に停止されたが，その約50分後に襲来した津波に冷却水ポンプや非常用電源，配電盤などを破壊され，核分裂生成物の崩壊熱の除去を継続できなかったことにある。

〔3〕 核　分　裂　核分裂はおもに，中性子過剰の不安定な重い原子核がさらに中性子を吸収することで起きる。量子力学的トンネル効果によって起きる**自発核分裂**もある。核分裂を起こしやすい核種は，**核分裂性核種**と呼ばれ，それらは30種類以上あるが，代表的なものはウランの同位体 ^{235}Uである。^{235}Uの原子核は，つぎのように中性子nを1個吸収すると，比較的高い確率で核分裂を起こし，核分裂破片の運動エネルギーや放射線などとして，原子核1個当り約200 MeVのエネルギーを放出する。1 gの ^{235}Uの核分裂によって放出されるエネルギーは石油換算約2トンとなる。

$$^{235}\mathrm{U} + \mathrm{n} \rightarrow FP_1 + FP_2 + \nu \cdot \mathrm{n} + 約\,200\,\mathrm{MeV}$$

核分裂破片 FP_1 および FP_2 は**核分裂生成物**と呼ばれ，質量数 95 付近のモリブデンやストロンチウム，そして質量数 140 付近のセシウムやキセノンなど，放射性核種も含め 300 種類以上のさまざまな核種が生成される。また，核分裂の過程で中性子も放出され，その個数 ν は 2〜3 個となる。放出される中性子は，1 個当り平均 2 MeV 程度の運動エネルギーを持つ。

中性子と原子核の反応には核分裂のほかにもいくつかの反応がある。例えば，たがいに運動エネルギーの授受を行う**弾性散乱**，中性子の運動エネルギーにより原子核の内部エネルギーが変化する**非弾性散乱**，原子核が中性子を吸収するとともに γ 線を放出する**放射性捕獲**，原子核が速い中性子を 1 個吸収して 2 個以上の遅い中性子を放出する**中性子放出捕獲**などである。そのため，核分裂性核種の原子核に中性子が命中したとしても，跳ね返されたり，さらに吸収されたとしても必ずしも核分裂を起こさなかったりする。

粒子と粒子の衝突による反応確率を議論する際に，**反応断面積**という概念がよく用いられる。ここで標的にボールを投げる状況を想定し，その命中確率について考えると，標的の面積が大きいほど，その確率は高くなると理解できる。標的を原子核に，ボールを中性子に置き換えると，標的の面積に相当するのが，原子核の反応断面積である。単位体積の中性子の個数を n，原子核の個数を N，中性子速度を v，そして原子核の反応断面積を σ とすると，単位体積の 1 秒当りの**反応数** R はつぎのようになる。

$$R = nv\sigma N \tag{2.63}$$

反応断面積 σ は，上記の反応（放射性捕獲や核分裂など）の種類に応じてそれぞれ定義され，その単位はバーン（$1\,\mathrm{b} = 10^{-24}\,\mathrm{cm}^2$）が用いられる。反応断面積の大きさは中性子のエネルギー（速度）によって大きく変化する。原子炉内の中性子のエネルギーは，核分裂で発生する約 2 MeV の**高速中性子**（v は秒速約 2 万 km）から 0.025 eV の**熱中性子**（v は秒速 2 200 m 程度）まで広く分布する。なお，1 eV の運動エネルギーは絶対温度では 11 600 K に相当し，0.025 eV は 290 K の冷却水（海水など）の温度に相当する。

核分裂性核種としては ^{235}U 以外にも，重要なものとしてウランの同位体 ^{233}U，プルトニウムの同位体 ^{239}Pu，^{241}Pu がある。これらの核分裂時にも，原子核1個当り約 200 MeV のエネルギーと 2〜3 個の中性子が放出される。**表 2.4** には，天然ウランの 99.7％を占める ^{238}U も含め，主要核種の中性子のエネルギー別の反応断面積（中性子が原子核に無駄に捕獲されるだけの**捕獲断面積**と，核分裂反応に至る**核分裂断面積**）と核分裂時の**中性子放出数**（平均値）を示す。

表 2.4　反応断面積と中性子放出数[6)]（0.025 eV/200 keV/2 MeV）

核　種	捕獲断面積 σ_c〔b〕	核分裂断面積 σ_f〔b〕	中性子放出数 ν
^{233}U	45.3/0.197/0.026	531/2.18/1.99	2.48/2.49/2.68
^{235}U	98.7/0.310/0.042	585/1.37/1.30	2.42/2.44/2.64
^{238}U	2.68/0.129/0.051	$1.68 \times 10^{-5}/7.14 \times 10^{-5}/0.538$	2.28/2.31/2.58
^{239}Pu	272/0.187/0.025	747/1.52/2.00	2.87/2.91/3.14
^{241}Pu	363/0.286/0.030	1 012/1.95/1.73	2.93/2.96/3.18

表 2.4 に見るように，反応断面積 σ は中性子の速度 v が速くなると小さくなる傾向がある。特に熱中性子などの速度の遅い中性子に対しては，σ はおおむね v に反比例することが知られている。また通常は，原子核に入射する中性子が速いほど核分裂時の中性子放出数 ν の平均値は大きくなる。

〔4〕核　融　合　以下におもな核融合反応を示す。p は陽子で水素 ^{1}H の原子核である。重水素 ^{2}H と三重水素 ^{3}H は水素の同位体で，英語名がそれぞれ Deuterium と Tritium であることから，頭文字を用いて ^{2}D および ^{3}T と表記されることが多い。

$$^{2}\mathrm{D} + {}^{3}\mathrm{T} \rightarrow {}^{4}\mathrm{He} + \mathrm{n} + 17.58\ \mathrm{MeV}$$

$$^{2}\mathrm{D} + {}^{2}\mathrm{D} \rightarrow {}^{3}\mathrm{He} + \mathrm{n} + 3.27\ \mathrm{MeV}$$

$$^{2}\mathrm{D} + {}^{2}\mathrm{D} \rightarrow {}^{3}\mathrm{T} + \mathrm{p} + 4.03\ \mathrm{MeV}$$

$$^{2}\mathrm{D} + {}^{3}\mathrm{He} \rightarrow {}^{4}\mathrm{He} + \mathrm{p} + 18.34\ \mathrm{MeV}$$

上記の四つの反応式を整理すると以下の式が得られ，1 g の ^{2}D の核融合によって放出されるエネルギーは石油換算約 8 トンに相当する。

$$3\,{}^{2}D \rightarrow {}^{4}He + p + n + 21.61\,MeV$$

太陽の中心部では何段階もの連鎖的な核融合を経て，四つの陽子（水素の原子核）からヘリウム ^{4}He が生成され，莫大なエネルギーとともに陽電子や電子ニュートリノが放出されている。核融合では，波長の短い電磁波や，中性子，陽電子，ニュートリノなどの粒子の運動としてエネルギーが放出される。

核融合を起こすには，陽子間の**クーロン力**の斥力を乗り越えて，**核力**による引力の方が強くなる距離まで，二つの原子核をたがいに接近させる必要がある。これは，秒速 1 000 km を超える高速での原子核どうしの衝突で実現されるが，そのためには，核燃料を超高温のプラズマ状態で閉じ込めて，ある程度の時間その状態を維持しなくてはならない。**プラズマ**とは，固体，液体，気体に続く物質の第 4 の状態で，高温のために，気体の原子が原子核（陽イオン）と電子に分離した状態のことである。これを実現する装置が**核融合炉**である。

図 2.14 には，^{2}D と ^{3}T を用いる **D–T 反応**と，^{2}D だけを用いる **D–D 反応**の**核融合反応係数** $\langle \sigma v \rangle$ と熱平衡状態のプラズマ温度との関係を示す。核融合反応係数 $\langle \sigma v \rangle$ とは，**核融合反応断面積** σ と粒子間相対速度 v の積をマックスウェルの速度分布で加重平均したものである。D–T 反応では，10 keV（約 1.16 億 K）あたりで核融合反応係数 $\langle \sigma v \rangle$ は $1 \times 10^{-22}\,m^{3}/s$ に達するが，D–D 反応では 100 keV（約 11.6 億 K）でも $3 \times 10^{-23}\,m^{3}/s$ 程度にしかならない。

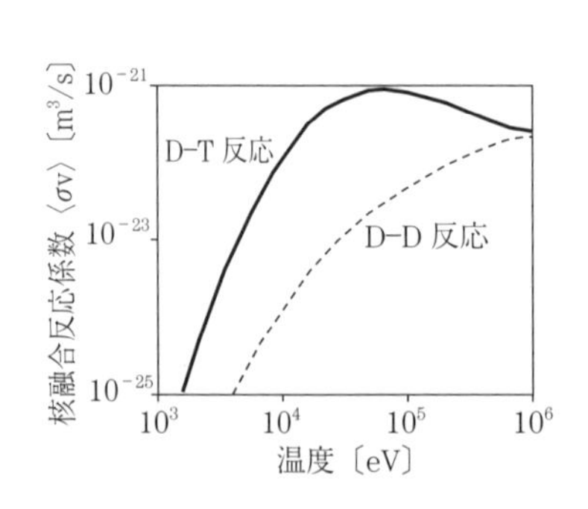

図 2.14　核融合反応係数

2.2　エネルギー変換

エネルギー変換に関する現象は，物理学や化学の基本的な法則名や効果名として知られているものが多い。**表 2.5** にエネルギー形態間の相互変換技術や代表的な変換過程・効果を示す。以下，特に重要なエネルギー変換技術をいくつ

表 2.5　エネルギー形態間の相互変換技術や代表的な変換過程・効果

変換前＼変換後	熱エネルギー	化学エネルギー	力学エネルギー	電気・磁気エネルギー	光・量子的エネルギー	核エネルギー
熱エネルギー	熱ポンプ 熱伝導 熱伝達	熱解離 熱化学反応	熱機関	ゼーベック効果 熱電子放出 熱磁気効果	熱放射	—
化学エネルギー	燃焼 発熱・吸熱反応	化学反応	浸透圧 メカノケミカル反応	一次電池 二次電池 燃料電池	発光反応	—
力学エネルギー	摩擦 衝突 断熱圧縮・膨張	メカノケミカル逆反応	機械的機構 流体機器	電磁誘導 圧電効果	—	—
電気・磁気エネルギー	ジュール発熱 ペルチェ効果	電気分解	電磁力 静電気力 圧電効果	電磁誘導 変圧器，整流器 インバータ	放電 発光ダイオード レーザ	—
光・量子的エネルギー	光吸収	光化学反応 光合成	放射圧	光電池 光電効果	蛍光反応 燐光反応	光核反応
核エネルギー	核分裂 核融合 核崩壊熱	放射線化学反応	核分裂 核融合	荷電粒子放出	放射線放出	連鎖反応 増殖

か取り上げ，それらの原理などを簡単に説明する。

2.2.1　熱機関とヒートポンプ

〔1〕 **熱　機　関**　**熱機関**（エンジン）は，作動流体を利用して，熱エネルギーを仕事（力学エネルギー）に変換する装置である。**シリンダ**内で**ピストン**が往復運動する熱機関の場合では，つぎの二つの工程を繰り返す。**図 2.15** に概略を示す。

① 高温の熱発生源でシリンダ内の作動流体を加熱しつつ，膨張させて，ピストンを押し出して外部に仕事を行う。

② 低温の熱吸収源でシリンダ内の作動流体を冷却しつつ，外部からの仕事を受けてピストンを押し込み，作動流体を圧縮する。

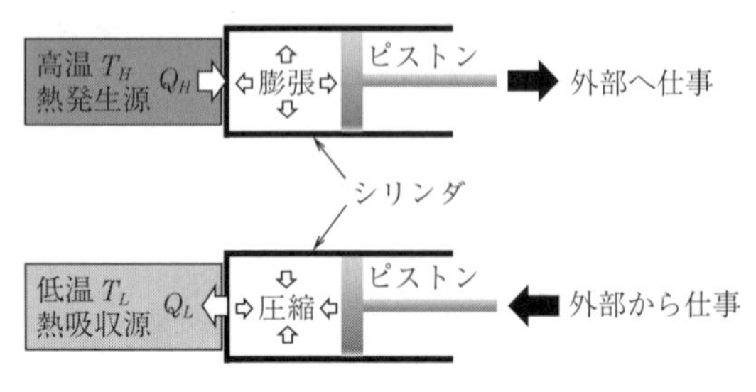

図 2.15　熱機関の動作原理

膨張による仕事から，圧縮のための仕事を差し引いたものが，正味の仕事となる。熱力学はこれらの一連の動作を厳密に考える学問として発展した。

カルノーサイクルと呼ばれる理想的なサイクルを考察した結果，熱を仕事に変換する熱効率には，熱源の絶対温度に応じて理論的上限が存在することが示された。それはカルノーサイクルの理論熱効率（**カルノー効率**）η_{th} と呼ばれ，絶対温度 T_H の高温熱源から熱 Q_H を吸収し，外部に仕事 W を行いつつ，絶対温度 T_L の低温熱源に熱 Q_L を放熱する場合は，以下の式で与えられる。

$$\eta_{th} = \frac{W}{Q_H} = 1 - \frac{T_L}{T_H} \tag{2.64}$$

ただし，この式の導出にはエネルギー保存則より

$$Q_H = W + Q_L \tag{2.65}$$

が成立すること，さらに，準静的変化の仮定のもとで式 (2.5) の等式が成立し，次式に示すようにエントロピーの流入量 S_H と流出量 S_L が等しくなることを利用する。

$$\frac{Q_H}{T_H} = S_H = S_L = \frac{Q_L}{T_L} \tag{2.66}$$

式 (2.64) より，T_H と T_L の温度差が大きいと，η_{th} が高くなることがわかる。一般の熱機関では，燃料の燃焼熱が高温側の熱源となり，海水や大気などが低温側の熱源となる。

表 2.6 には，熱機関の代表的なサイクルの膨張過程と圧縮過程を示す。**等温膨張**，**等圧膨張**，**等積加熱**には高温熱源による加熱操作が伴い，**等温圧縮**，等

表2.6 熱機関の代表的なサイクル

サイクルの種類	膨張過程	圧縮過程
カルノーサイクル	等温膨張⇒断熱膨張	等温圧縮⇒断熱圧縮
オットーサイクル	等積加熱⇒断熱膨張	等積冷却⇒断熱圧縮
サバテサイクル	等積加熱⇒等圧膨張⇒断熱膨張	等積冷却⇒断熱圧縮
ディーゼルサイクル	等圧膨張⇒断熱膨張	等積冷却⇒断熱圧縮
ブレイトンサイクル	等圧膨張⇒断熱膨張	等圧圧縮⇒断熱圧縮
エリクソンサイクル	等圧膨張⇒等温膨張	等圧圧縮⇒等温圧縮
ランキンサイクル	等圧膨張⇒断熱膨張	等圧圧縮⇒断熱圧縮
スターリングサイクル	等積加熱⇒等温膨張	等積冷却⇒等温圧縮

圧圧縮，**等積冷却**には低温熱源による除熱操作が伴う。また，**断熱膨張**では作動流体の温度は下がり，**断熱圧縮**では逆に温度は上がる。

カルノーサイクルの膨張過程では，まず作動流体をしばらく加熱しながら等温膨張させ，その後に断熱膨張もさせて，ピストンを押し出して仕事を行う。そして圧縮過程では，外からの仕事で圧縮を行うが，始めてしばらくは除熱しながら等温圧縮し，その後に断熱圧縮もしてピストンを元の位置に戻す。

オットーサイクルと**ディーゼルサイクル**は，それぞれ**ガソリン機関**と**ディーゼル機関**という**往復動機関**（**レシプロエンジン**）の理論サイクルである。ガソリン機関は空気とガソリンの混合気体を断熱圧縮し，点火プラグの放電で**火花点火**させる。瞬時に燃焼させるため等積加熱に近い。一方，ディーゼル機関は点火プラグを用いず，断熱圧縮で発火点を超える高温となった空気に軽油を噴射することで**圧縮着火**させる。噴射は瞬間で終わらず，燃焼はピストンを押し出しながら進み，等圧膨張での加熱に近い。断熱膨張後の等積冷却は，シリンダからの燃焼ガスの排気と，それに続くシリンダへの吸気（ガソリン機関では混合気体，ディーゼル機関では空気）の形で行われる。両機関とも**過給機**（ターボチャージャなど）で吸気前の空気を加圧することでシリンダ容量当りの出力を高められる。なお，**サバテサイクル**は，両サイクルの中間であり，高速回転のディーゼル機関の理論サイクルとなる。

シリンダ内の圧縮比を上げると熱効率を改善できるが，ガソリン機関の圧縮比を上げると，断熱圧縮時の発熱で燃料を含む混合気体が**自己着火**し，**ノッキング**という異常動作を起こす可能性が高まる。**オクタン価**が高いガソリンほど自己着火しにくくノッキングも起きにくい。一方，ディーゼル機関では逆に，自己着火しやすい**セタン価**の高い軽油ほどノッキングを起こしにくい。

ブレイトンサイクルは，**ガスタービン機関**の理論サイクルである。**タービン**とは羽根車であり，**図 2.16** にその構造の概略を示す。主用途は航空機用の機関であるが，火力発電所でも利用が拡大している。

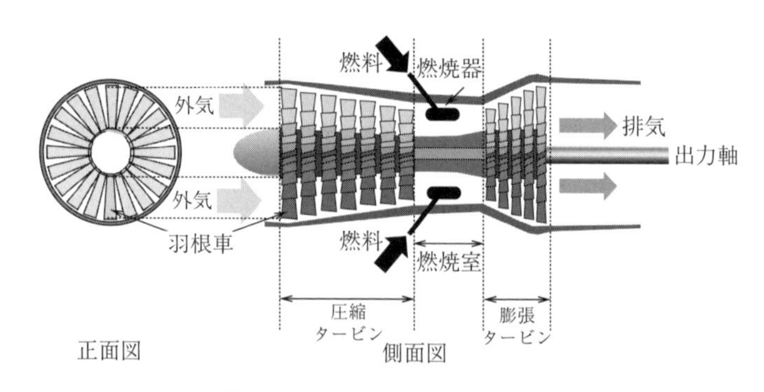

図 2.16　ガスタービン機関の構造

燃焼室では圧縮空気で燃料を連続的に燃焼させて等圧膨張させた後，断熱膨張させて**膨張タービン**を回して仕事を行う。その後，高温のガスを排気する一方で環境温度の外気を新たに取り込むことで等圧圧縮を実現する。そして，取り込んだ外気を**圧縮タービン**で断熱圧縮して，燃焼器で使用する圧縮空気を作り出す。熱効率の改善は，おもに膨張タービンの耐熱性を高めて動作温度を上げることでなされてきた。**熱交換器**で排熱回収をしたり，多段の膨張タービンを設けて各タービンの前で作動流体を**再加熱**したり，圧縮タービンも多段にして各タービンの後で作動流体を**中間冷却器**（**インタークーラ**）で冷却したりすることでも熱効率を改善できる（**図 2.17**）。再加熱と中間冷却の段数を増やすと等温での膨張，圧縮となり，**エリクソンサイクル**に近付く。

ランキンサイクルは，作動流体の蒸発や凝縮を伴う**蒸気タービン機関**の理論サイクルである。ポンプで加圧された液相の作動流体は，ボイラで加熱されて

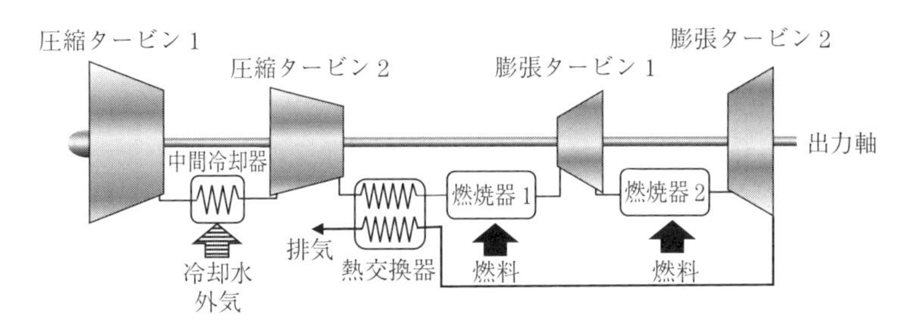

図 2.17　ガスタービン機関の効率改善策

蒸発し気相状態となり，さらに加熱されて**過熱蒸気**となる。高温高圧の過熱蒸気は膨張タービンに導かれて，そこで断熱膨張して仕事をし，タービン出口へ至る。膨張して低温低圧となった蒸気は，**凝縮器**で元の液相に戻されるか，作業用の低圧蒸気としてそのまま外部へ放出される。前者を**復水タービン**，後者を**背圧タービン**というが，後者の熱効率は高くない。蒸気タービン機関でも多段のタービンを設けた再熱サイクルを構成したり，タービンから蒸気の一部を抽気して給水加熱に利用したりすることで，熱効率を改善できる（**図 2.18**）。また，高効率化の方策として，水と炭化水素など沸点の異なる2種類の作動流体を利用した**バイナリーサイクル**もある。ランキンサイクルは，機関外部の熱を利用する外燃機関のため，熱源の自由度が高く，石炭や木材などの燃焼熱や原子炉の核反応熱などに加えて，地熱，太陽熱なども利用できる。

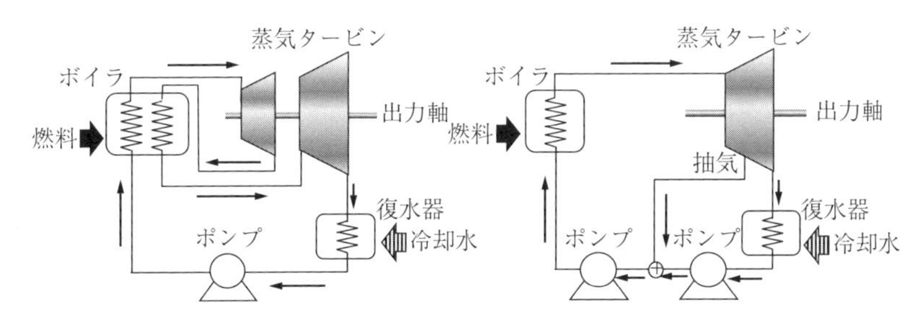

図 2.18　蒸気タービン機関の効率改善策

等温圧縮，等積加熱，等温膨張，等積冷却から構成されるサイクルを**スターリングサイクル**という。外燃機関であるスターリングエンジンの理論サイクルで，高い熱効率が期待されるが，技術的な困難さのため実用化されていない。

〔**2**〕 **ヒートポンプ**　ピストンを押し込んでシリンダ内の気体を圧縮すると気体の温度は上昇し，逆にピストンを押し出しながらシリンダ内の気体を膨張させると，気体の温度は低下する。この現象を使うと加熱や冷却を行える。これは力学エネルギーの熱エネルギーへの変換であり，熱機関の逆過程となる。このような変換装置を**ヒートポンプ**と呼び，エアコン，冷凍機などさまざまな用途で用いられている。

逆カルノーサイクルと呼ばれる理想的なヒートポンプサイクルの理論的な最高効率はつぎのようになる。ヒートポンプの効率は一般に，**成績係数 COP**（coefficient of performance）で表現され，外部から仕事 W を受けて，絶対温度 T_L の低温熱源から熱 Q_L を吸収し，絶対温度 T_H の高温熱源へ熱 Q_H を放出する場合は，以下の式で与えられる。

$$COP = \frac{Q_H}{W} = \frac{T_H}{T_H - T_L} \tag{2.67}$$

ここでも，式 (2.65)，(2.66) が成立することを利用している。この COP はカルノー効率の逆数となる。ヒートポンプは，入力した仕事 W よりも大きな熱エネルギー Q_H（$= W + Q_L$）が得られる。なお，式 (2.67) の COP は高温側の放出熱 Q_H に注目したものであるが，冷凍機のように低温側の吸収熱 Q_L に注目する場合はつぎのようになる。いずれにしても，T_H と T_L の差が小さいときに COP の値は大きくなり，ヒートポンプの効率は高くなる。

$$COP = \frac{Q_L}{W} = \frac{T_L}{T_H - T_L} \tag{2.68}$$

ヒートポンプならびに冷凍機には圧縮式や吸収式などがある（**図 2.19**）。**圧縮式ヒートポンプ**（図（a））は，フロンやアンモニアなどの低沸点作動流体（冷媒）と圧縮機を用い，加圧下の凝縮温度と常圧下の蒸発温度との温度差を利用する。気相と液相を利用するため，**逆ランキンサイクル**とも呼ばれる。圧縮機としては，ピストン，タービン，**スクロールポンプ**など多様な形式が存在する。効率向上のため，多段での圧縮や複数種の作動流体が利用される。

一方，**吸収式ヒートポンプ**（図（b））は，圧縮式における冷媒の圧縮過程

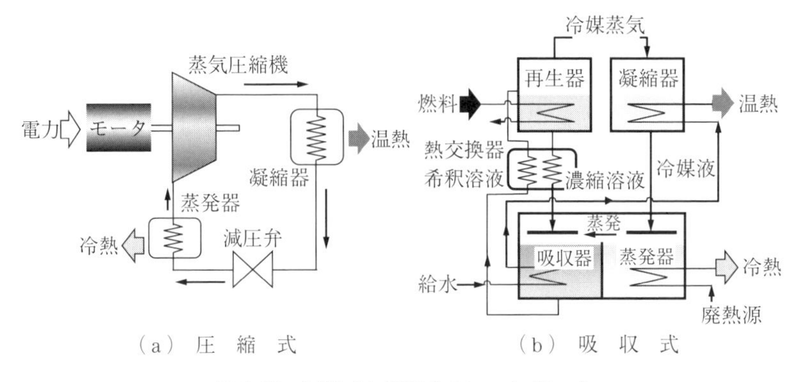

図 2.19 圧縮式と吸収式のヒートポンプ

を，**吸収液**による冷媒の吸収・放散過程に置き換えたものである。代表的な(吸収液：冷媒）の組み合わせとして，(臭化リチウム水溶液：水)，そして(水：アンモニア）があり，主用途はそれぞれ冷房と冷凍である。吸収液は，**吸収器**で冷媒蒸気を吸収して熱を放出し，**再生器**では熱を吸収して冷媒蒸気を放散し再生される。放散された冷媒蒸気は，**凝縮器**で熱を放出して液化され**蒸発器**に送られる。蒸発器は吸収器と同じ圧力容器にあり，冷媒は蒸発器で熱を吸収して気化され，吸収器で再生された吸収液に吸収される。

圧縮式や吸収式のほかに，金属や半導体の**熱電効果**の一種である**ペルティエ効果**を利用した全固体ヒートポンプもあり，小型の冷蔵庫などに利用されている。なお，ペルティエ効果の逆プロセスは**ゼーベック効果**と呼ばれ，温度差のある熱エネルギーから直接電気エネルギーが得られる。熱電対式温度計や惑星探査機の電源として搭載される**原子力電池**などに利用されている。

〔3〕 熱の温度別カスケード利用　熱エネルギーは，有効利用できる部分(力学エネルギーに変換できる部分）とそうではない部分とに分けられ，それぞれ**エクセルギー**と**アネルギー**と呼ばれる。絶対温度 T の高温にある熱量 Q の熱エネルギーのエクセルギーとアネルギーは，環境温度を T_0 とすると，カルノー効率を用いて次式のように表せる。

$$Q=\underbrace{\left(1-\frac{T_0}{T}\right)Q}_{\text{エクセルギー}}+\underbrace{\frac{T_0}{T}Q}_{\text{アネルギー}} \tag{2.69}$$

エクセルギーは T が高いほど大きくなり，T_0 と T とが平衡状態にあると0となる。一方，T が T_0 よりも低い冷熱の場合は，環境側が高温となるため，式 (2.69) の T と T_0 を入れ換えた式で，冷熱のエクセルギーなどを定義する。

熱エネルギーの利用効率を議論する際には，**エクセルギー効率**を用いる方が適切である。ここで例として，外部温度 T_0 にある水を，電熱器を用いて T まで温める場合を考えると，エクセルギー効率 η_{ex} はつぎのようになる。

$$\eta_{ex}=\int_{T_0}^{T}\frac{\left(1-\dfrac{T_0}{\tau}\right)d\tau}{T-T_0}=1-\frac{T_0}{T-T_0}\ln\left(\frac{T}{T_0}\right) \tag{2.70}$$

数値例として，298 K の水を 313 K まで温める場合を考えると，η_{ex} は 2.44 % となる。一方，理想的なヒートポンプのエクセルギー効率はつねに 100 % であり，電熱器の代わりにヒートポンプを用いれば，わずか 2.44 % の電気エネルギー（あるいは力学エネルギー）を投入するだけで，同じ加熱操作が行える。

一般に**不可逆過程**が存在するとエクセルギー効率は低下する。実用上最も損失が大きいのは高温から低温への熱伝達過程である。したがって，ある温度 T の熱が必要なときは，T よりも少し高温の熱源の直接利用や，T より少し低温の熱源からのヒートポンプでの汲み上げがよい。この原理に基づく省エネルギー方策が**熱の温度別カスケード利用**（**図 2.20**）である。カスケードとは連なった小さな滝のことである。工業プロセスや発電所などにおける排熱，河川水保有熱などが，有効利用可能な熱源となる。

排熱を利用する代表的な設備は，**コージェネレーションシステム**（**CGS**: co-generation system）と**複合サイクル**である（**図 2.21**）。

CGS（図(a)）は熱機関による発電とともに，その排熱で熱供給も行うもので，総合熱効率は 65～85 % に達する。欧米の寒冷地などでは，発電と地域熱供給を組み合わせた都市単位での**熱電併給**（CHP : combined heat and power）

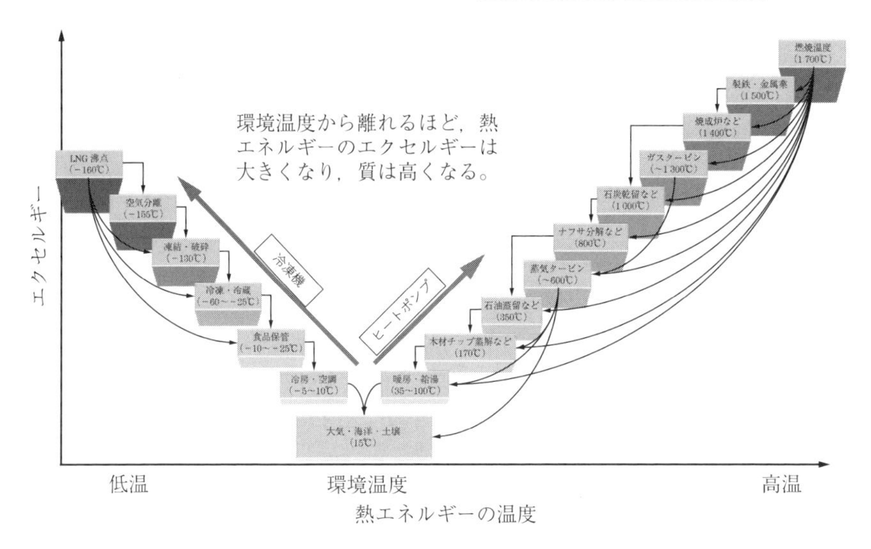

図 2.20　熱の温度別カスケード利用

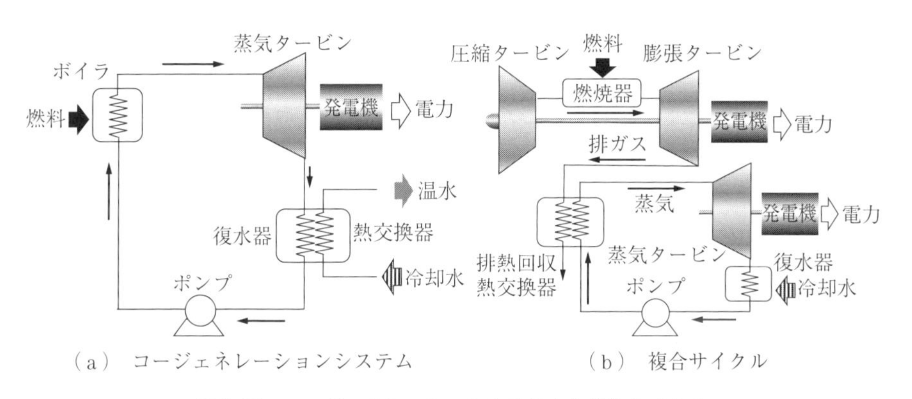

（a）　コージェネレーションシステム　　　（b）　複合サイクル

図 2.21　コージェネレーションシステムと複合サイクル

の大規模実施もある。一方，温暖地などでは給湯需要が大きいホテルや病院を中心に CGS は普及している。また排熱を利用した吸収式冷凍機で冷熱供給を行うこともある。図には蒸気タービンの例を示したが，民生用ではガスエンジンなどの内燃機関や燃料電池の排熱を使う場合が多い。

複合サイクル（図(b)）は，高温で動作する熱機関の排熱を，低温で動作する別種の熱機関の熱源に利用するものである。高温側の**トッピングサイクル**にはガスタービンが，低温側の**ボトミングサイクル**には蒸気タービンが採用されることが多い。天然ガスを用いた**天然ガス複合発電**，石炭ガスを用いた**石炭ガス化複合発電**（**IGCC**：integrated coal gasification combined cycle）などがある。特に前者はすでに実用化され，高効率で経済的な発電設備として定着している。

2.2.2 電動機と発電機

〔1〕 **電　動　機**　電気エネルギーを力学エネルギーに変換する装置が**電動機**（モータ）である。電動機の内部に発生させた磁界を特に**界磁**と呼び，そのための電磁石を**界磁コイル**という。一般にコイルに電流を流して磁界を発生させることを**励磁**という。永久磁石を用いた界磁も多い。界磁との相互作用で，式(2.28)の力を受けるコイルを**電機子コイル**という。そして，電動機の内側の回転部分を**回転子**，外側の固定部分を**固定子**という。

電動機は**直流電動機**（直流機）と**交流電動機**（交流機）に大別される（**図2.22**）。電動機を連続回転させるために電機子コイルの電流の向きを回転角に

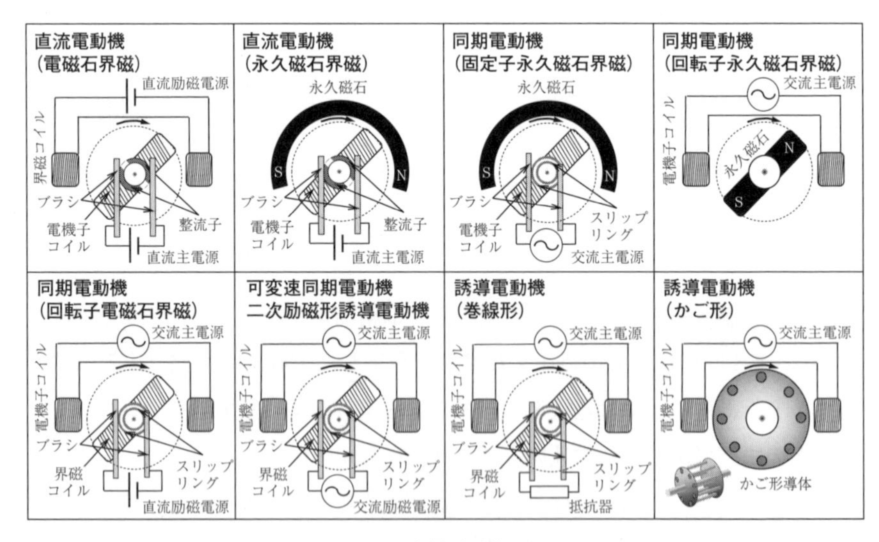

図2.22　各種電動機の概要

応じて変化させるが，直流機では回転子側の**整流子**と固定子側の**ブラシ**を用いて機械的に実現し，交流機では外部電源の電気的な制御などで行う。

直流機では一般に固定子に界磁用の磁石が置かれ，回転子に電機子コイルが置かれる。整流子とブラシは，たがいに接触し擦り合うため，磨耗や損傷が避けられず，定期的な保守点検作業が必須となる。この作業を省くため，最近では交流機を採用するケースが増えている。

交流機は**同期電動機**（同期機）と**誘導電動機**（誘導機）に分けられる。同期機の基本構造は，界磁用の磁石がある点は直流機と同じであるが，整流子とブラシではなく，外部電源制御で電機子コイルの電流の向きを変化させる点が異なる。昨今の外部電源制御は，磁気センサなどによる回転子の位置情報に基づく場合が多い。同期機には，直流機と同様に固定子界磁タイプと，それとは逆に回転子界磁タイプがある。回転子に置かれた電機子コイルや界磁コイルへの給電には，一般に**スリップリング**とブラシが用いられる。スリップリングには電流の向きを変える機能はない。界磁コイルを可変周波数の交流で励磁すると，電機子側の電源周波数を一定に保ったままで**可変速運転**ができる。回転子界磁が永久磁石の場合はスリップリングとブラシを完全になくせるため，交流機ではあるが**ブラシレス直流電動機**とも呼ばれる。

一方，誘導機は，交流電源と固定子コイルで電動機内部に変動磁界を発生させ，回転子を構成する導体中に電流（渦電流も含む）を誘導して界磁を発生させる。一般には三相交流による**回転磁界**を用いるが，始動方法を工夫すれば単相交流による**交番磁界**（一方向に振動する磁界）でも動作する。回転子は鉄心にコイルを設けた**巻線形**と，導体の板や棒などで構成される**かご形**がある。巻線形のコイルの両端は，スリップリングとブラシを介して固定子側に設置された可変抵抗器で短絡される。なお，回転子に電流を誘導するには，変動磁界の**同期速度**が回転子速度よりも速くなくてはならない。この速度差は**滑り**（**スリップ**）と呼ばれる。誘導機の固定子コイルには，回転子での界磁発生のための励磁電流と，ローレンツ力を受けるための電機子電流が合わせて流れる。回転子の速度や位置情報に基づき，この複雑な電流制御を実用的に行うのがいわゆる**ベクトル制御**である。特にかご形の誘導機は界磁コイルや永久磁石が不要なため，構造が簡単で頑丈にできる。巻線形とかご形のいずれも，回転子に誘導された電流の抵抗損失が無視できず，エネルギー変換効率はやや低い。

電動機のエネルギー変換効率は，種類による差はあるが，一般に90％前後ととても高い。おもなエネルギー損失要因は機械的な摩擦や電機子コイルの電気抵抗などである。電動機は回転速度が低いときほど大きなトルク（回転する力）を発生できるので，変速機なしでも電気自動車や電車はなめらかに発進できる。

〔2〕発　電　機　力学エネルギーを電気エネルギーに変換するものが**発電機**である。発電機の構造は電動機とほぼ同じであり，各部の名称も共通している。回転子を外部の力学エネルギーで回転させることで，電機子コイルに鎖交する磁束を変化させて，式(2.39)の**誘導起電力**や式(2.41)の**速度起電力**を得る。電動機を外部の力学エネルギーで回転させると，そのまま発電機として動作することが多い。電気自動車や電車の電動機を減速時には発電機として動作させれば，運動エネルギーを電気エネルギーとして**回生**できる。

発電機は電動機と同様に，**直流発電機**，**交流発電機**に大別でき，それぞれ直流，交流の電力を発生する。交流発電機はさらに**同期発電機**（同期機）と**誘導発電機**（誘導機）に分けられる。現在，電気事業用の火力，原子力，水力の各発電所では，同期機が採用されている。同期機のエネルギー変換効率はとても高く，大型のものは98％程度になる。同期機で発電された交流電力の周波数は回転速度に比例するため，発電機の速度制御は厳密に行う必要がある。

一方，誘導機は，外部電源で界磁電流を回転子に誘導する必要があり，発電機単体では発電できない。しかしこのことは，誘導機と外部電源の周波数は必ず等しくなることを意味し，この特徴を生かして，誘導機は速度制御が困難な風力発電に多用されている。誘導機の回転速度は，通常は外部電源の周波数で定まる同期速度よりも速くなくてはならない。巻線形の場合，コイル両端を抵抗器ではなく，直流電源に接続すれば回転速度と同期速度が等しい同期機と同じものとなり，さらに可変周波数の別の交流電源に接続すれば，同期速度以下でも発電可能な**二次励磁形誘導発電機**となる。

2.2.3　燃料電池と電気分解

〔1〕 **燃　料　電　池**　**化学電池**は，正極と負極で起きる**酸化還元反応**（電子の授受を伴う化学反応）で化学エネルギーを電気エネルギーに直接変換する。負極では酸化される物質が電子を放出し，放出された電子は外部の電気回路を通って正極に達し，正極では還元される物質がその電子を受けとる。正極で受け取られた電子は，電極間の**電解質**中のイオンの移動などを通して負極へと戻る（**図 2.23**）。

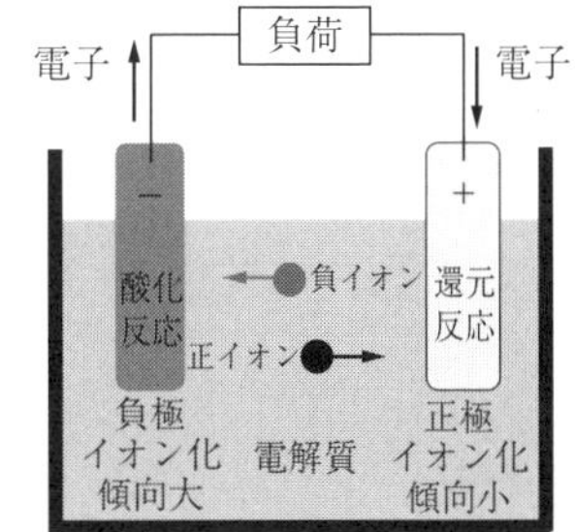

図 2.23　化学電池の構造

酸化還元反応によるギブスの自由エネルギーの変化量 ΔG が負のときには，この反応は自発的に進展し，電極間の起電力 E_0 との関係は次式で表せる。

$$\Delta G = -nFE_0 \tag{2.71}$$

ただし，n は燃料 1 分子に関与する電子数，F は**ファラデー定数**である。

酸化還元反応のしやすさの程度は，**表 2.7** に見るように，**標準電極電位**として定量的に示される。標準水素電極の電位を基準（0 V）にすることが取り決められている。標準電極電位が低いほど電子を放出しやすく，高いほど電子を

コラム 7

電気自動車による省エネルギー

電動機（モータ）を用いた電気自動車が，運輸部門における省エネルギー技術として注目されている。モータは，低速回転時でも大きな回転力（トルク）を発生でき，そして減速時には電動機を発電機として動作させて，運動エネルギーを電気エネルギーへと変換できる。これは**回生ブレーキ**と呼ばれ，電気鉄道ではもっと前から実用化されていた省エネルギー技術である。省エネルギー効果は，交差点などでの発進停止の頻度が高い都市部での運転時は大きいが，減速する機会が少ない高速道路での運転時は小さい。電動機を発電機としても兼用することで，重量やコストの増加を回避できる。

表2.7　おもな酸化還元反応の標準電極電位

電極反応	電　位	電極反応	電　位
$Li^{+} + e^{-} \rightarrow Li$	-3.045	$2H^{+} + 2e^{-} \rightarrow H_2$	0
$K^{+} + e^{-} \rightarrow K$	-2.925	$Cu^{2+} + 2e^{-} \rightarrow Cu$	$+0.340$
$Ca^{2+} + 2e^{-} \rightarrow Ca$	-2.84	$Hg^{2+} + 2e^{-} \rightarrow Hg$	$+0.796$
$Na^{+} + e^{-} \rightarrow Na$	-2.714	$Ag^{+} + e^{-} \rightarrow Ag$	$+0.799$
$Mg^{2+} + 2e^{-} \rightarrow Mg$	-2.356	$Pd^{2+} + 2e^{-} \rightarrow Pd$	$+0.987$
$Al^{3+} + 3e^{-} \rightarrow Al$	-1.676	$Pt^{2+} + 2e^{-} \rightarrow Pt$	$+1.188$
$Mn^{2+} + 2e^{-} \rightarrow Mn$	-1.18	$Au^{3+} + 3e^{-} \rightarrow Au$	$+1.52$
$Zn^{2+} + 2e^{-} \rightarrow Zn$	-0.763	$Au^{+} + e^{-} \rightarrow Au$	$+1.83$
$Cr^{3+} + 3e^{-} \rightarrow Cr$	-0.744		
$Fe^{2+} + 2e^{-} \rightarrow Fe$	-0.44		
$Ni^{2+} + 2e^{-} \rightarrow Ni$	-0.257	$Cl_2(aq) + 2e^{-} \rightarrow 2Cl^{-}$	$+1.396$
$Sn^{2+} + 2e^{-} \rightarrow Sn$	-0.138	$O_2(g) + 4H^{+} + 4e^{-} \rightarrow 2H_2O$	$+1.229$
$Pb^{2+} + 2e^{-} \rightarrow Pb$	-0.126	$F_2(g) + 2H^{+} + 2e^{-} \rightarrow 2HF$	$+3.053$

受け取りやすい。金属の電極電位の高低関係は，イオン化傾向としても整理され，電位が低いほどイオン化傾向が大きいとされる。

正極（導線から電子が流入する極で**カソード**とも呼ばれる）での還元反応の電位を E_c とし，**負極**（導線へ電子が流出する極で**アノード**とも呼ばれる）での酸化反応の電位を E_a とすると，式 (2.71) の E_0 は次式でも求められる。

$$E_0 = E_c - E_a \tag{2.72}$$

また，化学電池の理想的なエネルギー変換効率（発電効率）η_{th} は，酸化還元反応のエンタルピー変化を ΔH とすると，つぎの式で表される。

$$\eta_{th} = \frac{\Delta G}{\Delta H} = \frac{\Delta H - T\Delta S}{\Delta H} = 1 - \frac{T\Delta S}{\Delta H} \tag{2.73}$$

ただし，T は反応温度であり，ΔS はエントロピーの変化である。

化学電池には多くの種類があるが，特に**燃料電池**は，正極で還元される物質として酸素，そして負極で酸化される物質として水素などの燃料を利用したものであり，その内部では以下の反応が起きている。

$$H_2(\text{気体}) + \frac{1}{2}O_2(\text{気体}) \rightarrow H_2O(\text{液体})$$

上記の化学反応の標準状態におけるギブスの自由エネルギーやエンタルピーの変化は，$\Delta G = -237$ kJ/mol，$\Delta H = -286$ kJ/mol であり，H_2 の分子当りに関与する電子の個数 n は2個である。式 (2.71)，(2.73) から，理想的な反応であれば，起電力 E_0 と発電効率 η_{th} はそれぞれ，1.23 V と 83 % となる。なお，実際の燃料電池は，**表 2.8** に示すようにおもに電解質により分類され，発電効率は高くても 70 % 程度である。水素と酸素が反応して水となり体積は減少するため，ΔS は負となることから，熱機関の熱効率とは反対に，T が高いほど理論効率（発電効率の上限値）は低くなる。

表 2.8 各種燃料電池の特性

種　類 略　称	リン酸形 PAFC	溶融炭酸塩形 MCFC	固体電解質形 SOFC	固体高分子形 PEFC
効率(LHV〔%〕)[7]	35～45	45～60	45～65	30～45
反応温度〔℃〕[7]	約 200	約 650	700～1 000	約 80
燃料 酸化剤	H_2 空気	H_2，CO 空気	H_2，CO 空気	H_2 空気
電解質	高濃度H_3PO_4 水溶液	Li_2CO_3/K_2CO_3 $Li_2CO_3/NaCO_3$	$ZrO_2(Y_2O_3)$	陽イオン 交換膜
電極材料	Pt/C	Ni，NiO	Ni，aNiO_x	Pt/C
電荷担体	H^+	CO_3^{2-}	O^{2-}	H^+

〔2〕 電　気　分　解　**水の電気分解**は，電気エネルギーから化学エネルギーである水素を得るプロセスであり，燃料電池の逆反応となる。燃料電池がそのまま水電気分解装置として利用できることもある。いくつかの種類があり，アルカリ水電解，固体高分子水電解，そして固体電解質を用いた**高温水蒸気電解**などがある。なお，電気分解では正極がアノード，負極がカソードとなる。

エントロピー変化 ΔS は正となり，反応温度が高いほど熱エネルギーを利用でき，電気エネルギーの投入量を減らせる。熱エネルギーだけで，2 000 ℃では 1 % 程度の水蒸気が水素と酸素に分解され，3 700 ℃の高温では完全に分解が進む。このような高温の熱源を**太陽炉**などで集熱する方法が，**高温直接熱分**

解法である。電気から水素へのエネルギーの変換効率は60〜90％程度であり，先端的な技術を用いれば損失は比較的少ない。

2.2.4　発光ダイオードと太陽電池

〔1〕 **発光ダイオード**　　**発光ダイオード**（**LED**：light emitting diode）と**太陽電池**は半導体を用いたエネルギー変換装置である。電流をp形からn形の向きに流す場合，p形では正孔が，n形では伝導電子がそれぞれ接合部に向けて移動する。そして接合部付近で，正孔と電子が**再結合**し，半導体の禁制帯幅E_gに相当するエネルギーが放出される。放出されるエネルギーの多くが光エネルギーとなるようにしたものがLEDである。光の振動数νと禁制帯幅E_gとの間にはプランク定数を用いて以下の関係があり，E_gに応じて発光色が異なる。

$$h\nu = E_g \tag{2.74}$$

LEDで可視光線を発光させるためには，E_gがおおよそ1.8 eV以上となる半導体を用いる必要がある。**表2.9**におもな物質のE_gを示す。複数材料の混晶によってE_gを調整できることもある。LEDはE_gに応じた単色光しか出せない。そのため白色で発光させるには，青色LEDなどで蛍光体を発光させたり，赤緑青の3色のLEDを組み合わせたりする。

LEDを用いる照明器具は，発光効率が白熱電灯よりも十分高く，蛍光灯と

表2.9　おもな物質の禁制帯幅E_gと対応する波長と色

材料名	組成式	E_g〔eV〕	波　長	色
ゲルマニウム	Ge	0.67	1 850	赤外
シリコン	Si	1.11	1 120	赤外
ヒ化ガリウム	GaAs	1.43	870	赤外
セレン	Se	1.74	712	赤
酸化銅（I）	Cu_2O	2.1	590	橙
リン化ガリウム	GaP	2.26	550	緑
セレン化亜鉛	ZnSe	2.7	460	青
窒化ガリウム	GaN	3.4	365	紫外
ダイヤモンド	C	5.5	225	紫外

比べても同等かそれ以上とされ，また器具の寿命もおよそ5万時間と長い。なお，集積回路や太陽電池などで多用されるシリコン半導体は，E_gが約1.1 eVと小さく，また詳細は省略するが間接遷移形の再結合となるため，再結合時に発生するエネルギーは光ではなく熱として放出される。

〔2〕 **太陽電池**　pn接合部に禁制帯幅E_gを越える光子エネルギー$h\nu$の光を照射する場合を考える。一般にn形領域は光が透過する薄い物質で構成される。pn接合部の価電子帯に位置する電子が光を吸収すると，価電子帯から伝導帯へ禁制帯を越えて励起され，正孔と伝導電子の対が生成される。内部電界により，正孔はp形領域へ，伝導電子はn形領域へそれぞれ加速され，p形領域は正に，n形領域は負にそれぞれ帯電し，電極両端に**光起電力**Vが発生する（**図2.24**）。この状態で外部回路を形成すると，それに電流が流れてエネルギーを取り出せる。LEDのpn接合部に光を当てると，太陽電池のように光起電力が発生する。

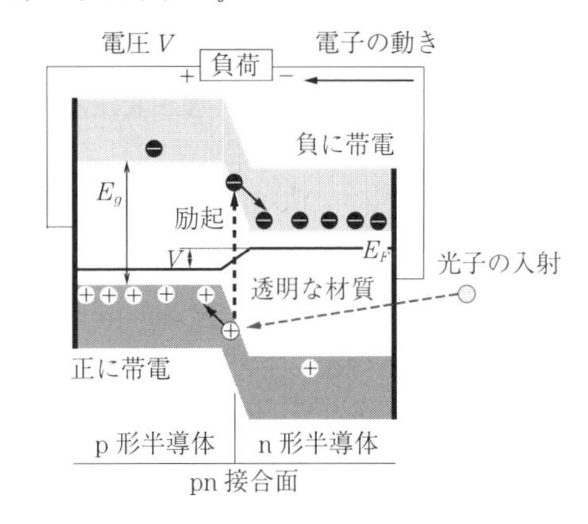

図2.24　pn接合部への光子の入射と正孔・電子対の動き

pn接合部で生成される電子ならびに正孔の個数と，入射光子数との比を**量子効率**といい，それは通常1より小さい。また，E_gより大きなエネルギー$h\nu$の光子が吸収された場合，$(h\nu - E_g)$に相当するエネルギーは正孔や電子の運動エネルギーとなり，最終的には熱エネルギーとなって散逸する。そのためエネルギー変換効率は量子効率よりもさらに低くなる。シリコンを素材とした太陽電池の変換効率は1〜2割程度である。化合物系の太陽電池では，4割程度の変換効率が実現されている。E_gの異なる半導体を複数積み重ねた太陽電池は太陽光の利用効率を高められる。

色素増感太陽電池は光によって二酸化チタンに吸着された色素中の電子が励

起される現象を用いており，半導体 pn 接合によるものとは原理が異なる。

2.2.5 電力変換

〔1〕 変　　圧　　器　**変圧器**の構造は**図 2.25** に示すように，閉じた鉄心に二つのコイルを巻いたものである。電源側を一次巻線，負荷側を二次巻線，それぞれの巻数を n_1，n_2，加える電圧をそれぞれ v_1，v_2，流れる電流をそれぞれ i_1，i_2 とすると，**理想変圧器**であれば，これらの間には以下の関係が成立する。

$$v_2 = \left(\frac{n_2}{n_1}\right) v_1 \tag{2.75}$$

$$i_2 = -\left(\frac{n_1}{n_2}\right) i_1 \tag{2.76}$$

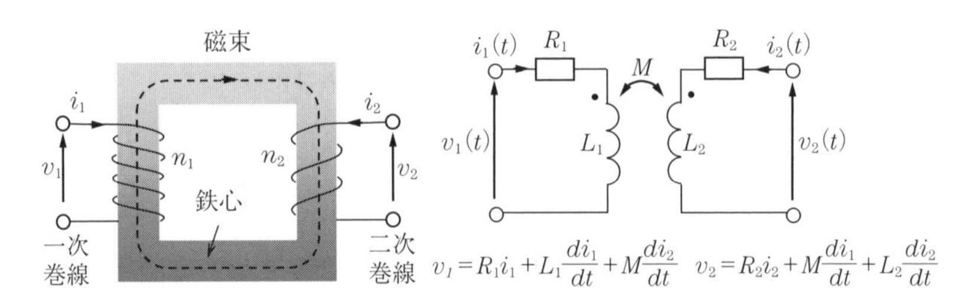

図 2.25　変圧器の原理と回路図

回路図中の L_1，L_2 はそれぞれ一次巻線と二次巻線の**自己インダクタンス**であり，R_1，R_2 はそれぞれの**巻線抵抗**であり，M は一次側と二次側との間の**相互インダクタンス**である。次式で定義される $k(0 \leqq k \leqq 1)$ は**結合係数**と呼ばれ，理想変圧器や**密結合変圧器**では 1 であるが，現実の変圧器では 0.9〜0.99 となる。

$$k = \frac{M}{\sqrt{L_1 L_2}} \tag{2.77}$$

k が 1 よりも小さいときは，一次巻線や二次巻線に相手の巻線とは鎖交しない**漏れ磁束**が発生する。現実の変圧器では，漏れ磁束の存在に加え，さまざまなエネルギー損失要因がある。鉄心中の磁束変化で**ヒステリシス損**と**渦電流損**

という**鉄損**が発生し，また巻線の電気抵抗 R_1 や R_2 による**銅損**も発生する。しかし，変圧器の電力変換効率は多くの場合で 96 % 以上であり，中には 99 % を超えるものもある。変圧器の原理は後述の**無線送電**と密接に関連する。

〔2〕 **電力用半導体素子**　交流電力から直流電力を作る装置を**整流器**，そして逆に直流電力から交流電力を作る装置を**インバータ**という。これらの装置は，**図 2.26** に示すような電力用半導体素子である**ダイオード**，**サイリスタ**，**パワートランジスタ**などを用いて構成される。ダイオードは pn 接合の整流作用を利用した素子である。サイリスタやパワートランジスタは，外部の低電圧小電流の制御信号をゲートやベースに加えることで，高電圧大電流の回路のオンオフ操作が行える。ただし，サイリスタはオン操作のみできる。パワートランジスタには，**バイポーラトランジスタ**，**MOSFET**（metal-oxide-semiconductor field-effect transistor），**IGBT**（insulated gate bipolar transistor）などがある。MOSFET と IGBT がおもに利用されるが，前者はスイッチング動作が速く，後者は抵抗損失が小さいなどの特徴がある。次世代電力用半導体として，禁制帯幅 E_g が大きい窒化ガリウム GaN や炭化ケイ素 SiC を使った半導体の利用，開発も進められている。

〔3〕 **整　流　器**　**図 2.27** には，交流を直流に変換する**ブリッジ整**

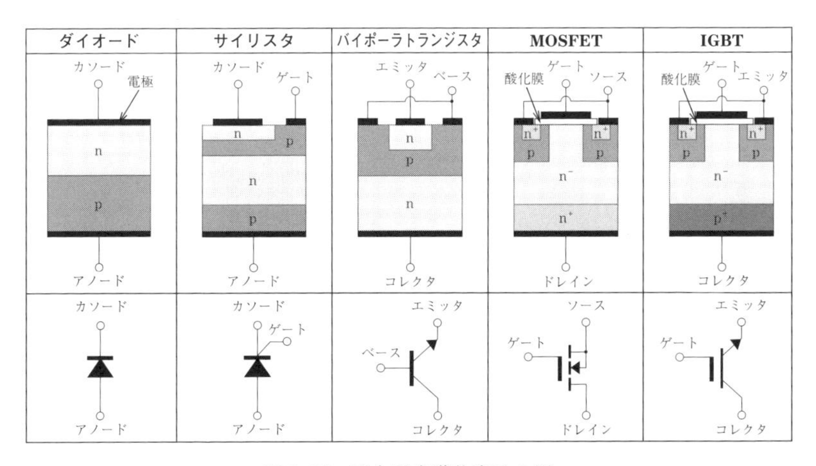

図 2.26　電力用半導体素子の例

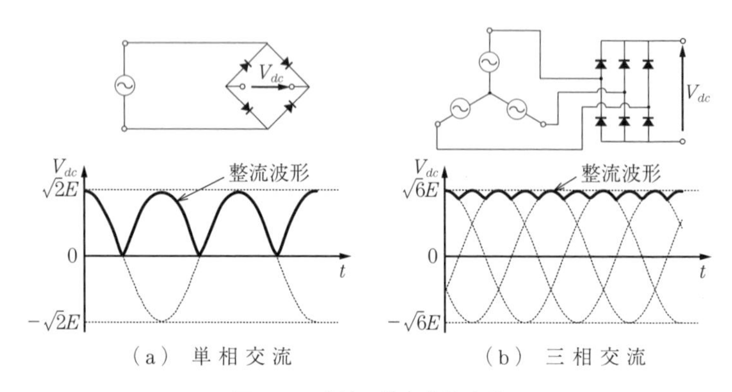

図 2.27　整流回路と整流波形

流回路と整流波形を示すが，完全な直流とはならずに**脈動**（リプル）が残る。この脈動を取り除くために，コンデンサやコイルを組み合わせた**平滑化回路**が挿入されることが多い。

〔4〕 **イ ン バ ー タ**　インバータにはいくつかの種類が存在するが，現在最も広く利用されているのは，**パルス幅変調**（**PWM**：pulse width modulation）形インバータである。ここでのパルスとは，きわめて短い時間幅の電圧あるいは電流のことである。PWM 形インバータは，さらに電圧形と電流形とに分けられるが，ここでは電圧形の等価回路を**図 2.28** 左図（上は単相交流，下は三相交流）に示す。図中のスイッチ S_1～S_6 はパワートランジスタを用い

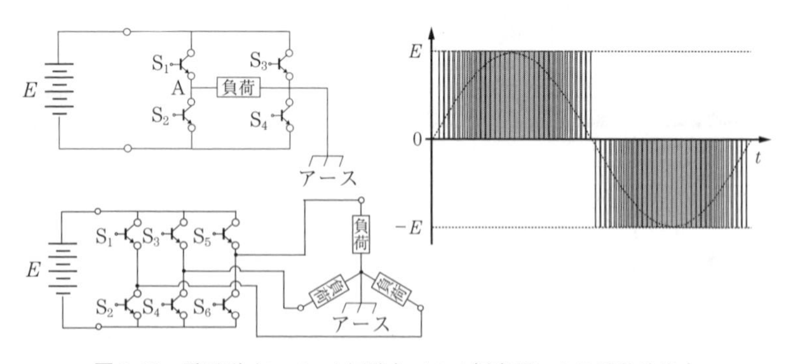

図 2.28　電圧形インバータ回路とパルス幅変調による正弦波出力

た電子スイッチである。

S_1 と S_4 がオンすれば図中の点 A の電位は E となり，代わりに S_2 と S_3 がオンすれば点 A の電位は $-E$ となる。しかし，スイッチ S_1～S_4 のオンオフだけでは電圧の正負は変えられても，電圧の大きさ自体は $\pm E$ で変えられない。そこで PWM 形インバータでは，これらのスイッチのオンオフを 1 秒間に数千～数万回も繰り返してパルス列を発生させ，その一つ一つのパルスの時間幅を調整することで，実効的な電圧を変化させている。すなわち，パルスの周期を T，パルス幅を T_{on} とすると，その周期における時間的平均電圧は $E(T_{on}/T)$ となり，低い電圧指令に対してはパルス幅 T_{on} を短くし，逆に高い電圧指令のときは T_{on} を長くする。このパルスの繰り返し周波数のことを**スイッチング周波数**（キャリア周波数）などという。この周波数が高いほど，精度の高い電圧制御を行えるが，それだけ高性能で高価なスイッチング素子が必要となる。図 2.28 右図には正弦波に対応するパルス列を例示する。

整流回路とインバータを組み合わせると，直流を介して周波数 f_1 の交流から f_2 の交流への**周波数変換**を実現できる。この種の装置は，冷蔵庫などの家電機器，電気鉄道車両，東・西日本の電力系統の連系装置などに利用されている。

〔5〕 直流チョッパ　直流電力の場合は，**直流チョッパ**を用いれば変圧が可能となる。直流チョッパは，前述の PWM 形インバータと同様に，スイッチング素子の操作で直流電圧を変化させる装置である。出力電圧が入力の電源電圧より低くなるものを**降圧チョッパ**，高くなるものを**昇圧チョッパ**という。特に昇圧チョッパは，コイルに流れる電流を急に変化させた際に，**レンツ**

コラム 8

インバータによる省エネルギー

インバータを用いると，交流電圧（あるいは電流）の周波数だけでなく振幅や位相も変えられ，交流電動機の回転数やトルクを自由に制御できるようになった。これにより，ポンプや送風機などの流体機器の電力消費量の大幅な削減がなされた。また，冷蔵庫やエアコンなどの家電機器の性能向上にも貢献している。また，インバータで発生させた 20～50 kHz の高周波で蛍光灯を点灯させると，発光効率を 3 割程度向上できる。

の法則により，コイルの両端に電流の変化を妨げるように高電圧が発生する現象を利用する。

2.2.6 燃料合成

燃料合成は，固体燃料を利便性が高い液体や気体の流体燃料へ変換する場合や，気体燃料をエネルギー密度が高い液体燃料へ変換する場合，そして熱エネルギーや光エネルギーから水素を製造する場合などに行われる。

〔1〕 合成気体燃料　天然ガス，石油，石炭，木質系バイオマスなどの炭化水素燃料全般から，以下に示すような反応で CO，CO_2，H_2 を主成分とする燃料ガスを生成できる。石炭やバイオマスなどの固体燃料のガス化炉には，**固定床式**，**流動床式**，**噴流床式**などがあり，噴流床式は温度が高く石炭の粒径も 0.1 mm 程度と小さい。

熱分解（乾留）：石炭 $\longrightarrow CH_4 + C +$ 発熱

部分酸化：$C + 0.5\,O_2 \longrightarrow CO + 29.4$ kcal/mol

水性ガス反応：$C + H_2O \longrightarrow CO + H_2 - 31.4$ kcal/mol

発生炉ガス反応：$C + CO_2 \longrightarrow 2CO - 38.2$ kcal/mol

メタン化反応：$C + 2H_2 \longrightarrow CH_4 + 17.9$ kcal/mol

シフト反応：$CO + H_2O \longrightarrow CO_2 + H_2 + 10.0$ kcal/mol

メタン水蒸気改質：$CH_4 + H_2O \longrightarrow CO + 3H_2 - 49.3$ kcal/mol

サバティエ反応：$CO_2 + 4H_2 \longrightarrow CH_4 + 2H_2O + 39.4$ kcal/mol

シフト反応で，燃料ガスに H_2O を加えたものから CO_2 と H_2 を主成分とするガスを生成でき，さらにそのガスから CO_2 を分離すると H_2 が得られる。H_2 の保持エネルギーは，原料の炭化水素燃料のそれよりも 1/4～1/3 程度減少する。H_2 を用いて CO_2 から CO を生成する反応は**逆シフト反応**と呼ばれる。

メタン水蒸気改質の逆反応で，CO と H_2 から CH_4 を合成できる。さらに，**サバティエ反応**で CO_2 と H_2 から CH_4 を合成できる。

〔2〕 合成液体燃料　合成液体燃料の代表は**メタノール**である。H_2 と CO を原料にして，つぎの化学反応によって合成されることが多い。

$$CO + 2H_2 \rightarrow CH_3OH + 31.63\ \mathrm{kcal/mol}$$

ガソリンと比較するとメタノールは着火温度が高いため，ガソリン機関の圧縮比を高めることで効率を改善でき，さらに排ガス中の窒素酸化物の量を抑制できるメリットがある。しかし，単位重量当りの発熱量がガソリンの約半分と小さく，金属や合成ゴムを腐食させるなどの問題点もある。

ジメチルエーテル（CH_3-O-CH_3）はディーゼル機関の燃料として期待され，やはり H_2 と CO から合成できる。分子中の C 原子が O で隔離されているため，燃焼時に煤（すす）（未燃炭素の微粒子）が発生しにくい。

さらに，工業的に確立された合成燃料の製造方法としては，以下の反応による**フィッシャー・トロプシュ法**がある。

$$nCO + (2n + 1)H_2 \rightarrow C_nH_{2n+2} + nH_2O$$

パラフィン，オレフィン，アルコール系の液体燃料を合成できる。特に石炭の液化にこの方法を用いたものは**石炭間接液化法**と呼ばれる。また，この方法で天然ガスから液体燃料を合成する技術は，**GTL**（gas to liquids）と呼ばれる。原料の CO は，前述の逆シフト反応により CO_2 と H_2 からも得られ，CO_2 と H_2 があれば液体燃料を合成できる。なお，**石炭直接液化法**には，石炭を高温高圧下で水素化分解する直接水添液化法や，溶媒中の熱分解で得られる溶剤精製炭を経る抽出水添液化法などがある。

〔3〕 石炭の流体化（スラリー化）　石炭は固体のため効率のよい輸送が難しい。そのため石炭の微粉体に液体を混合して，スラリー化，すなわち擬似的に流体化して利用する **COM**（coal oil mixture）と **CWM**（coal water mixture）という方法がある。COM は微粉炭に約 50 % の重油を混合したものであり，CWM は微粉炭に 25～35 % の水を混ぜ，界面活性剤，安定剤を添加したものである。

〔4〕 水の分解による水素製造　1 000 ℃程度の熱を用いて，いくつかの化学プロセスを経て水を分解する方法が**熱化学法**である。さまざまな方法が提案されているが，代表的なものは，ヨウ素 I と硫黄 S を用いた以下の一連の化学反応による **IS プロセス**である。熱から水素へのエネルギー変換効率は 40 %

程度とされる。

ブンゼン反応（100 ℃）：$I_2 + SO_2 + 2H_2O \rightarrow 2HI + H_2SO_4$

ヨウ化水素分解反応（～400 ℃）：$2HI \rightarrow H_2 + I_2$

硫酸分解反応（～900 ℃）：$H_2SO_4 \rightarrow H_2O + SO_2 + 0.5O_2$

また，太陽の光エネルギーを用いて水から水素を直接生成する**光分解法**もある。適当な溶液中に，例えば白金電極と半導体電極を設置し，これに光を照射するだけで，白金電極からは水素が，半導体電極からは酸素が発生する現象を利用するものである。光分解法はまだ基礎研究の段階にある。

2.3 エネルギー輸送

2.3.1 エネルギー輸送技術

表 2.10 に，新技術も含めたエネルギー輸送技術の例を示す。

表 2.10 エネルギー輸送技術

種　類	形　態	発生場所・設備	輸送形態	新技術
電気・磁気 エネルギー	電気	発電所	送電線	超高圧直流送電
	電磁波	マイクロ波発信機	空間	宇宙マイクロ波送電
化学 エネルギー	石炭	炭田	船舶，車両	CWM，COM，ガス化
	石油	油田	石油タンカー 車両パイプライン	長距離広域パイプライン
	燃料ガス	ガス田 ガス化炉	パイプライン，車両 液化天然ガスタンカー	メタンハイドレート
	水素	水素製造設備	パイプライン 車両	液体水素タンカー 水素吸蔵合金 有機水素化物
核 エネルギー	核燃料	ウラン鉱山 精製工場	船舶 車両	—
熱 エネルギー	温水，冷水	ボイラ ヒートポンプ 冷凍機	導管 ヒートパイプ	—
	飽和蒸気 氷水			氷水長距離輸送 潜熱カプセル
	化学反応熱		ケミカルヒートパイプ	メタノール系分解合成 水素吸蔵合金

2.3.2 各種燃料の輸送

陸上輸送に関しては，天然ガスや石油などの流体燃料は**パイプライン**による連続的な輸送が可能なため比較的容易で安価である。天然ガスのパイプライン輸送は，典型的には直径 1 m 程度の鋼管を用いて約 80 気圧の圧力で行われる。水素の場合は，単位体積当りの密度は低いものの，流体としての粘性も低いため，単位エネルギーの輸送コストは，天然ガスの約 1.5 倍と推定される。石炭の陸上輸送は，列車やトラックによる固形物の断続的な輸送（バッチ輸送）となるため，パイプラインと比較すると輸送費は高くなる。石炭の擬似流体である COM や CWM での輸送方法も考えられている。なお，チュニジアから地中海を縦断してイタリアに至る天然ガスパイプラインが実例となるが，距離や水深などにもよるものの，**海底パイプライン**も可能である。

海上は船舶輸送となるが，天然ガスや水素などの気体の場合，体積密度を高めるために沸点以下に冷却された液体状態や，高圧タンクに封入された圧縮気体状態での輸送となる。**液化天然ガス** LNG（liquefied natural gas）では約 600 倍，**液化水素**では約 800 倍に密度を高められる。しかし，LNG も液化水素も，それぞれ －162 ℃や －253 ℃という低温に保持する必要があるため，費用やエネルギー損失が無視できない。冷却液化プロセスに加えて，特殊な構造を有する船舶や貯蔵タンクも必要となる。天然ガスの場合では，ガスタービンなどで駆動される冷凍機の燃料として 8～10 % が消費される。LNG の比重は 0.42～0.47 と水よりも軽く，LNG 船には**メンブレンタンク方式**と**自立タンク方式**との 2 種類がある。航海中の**蒸発ガス**（BOG：boil off gas）は 1 日当り 0.10～0.15 % 程度であるが，船上で再液化されたり船の推進用の燃料として利用されたりする。また水素の液化の場合では，自身が持つエネルギーの約 1/3 程度のエネルギーが冷凍機の動力として必要となる。液化水素運搬船については実績がないが，極低温に対応してさらに高度な技術が必要となる。

常温常圧で液体や固体のエネルギー媒体の船舶輸送は，船の構造も簡単なため経済性に優れる。そのため，おもに化学反応を通して，天然ガスや水素などの気体燃料を液体（**メチルシクロヘキサン**，メタノール，**ギ酸**など）や固体

（**メタンハイドレート**，**水素吸蔵合金**など）のエネルギー担体に変換して輸送する技術も考えられている。ただし，燃料として利用しない有機物や水分，そして吸蔵合金なども一緒に輸送するため，これらのエネルギー担体の実質的なエネルギー密度は石油や石炭と比べると数分の一程度と小さい。

天然ガスや水素を高密度で貯蔵する方法として，**高圧ボンベ**に封入する方法がある。700 気圧程度のボンベによる水素貯蔵は，エネルギー密度に関しては液体水素の半分程度に留まるが，常温で保持できるため，燃料電池自動車の水素貯蔵法として採用されている。**表 2.11** に各種の水素貯蔵の特性を示す。

表 2.11　水素密度と水素含有量

	単位体積当りの水素密度〔kg/m³〕	単位重量当りの水素量〔重量 %〕
水素ガス（標準状態）	0.09	100
液体水素（− 253 ℃）	70	100
水（20 ℃）	112	11.2
MgH_2	110	7.7
$LaNi_5H_6$	104	1.4
高圧ボンベ（700 気圧）	41	5.7*
メタノール	100	12.6
シクロヘキサン	55.4	7.1
液体アンモニア	124	17.7

＊高圧ボンベの重量も含む

液化石油ガス LPG（liquefied petroleum gas）のプロパンやブタンの場合は，常温でも 20 気圧程度の簡単な圧縮装置で比較的容易に液化できる。

核燃料輸送は，エネルギー密度が高いため経済性や効率が問題となることは少ないが，事故やテロ攻撃などのさまざまなリスクへの対応が必要とされる。

2.3.3　熱エネルギーの輸送

熱輸送は，温水や冷水などの顕熱，あるいは蒸気や氷水の潜熱を利用し，熱媒体を一般に導管で送る。燃料と比べエネルギーの体積密度は低く，また熱媒体の循環に往復 2 本の導管が必要となるため，設備費用や輸送時のエネルギー損失が相対的に大きく，経済的な長距離輸送は難しい。日本の場合，導管埋設工事に多額の費用が必要なため，熱源機器からの輸送距離は数 km 以内となる。欧州の地域暖房設備では数 10 km に及んで温熱が長距離輸送されている。

ケミカルヒートパイプは，熱を化学エネルギーに変換して輸送する技術であり，メタンやメタノールなどの分解合成反応に伴う吸熱や発熱を利用する。

$$CH_4 + H_2O + 210\ [\mathrm{kJ/mol}] \Leftrightarrow CO + 3H_2$$ （800〜850 ℃で吸熱）

$$CH_3OH + 128.5\ [\mathrm{kJ/mol}] \Leftrightarrow CO + 2H_2$$ （約 200 ℃で吸熱）

分解合成された化学物質は導管でつながれた熱源と需要端の間を循環する。

2.3.4 電気・磁気エネルギーの輸送

送電線は，物質の移動を伴わずにエネルギーを輸送でき，石油などの流体燃料ほどではないが，大量のエネルギーを経済的に長距離輸送できる。また，社会における電気利用の高度化が進み，携帯機器や移動体への非接触の無線送電の必要性が高まっている。

〔1〕 有 線 送 電　導体の**送電線**を用いる有線送電は，鉄塔などにがいしで懸垂された**架空線**や，絶縁体で被覆された**ケーブル**で行われる。水中や地中を通る送電にはおもにケーブルが用いられる。送電線の電気抵抗による損失は電流の大きさの 2 乗に比例する。そのため同じ電力を送電する場合，送電電圧が高いほど電流を小さくでき，抵抗損失を抑えられる。**交流送電**は変圧器

コラム 9

エネルギー担体としてのアンモニア

アンモニアは，おもに**ハーバー・ボッシュ法**により，化学肥料の原料などとして工業的に大量に合成されている。アンモニアは，常温 8.5 気圧で液化するためプロパンなどの LPG と同じように貯蔵，輸送できるが，体積エネルギー密度は LPG の約半分に留まる。消費地でアンモニアを分解して水素を得る過程で約 1/3 のエネルギーが失われる。ただ，アンモニアは燃焼しても CO_2 を発生しないため，直接燃焼させて発電を行う技術も研究されている。アンモニアの可燃性と急性毒性には注意が必要である。

を用いて簡単に効率よく電圧の昇降が可能なため，電気事業用の送電ネットワークの構築に利用されている。なお，日本の電気事業で運用されている最大電圧は500 kVである。

電気事業用の送電ネットワークは，送電線が**枝**（ブランチ）となり，そして発電所，変電所，最終需要などが**節点**（ノード）となる。第i節点でネットワークに注入される正味の有効電力P_iと無効電力Q_iは，つぎの**電力方程式**を満たす。電力方程式は各節点ごとに存在する非線形の連立方程式となる。

$$P_i = V_i \sum_{j=1}^{n} V_j [G_{ij} \cos(\theta_i - \theta_j) + B_{ij} \sin(\theta_i - \theta_j)] \qquad (i=1, 2, \cdots, n) \quad (2.78)$$

$$Q_i = V_i \sum_{m=1}^{n} V_j [G_{ij} \sin(\theta_i - \theta_j) - B_{ij} \cos(\theta_i - \theta_j)] \qquad (i=1, 2, \cdots, n) \quad (2.79)$$

ここで，V_jは第j節点の電圧の実効値，$\theta_i - \theta_j$は第i節点と第j節点の位相差，G_{ij}とB_{ij}は第i節点と第j節点を結ぶ送電線のそれぞれコンダクタンスとサセプタンスである。送電ネットワーク中の電力の流れを**潮流**と呼び，電力方程式を解くことを**潮流計算**という。

交流送電では，架空線では自己インダクタンスが，ケーブルでは静電容量が，それぞれおもな原因となって送電距離や電力の大きさが制限される。送電線の抵抗はリアクタンスよりも一般に小さいため，式(2.78)で$G_{ij} \ll |B_{ij}|$となり，第i節点と第j節点を結ぶ送電線を流れる有効電力の最大値は$V_i V_j |B_{ij}|$程度となる。架空線の自己インダクタンスは送電距離に比例して増大し，それは$|B_{ij}|$を小さくする効果がある。一方，ケーブルの静電容量も送電距離に比例して増大し，それは等価的に$|B_{ii}|$を大きくする効果がある。$|B_{ii}|$の増大は，式(2.79)より無効電力Q_iの増加をもたらし，それは送電損失を増大させる。1 000 kmを超えるような架空送電や，30 kmを超えるケーブル送電には**直流送電**が有利となる場合があるが，交流から直流へ変換する整流装置，直流から交流へ変換するインバータ装置や高調波を取り除くフィルタなどの追加的な設備や装置が必要となる。

〔2〕 無線送電　非接触の無線送電の方式は，**図2.29**に示すよう

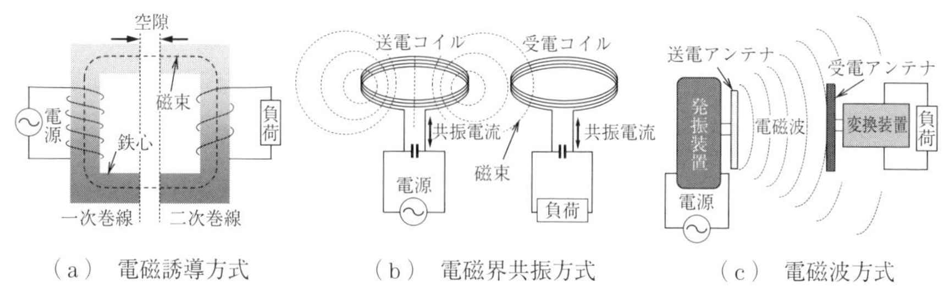

（a） 電磁誘導方式　（b） 電磁界共振方式　（c） 電磁波方式

図 2.29　3 種類の無線送電

に大きく分けて 3 種類ある。

（1） 電磁誘導方式（図（a））　変圧器と同じ原理であり，送電側と受電側の二つ鉄心の間に隙間を設けても，二つの鉄心を通る磁束を介して，基本的には任意の周波数の交流電力を 90 % 程度の高効率で伝達できる。鉄心間の隙間の幅が大きくなると，**磁気抵抗**が増大し磁束が急激に少なくなるため，実用的な送電距離は数 cm 程度と短い。エネルギー損失の主要因は変圧器と同じく鉄損や銅損である。小型の電気電子機器の充電装置などでの利用が多い。式(2.77) の結合係数 k は，隙間での磁束漏れのため変圧器のそれよりもやや小さく，0.7〜0.9 程度となる。

（2） 電磁界共振方式（図（b））　**電界結合**と**磁界結合**の 2 通りに分けられる。特に磁界結合が注目されているが，その基本原理は変圧器と同じである。しかし，鉄心のない**空心コイル**を用いた変圧器のため，結合係数 k が 0.01〜0.3 程度ととても小さく，特定の周波数の交流で受電側に大きな**共振電流**を発生させて，送電側との磁束による結合の弱さを補う。数 10 cm の距離の無線送電を 40〜90 % の効率で実現できる。受電側での消費電力が変化すると送電電力もそれに応じて変わる。エネルギー損失の主要因は共振電流によるコイル導体中の抵抗損（銅損）である。なお，無線通信の**同調回路**も類似の共振現象を利用するが，こちらは磁束による結合を利用していないため，動作原理はまったく異なる。

（3） 電磁波方式（図（c））　**マイクロ波**や**レーザ**などの高周波の**電磁波**

を利用する。送電可能な距離は数万 km に達し，**太陽光発電衛星**の発電電力を地上へ送電する際にも利用できる。ただし送電効率は 40％程度とされ，電力から電磁波へ，そして電磁波から電力へのエネルギー変換効率を高める必要がある。磁束による結合を原理的に利用しておらず，受電側での消費電力の変化は送電側には影響を及ぼさない。放射された電磁波のエネルギーは，受電されなければ環境中にそのまま散逸して失われる。マイクロ波は**レクテナ**と呼ばれるアンテナで直流電力に整流変換し，レーザは太陽電池を用いてレーザ光のエネルギーを直流電力へ変換する。

2.4　エネルギーの貯蔵

2.4.1　エネルギー貯蔵技術

エネルギーを貯蔵することで，供給設備の運用に時間的な自由度を与えられ，利用効率を高められる。代表的なエネルギー貯蔵技術を**表 2.12** に整理する。

2.4.2　電気・磁気エネルギーの貯蔵

電力貯蔵方法はいくつか存在する。体積当りや重量当りのエネルギー貯蔵密度，貯蔵効率，貯蔵容量，入出力の大きさ，負荷応答性，貯蔵時間，経済性，安全性，環境性など，数多くの項目を評価しなくてはならない。

表 2.13 におもな電力貯蔵装置の特性を示す。本格的に利用されているのは**揚水発電**と**二次電池**のみである。なお，燃料などの体積当りのエネルギー密度は，ガソリンで 9 600 kWh/m^3，液体水素で 2 760 kWh/m^3，700 気圧の圧縮水素で 1 600 kWh/m^3 程度である。

〔1〕 揚 水 発 電　充電時は電動ポンプで下池の水を上池に汲み上げて，水の位置エネルギーの形でエネルギーを蓄える。そして，放電時は上池の水を下池へ落下させて，水の運動エネルギーで水車を回して発電を行う。発電用水車と揚水ポンプは同じ設備が兼用され，**フランシス水車**が利用される。揚

表 2.12 エネルギー貯蔵技術

エネルギーの種類	貯蔵エネルギーの形態	貯蔵技術
電気・磁気エネルギー	静電エネルギー 磁気エネルギー 分子エネルギー	コンデンサ 超電導コイル 蓄電池
化学エネルギー	石炭	貯炭場
	石油	石油タンク
	天然ガス	LNG タンク 地下貯蔵
	水素	液化水素タンク 水素吸蔵合金 有機水素化物 アンモニア 高圧ボンベ
力学エネルギー	位置エネルギー	揚水発電
	運動エネルギー	フライホイール
	圧力エネルギー	圧縮空気貯蔵
熱エネルギー	顕熱	水蓄熱
	潜熱	蒸気アキュムレータ 氷蓄熱
	分子エネルギー	化学蓄熱

表 2.13 おもな電力貯蔵装置の特性

	揚水発電	フライホイール	CAES	SMES	二次電池
エネルギー密度〔kWh/m³〕[8]	0.1〜0.2	20〜80	2〜6	6	20〜400
典型的な容量〔MWh〕[8]	100〜5 000	1 以下	10〜1 000	1 以下	100 以下
貯蔵効率[8]	50〜85 %	90〜95 %	27〜70 %	90〜95 %	70〜95 %
最大貯蔵時間[8]	日・週単位	分単位	日単位	分単位	分〜日単位
立　地	限定される	制約が少ない	限定される	限定される	制約なし
起動・停止時間	数分	瞬時	20〜30 分	瞬時	瞬時
寿　命	40 年以上	20 年程度	20 年以上	30 年程度	5〜10 年
設備費用[8]〔1 000 円/kWh〕	28〜47	858〜968	7〜14	77 000	32〜682
設備費用[8]〔1 000 円/kW〕	55〜506	14〜55	55〜165	14〜57	33〜385

水発電は土木工事で対応できるため比較的大容量にできる。最高揚程はおよそ900 m であり，単機出力30万kW程度のものが一般的である。近年は，揚水ポンプ動作時に，同期電動機の界磁コイルに低周波交流電流を流すことで，電源周波数は一定のままでポンプの**可変速運転**ができるものもある。自然の地理的条件を利用するため立地場所は限定される。海水揚水，地下揚水なども検討されている。

〔2〕 **フライホイール**　　**フライホイール**（はずみ車）の回転エネルギーとしてエネルギーを蓄える。単位体積当りのエネルギー貯蔵密度は，二次電池程度に達する場合もある。単位重量当りの蓄積エネルギーは，材料密度に反比例するため，フライホイールの材料としては，特定方向の力に対する許容応力が高く，しかも軽量なものを用いるのがよいとされる。長時間貯蔵には，風損や軸受の摩擦による損失を抑制する必要がある。そのため，フライホイールの本体を密閉された真空容器の中に設置し，それを非接触の磁気軸受で保持するなどの工夫もなされる。

〔3〕 **圧縮空気エネルギー貯蔵**　　**CAES**（compressed air energy storage）と呼ばれ，充電時は地下の空洞に12〜80気圧の圧縮空気の形でエネルギーを蓄え，放電時は圧縮空気を運転中のガスタービンの燃焼室に供給し，ガスタービンの空気圧縮機で消費される動力を節約する形でエネルギーを放出する。圧縮空気を貯める空洞は土木工事を主体に建設でき，大型化も比較的容易であると考えられている。当初は内燃機関であるガスタービンと組み合わせた運用が前提とされていたが，最近，10気圧程度の高圧タンクに貯めた圧縮空気で専用の膨張機（タービン）を回して発電する方式も研究されている。

〔4〕 **超電導磁気エネルギー貯蔵**　　導体に電流を流すと磁界が形成され，式(2.37)に示すように電流の2乗に比例する磁気エネルギーが蓄えられる。超電導体を用いたコイルを用いると，抵抗損失がないことから，電源がなくても永続的な電流が流れ，磁気エネルギーを長期間保持できる。**SMES**（superconducting magnetic energy storage）とも呼ばれる。ただし，超電導は一般に低温状態で発現する物理現象のため，導体を冷却し低温状態を保持しなくて

はならない。熱的擾乱などで，超電導が常電導に戻る**クエンチ**と呼ばれる現象が起きると，その箇所の電気抵抗による発熱で，導体の融解や冷媒の膨張による爆発などが起きる危険性がある。また，コイルに働く電磁気的な応力は規模に応じて大きくなる。

〔5〕 **二次電池（蓄電池）**　充電で元の状態に戻り，繰り返し使用できる電池を**二次電池**という。これに対し，再び充電ができないものを**一次電池**という。一次電池は，放電時の反応が可逆的でなく，無理に充電を行うと液漏れや破裂を起こす恐れがある。

鉛蓄電池が代表的な二次電池である。高性能な二次電池として，**ナトリウム・硫黄電池**，**亜鉛・臭素電池**，**リチウムイオン電池**，**レドックスフロー電池**などがある。リチウムイオン電池の電解質を無機系固体に置き換えた**全固体電池**の研究開発も進められている。重量エネルギー密度が理論上最も高いのは**リチウム空気電池**であり，石油に匹敵する。

二次電池は一般に，電力貯蔵装置としては，エネルギー密度が高く貯蔵効率も比較的よい。ただし，長時間貯蔵すると内部放電で貯蔵した電気エネルギーが自然に失われることや，充放電を繰り返すと電池内部が劣化して性能が低下することには注意が必要である。電気自動車の電源や，太陽光発電や風力発電の余剰電力の貯蔵装置として，二次電池技術の進歩へ寄せられる期待は大きい。エネルギー密度などの物理的特性の改善も望まれるが，最も重要な課題はその低コスト化である。

〔6〕 **そ　の　他**　**電気二重層キャパシタ**は，活性炭をベースとした電極と電解質界面に形成される静電容量を利用する電力貯蔵方法である。キャパシタは，短時間に大きな電力を必要とする際にメリットがあるが，貯蔵容量は大きくない。体積エネルギー密度もオーダー的には二次電池と同程度が期待される。

2.4.3 熱エネルギーの貯蔵

熱貯蔵のメリットとしては，需給の時間的変動の平滑化で設備利用率の向上や熱源機器の運転費の節減ができること，そして太陽熱などの間欠的な熱エネルギーの供給源の利用価値を高められることなどである。また，太陽光発電や風力発電などの自然変動電源による余剰電力を熱に変えて貯蔵をすることも注目されている。熱貯蔵は一般に，電力貯蔵と比べて設備費が安価なため，高い設備利用率を期待できない用途に向いている。電気抵抗を用いた電熱変換は最も安価で簡単なエネルギー変換装置であろう。

熱エネルギーの具体的な貯蔵期間としては，昼夜間の時間的需給調整から，夏冬間の季節的需給調整まで広範囲にわたる。熱の貯蔵法は，物質の温度変化を利用する**顕熱蓄熱**，物質の相変化を利用した**潜熱蓄熱**，そして化学エネルギーに変換して貯蔵する**化学蓄熱**に大別できる。**表 2.14** にこれらの蓄熱方式と主要蓄熱材料とを整理する。

表 2.14　蓄熱方式と材料

蓄熱方式	蓄熱材料	
顕熱蓄熱	液体	水，ブライン，油，溶融塩
	固体	土石，レンガ，金属
潜熱蓄熱	氷，水蒸気，クラスレート，パラフィンワックス，脂肪酸など	
化学蓄熱	吸収系	臭化リチウム・水系
	吸着系	シリカゲル・水系，ゼオライト・水系
	反応系	水和反応，金属の水素化反応など

潜熱を利用すると，顕熱を利用する場合に比べて，単位体積当りの貯蔵密度を大幅に高められる。例えば，潜熱を利用した**氷蓄熱**方式では，顕熱を利用した水蓄熱方式と比べて，貯蔵密度が約 10 倍となる。

なお，太陽熱という自然エネルギーを天然池あるいは人工池の水の顕熱として貯蔵するソーラーポンドという蓄熱技術もある。

3 エネルギーシステム

3.1 エネルギーシステムの概要

3.1.1 社会におけるエネルギーの分類

社会で消費されるエネルギーは，**一次エネルギー**と**二次エネルギー**に分けられる。一次エネルギーは基本的には天然資源としてのエネルギーであり，**枯渇性資源**と非枯渇性の**再生可能資源**に分類され，具体的なエネルギー資源は**表3.1**のように整理できる。なお，ヒートポンプの熱源となる海水，河川水，地下水，土壌，大気も再生可能エネルギー資源に含めることがある。

表3.1 エネルギー資源の分類

枯渇性エネルギー資源	化石燃料	石炭，石油，天然ガス，非在来型石油，非在来型天然ガス
	核燃料	ウラン，トリウム，（重水素）
再生可能エネルギー資源	水力エネルギー	河川流
	地熱エネルギー	浅部地熱，深部地熱，高温岩体，マグマ
	太陽エネルギー	太陽光，太陽熱
	風力エネルギー	陸上風，洋上風
	バイオマスエネルギー	薪などの林産物，エネルギー作物，農林水産廃棄物など
	海洋エネルギー	波浪，海流，潮汐，海洋温度差

図3.1に世界の一次エネルギー生産量の推移を示すが，**化石燃料**が約8割を占める一方で，風力，太陽，地熱などの再生可能エネルギーの割合はまだ小さ

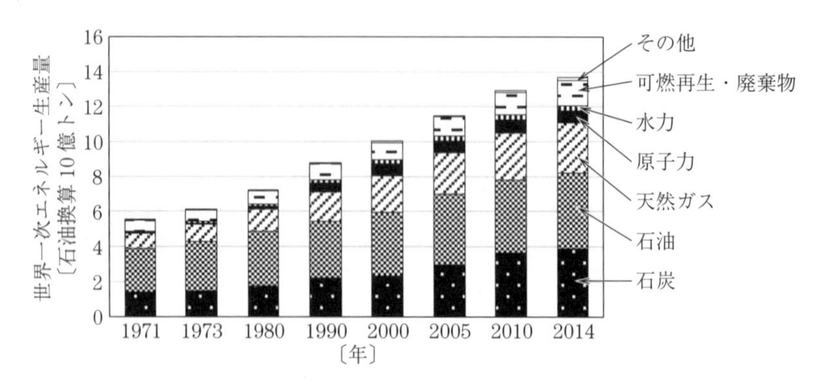

図 3.1　世界の一次エネルギー生産の推移[9)]

い。バイオマスは，発展途上国でも非商業的な利用が中心である。

そして，二次エネルギーは**エネルギー担体**とも呼ばれ，**表 3.2** に示す通り，精製後の一次エネルギーから変換して生産されたエネルギーである。

表 3.2　二次エネルギーの例

形　態	二次エネルギーの例
固体燃料	コークス，石炭，木炭
液体燃料	ガソリン，灯油，軽油，メタノール，エタノール，ジメチルエーテル，合成石油
気体燃料	都市ガス，液化石油ガス，合成天然ガス，水素，アンモニア
電　力	交流電力，直流電力

図 3.2 には社会におけるエネルギーフローの概要を示す。採掘，開発された一次エネルギーを精製し，工場や家庭などで消費される二次エネルギーへと変

コラム 10

水素エネルギーシステムの意義

水素は二次エネルギーであることから，その競合相手の一つは電気である。電気に対する水素のメリットがなければ，水素エネルギーシステムの意義は明らかではない。利用時に CO_2 や環境汚染物質を排出しないことは電気も同じであるから，環境面での電気に対する水素のメリットはない。電気と水素では輸送や貯蔵に関する特性が異なる点に注目し，特に経済性の観点での水素のメリットを見出すことが重要であると思われる。

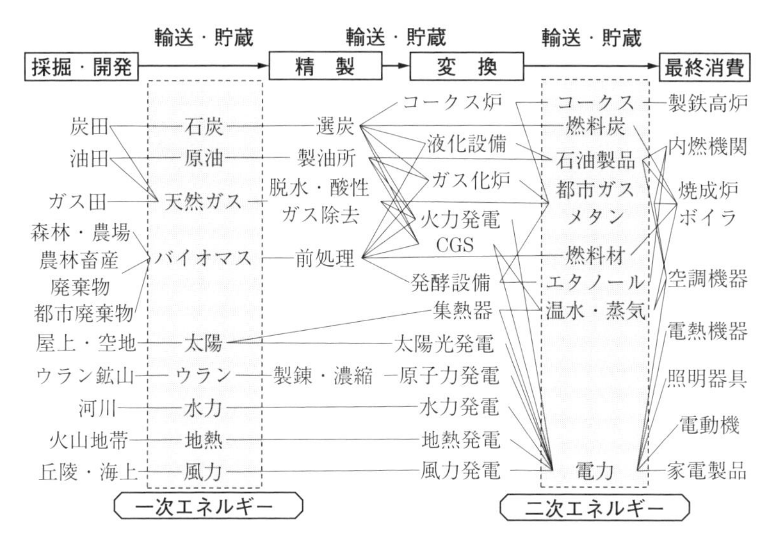

図 3.2 社会におけるエネルギーフロー

換して供給する物流の体系が**エネルギーシステム**である。エネルギーシステムの機能には，一次エネルギーや二次エネルギーの時間・空間的な需給の不均衡を解消するための輸送や貯蔵も含まれる。

また，二次エネルギーを消費することで満たされる照明，空調，給湯，動力などを**エネルギーサービス**と呼び，二次エネルギーをエネルギーサービスへ変換する家電や自動車などの末端のエネルギー利用機器もエネルギーシステムの一部と考えられる。空調や給湯などのエネルギーサービスを提供する方法は，一般に複数の手段が存在するため，それらの手段の間には，経済性，環境性，利便性，安全性などを指標とした競合関係が見られる。

3.1.2 エネルギーバランス表

社会における各種のエネルギーの流れを理解するための統計情報として，**エネルギーバランス表**がある。エネルギーバランス表は，各国の政府や IEA などによって作成されている。**表 3.3** に，エネルギーバランス表の例を示す。

表の行成分は，エネルギーシステムにおける各種の社会経済活動となってお

表 3.3 日本の 2015 年度のエネルギーバランス表[9)]

	石 炭	石炭製品	原 油	石油製品	天然ガス	都市ガス	再生可能など	水 力	原子力	電 力	熱
国内産出			499		2 642		23 005	16 965	1 879		
輸 入	121 239	1 920	177 126	45 933	108 728						
輸 出		− 549		− 29 886							
供給在庫変動	− 1	10	− 651	297	3 437						
一次エネルギー国内供給	121 238	1 381	176 974	16 345	114 807		23 005	16 965	1 879		
石炭製品製造	− 39 045	39 382		− 578			− 117				
石油製品製造			− 171 811	173 020	100						− 2 850
ガス製造				− 1 575	− 40 469	41 430					
事業用発電	− 56 058	− 4 889	− 5 412	− 9 131	− 69 899	− 2 959	− 5 625	− 15 937	− 1 879	73 096	
自家用発電	− 7 430	− 2 669	− 1	− 8 358	− 741	− 6 181	− 7 480	− 1 028		13 456	
自家用蒸気発生	− 5 162	− 786	− 1	− 6 974	− 491	− 4 000	− 8 607				20 616
地域熱供給				− 9		− 351	− 84			− 86	532
他転換・品種振替				72							
純転換部門計	− 107 695	− 30 739	− 177 226	− 146 467	− 111 500	27 939	− 21 912	− 16 965	− 1 879	86 465	18 298
自家消費ほか	− 484	− 5 294	− 2	− 7 456	− 3 306	− 1 162				− 7 847	− 136
転換消費在庫変動	− 1 232	74	261	272	442		− 7				
統計誤差	1 782		7		− 1 033					− 6 469	− 373
最終エネルギー消費計	10 045	26 899		155 628	1 477	26 777	1 086			80 080	18 191
企業・事業所ほか	10 044	26 899		70 963	1 477	17 088	758			55 521	18 165
農林水産省ほか				5 175	112	61				922	15
製造業	10 044	26 509		49 968	1 364	7 952	732			26 430	15 736
業務ほか		390		15 820		9 075	25			28 100	2 414
家 庭				11 774		9 608	328			23 017	26
運 輸				72 891		81				1 542	
旅 客	1			42 586		9				1 468	
貨 物	1			30 305		72				74	

単位：10^{10} kcal

り，例えば供給，転換，消費などである。これらの活動の種類は，業種別，用途別など，必要に応じて細分化される。一方，列成分は，エネルギーシステムの中を流通する各種のエネルギー資源やエネルギー担体となっており，例えば，石油，天然ガス，電力などである。これらのエネルギーの種類についても，石油製品の品種別など，必要に応じて細分化される。

エネルギーバランス表では，さまざまなエネルギーを同じ単位に換算して表示しているが，世界的にはその換算方法は必ずしも統一されていない。

まず，2.1.2 項〔1〕で記したように，燃料の発熱量には **HHV** と **LHV** の 2 種類の定義があり，燃料中の水素原子が多いほど両発熱量の差は大きくなる。例えば天然ガスでは，LHV が HHV よりも 5％程度小さくなる。IEA のエネルギーバランス表は LHV で，日本政府のそれは HHV で構成されている。

さらに注意が必要なことは，水力発電や原子力発電など，火力発電以外の方法で発電された電力量を等価の熱量へ換算する方法の違いである。IEA のエネルギーバランス表では，原子力発電は 33％，水力・風力・太陽光発電は 100％，地熱発電は 10％などの熱効率を仮定した換算がなされている。例えば，1MJ の発電量に対応する一次エネルギー資源の等価的な投入量は，原子力は 3MJ，水力・風力・太陽光は 1MJ，地熱は 10MJ と見なされる。一方，日本政府のものでは，火力発電の平均熱効率の実績値（約 40％）を用いた熱量換算が，原子力，水力，風力，太陽光，地熱に対して一律になされている。

また，統計では〔toe〕（**石油換算トン**）という単位がよく用いられる。分野によりさまざまな単位があるが，1 cal ＝ 4.19 J，1 kWh ＝ 860 kcal，1 toe ＝ 10^7 kcal，1 bbl ＝ 159 L などの関係は暗記しておいた方が便利である。

3.2　化石燃料のエネルギーシステム

3.2.1　化石燃料資源の埋蔵量

化石燃料資源は，太古の生物が地中に埋没し，地熱と地圧による化石化作用を受けて生成された炭化水素資源の総称である。枯渇性資源であり，**埋蔵量**

（可採鉱量）と**資源量**（賦存量）に区別される。埋蔵量とは，一般に現在あるいは近い将来の採掘技術で経済的に回収可能な資源の総量であり，資源量とは埋蔵量を内数として含み，地下に存在しうる資源の総量である。なお，埋蔵量や資源量の定義や用語は，資源の種類，国，企業などによって異なり，必ずしも統一されていない。

資源量については，地球の地殻に物理的に存在する資源の総量を**原始埋蔵量**という。概念としては原始資源量と記述すべきかもしれないが，慣習的に原始埋蔵量と記される。原始埋蔵量のうち発見済みのものを**既発見資源量**，そうでないものを**未発見資源量**という。既発見資源量の一部が，経済的に回収可能な資源である埋蔵量となる。

埋蔵量についても，評価時点で確認されているものを**確認埋蔵量**と呼び，それは**既生産量**と**残存確認埋蔵量**の和となる。また未確認の埋蔵量は，確実性が高い順に**推定埋蔵量**，**予想埋蔵量**などという。推定埋蔵量は存在が確認された資源の外縁や近隣に賦存が考えられるもので，存在の確実性が高い。

究極可採埋蔵量は，上記すべての埋蔵量に未発見資源量の一部が経済的に回収可能であると仮定して埋蔵量に含めたものである。原始埋蔵量それ自体が変化しなくても，回収技術が進歩すれば，究極可採埋蔵量は増加する。

以上の資源分類の関係を，**マッケルビー（McKelvey）図**（**図 3.3**）に示す。

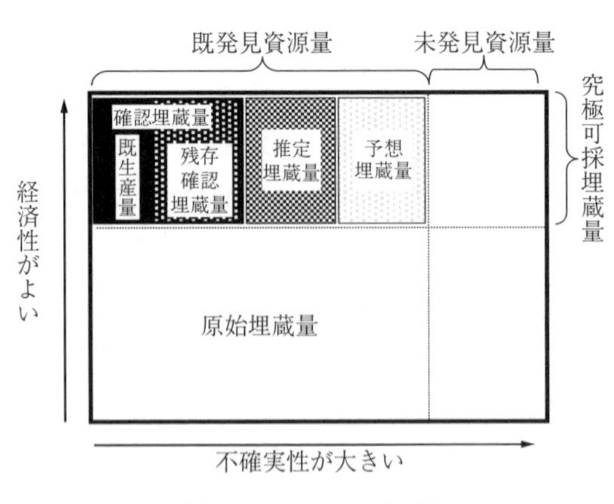

図 3.3　マッケルビー図

可採年数は，残存確認埋蔵量をある時点の**年間生産量**で除した値である。20世紀始めから，石油の可採年数は20～40年といわれてきたが，現在に至っても石油は枯渇していない。この理由は，未発見の油田の発見や，技術進歩による回収率の向上などで，生産量以上のペースで確認埋蔵量が増加したからである。なお，長期にわたり石油の可採年数がほぼ一定に保たれているのは，石油開発企業や組織の経営判断の結果であると考えられる。40年以上先に採掘する油田を，膨大な経費を費やして探索する経営的意義はないのであろう。同様なことが，石油以外のエネルギー資源や，金属などの鉱物資源の可採年数についてもいえる。

地下資源に加えて，**海洋資源**も一種の枯渇性資源といえる。海洋資源は，**海底資源**と**海水溶存資源**に分けられる。エネルギー用途の海底資源としては，海底面下の地層にある炭層，油田，ガス田と**メタンハイドレート**層などがあるが，一般には前述の地下資源と同じ方法で埋蔵量を考える。

ここで，石炭，石油，天然ガスの累積生産量，年間生産量，残存確認埋蔵量，究極可採埋蔵量を総括して整理すると**表3.4**となる。石炭の究極可採埋蔵量は石油や天然ガスの数倍も大きく，またいずれの化石燃料資源もかなり豊富に存在するものと考えられる。これらの数字には未確認資源ならびに未発見資源も含まれている点には注意が必要であるが，化石燃料資源はその他のエネルギー資源とともに，21世紀においても重要なエネルギー資源であり続けるものと判断される。しかし，化石燃料の利用にはなにも問題がないわけではない。化石燃料の究極可採埋蔵量のすべてを燃焼すると，現時点における大気中

表3.4　化石燃料資源の総括表[10)]

	累積生産量 1860～1994年	生産量 1994年	残存確認埋蔵量	究極可採埋蔵量
石　炭	134	2.16	1 003	3 400
在来型石油	103	3.21	150	295
非在来型石油	6	0.16	183	519
在来型天然ガス	48	1.87	141	420
非在来型天然ガス	—	0.02	192	450

CO_2 の総量の約 4 倍に相当する膨大な量の CO_2 が排出されることになる。

3.2.2 石 炭 資 源

石炭は，3 億年～数百万年前の太古の植物が集積して堆積し，地熱と地圧による種々の物理化学的な変化を経て生成されたものと考えられている。世界中に広く分布し，総資源量は未発見資源を含めると 10 兆トンを超える。

石炭は，おもに単位重量当りの発熱量と揮発分を基準として，品質のよいものから順に，**無煙炭**，**歴青炭**，**亜歴青炭**，**褐炭**，**泥炭**（草炭）などに分類される（**表 3.5**）。石炭は，利用目的により**一般炭**と**原料炭**に区分される。一般炭は発電所やボイラなどの燃料として使用され，原料炭はおもに**製鉄用コークス**や**都市ガス**の原料として使用される。石炭は，エネルギー源としてだけではなく，ベンゼンなどの化学製品の原料としての用途もある。

表 3.5　石炭の分類

種類	炭素含有率〔%〕	発熱量〔kcal/kg〕	揮発分〔%〕
無煙炭	＞91	—	0～20
歴青炭	83～91	8 100～	20～51
亜歴青炭	78～83	7 300～8 100	43～60
褐炭	70～78	6 800～7 300	50～60

石炭は炭田において層状の**炭層**として存在し，炭層の深さは地表から地下数百 m までさまざまであり，炭層の厚さも数十 cm のものから数 m のものまである。石炭の生産方法は，表土を剥ぎ取って地表近くの炭層を採掘する**露天掘り**と，地中の石炭を採掘する**坑内掘り**とに分けられる。一般に露天掘りが安価であるが，今後はしだいに好条件の露天掘りは減少し，地質条件としては困難な坑内掘りが増えていくものと考えられる。

経済的，技術的に採掘が可能な確認可採埋蔵量としても約 1 兆トンが見込まれている。石炭の確認可採埋蔵量に基づく可採年数は 200 年を超えており，石油や天然ガスと比較して数倍長い。

採掘された石炭（原炭）は，そのままでも燃焼させられるが，単位重量当りの発熱量を増大させるために，一般に不純物を取り除く**選炭**と呼ばれる過程を経て，消費地へと輸送される。選炭の方法としては，石炭を水洗いしながら比重の重い土石を分離する方法がとられることが多い。

主要な石炭生産国は中国，米国，インド，オーストラリア，インドネシア，ロシア，南アフリカであり，1位の中国は2位の米国の4倍以上の量を生産している。石炭の輸入量も中国が一番多く，そのつぎに日本やインドが続く。石炭利用の歴史は古いが，国際貿易量は石油と比べると少ない。

日本の石炭の多くはオーストラリアやカナダなどからの輸入で賄われている。国内炭は価格競争力がほとんどなく，その割合はきわめて小さい。2015年時点では，石炭は日本の一次エネルギー供給25％程度を占め，天然ガスと並ぶ重要なエネルギーである。一般炭が7割を占め，その多くが発電用燃料として使用され，残りはセメント業や紙・パルプ業などの産業部門の燃料として使用されている。原料炭のほとんどが鉄鋼業で消費されている。

経済性と供給安定性を考慮すると，原子力発電の代替手段として最も適しているのは石炭火力発電である。燃料費が安価で安定供給が期待できるためである。しかし，単位発電量当りの CO_2 排出量は，最新の**高効率石炭利用技術**を用いても，天然ガス火力発電ほどには低減できない。

3.2.3 石 油 資 源

石油の成因としては有機起源説が有力である。海底に堆積したプランクトンなどの海中生物の遺骸が，数千万年から数億年程度の期間をかけて，地下の圧力と熱で高分子の炭化水素である**ケロジェン**に変化し，さらに地中で60～150℃での緩やかな熱分解を経て，水素分の多い炭化水素分子の混合物へと変化したものと考えられている。熱分解がさらに進むと天然ガスとなる。

このように生成された炭化水素は流動性を持ち，浸透性の高い地層（多孔質の岩石など）を水流や重力の作用で移動し，**背斜構造**で上部に不浸透性の**帽岩**を有する地質構造，あるいは断層封塞型の地質構造において集積されて，**貯留層**を形成すると考えられている。貯留層には一般に密度の低い順に上から**ガス**

層，**油層**，水層が配列される。油層の深さは，地下 1 000〜2 000 m のものが多いが，異なる油層が上下に深さを変えて数層も重なることもある。

石油生産にはまず**油層探査**が必要である。帽岩などの油田特有の地質構造の探査に重点が置かれ，地質調査，地震探査法，重力探査法，磁気探査法，リモートセンシング法などの物理探査が用いられる。有望な地層が発見されると，試掘で油層の存在を確認し，大きさや分布などを検証する。

つぎに原油採取のために坑井（こうせい）を掘削する。坑井の先端が油層に達すると，原油の圧力が高いと自噴するが，圧力が低いとポンプで汲み出す。これを**一次回収**と呼び，回収率は油層圧力や石油粘度などに応じて 10〜75 % でばらつくが，平均 30 % 程度となる。なお，傾斜掘や水平掘の実施で回収率は最近向上している。一次回収できない資源には，**二次回収**と呼ばれる**水攻法**や**ガス圧入攻法**が適用される場合がある。外部から水やガスを油田に注入することで，回収率を 40 % 程度に向上できる。さらに**三次回収**として，石油の流動性を高めるために CO_2 や天然ガスを圧入する**ミシブル攻法**，溶剤や界面活性剤を油層に注入する**ケミカル攻法**，石油の一部を地下で燃焼させて内圧と温度を上げる**熱攻法**，石油分解性のバクテリアを油層に注入する**バイオ回収法**などの方法があり，資源量の 60 % 近くを回収できるとされる。二次回収，三次回収を**石油増進回収**（**EOR**：enhanced oil recovery）という。

非在来型石油としては，**オイルサンド**（**タールサンド**）や**オイルシェール**がある。オイルサンドは硫黄分に富んだ重質油を含む砂である。この重質油は，原油がなんらかの地殻変動で地表付近に露出し，原油中の軽質成分が揮発して抜けた半固体状態の物質である。一方，オイルシェールは，比較的地表に近い層に存在したために地熱による熱分解を十分に受けなかった炭化水素であり，成因的には石油と石炭の中間に位置する重質油である。

タイトオイルも非在来型石油であるが，孔隙率，浸透率が低い岩石から生産される中・軽質油であり，性状，品質は在来型石油資源と変わらない。後述のシェールガスの開発技術を応用して米国を中心に生産が進んでいる。**シェール層**から産出されるタイトオイルは特に**シェールオイル**と称されるが，前述のオイルシェールから得られる重質油もシェールオイルというので注意が必要である。特に日本では，タイトオイル全般をシェールオイルと呼ぶ傾向にある。

主要産油国はロシア，サウジアラビア，米国などで，この上位3か国で世界全体の約4割を占める。中東産油国を中心とする**石油輸出国機構**（**OPEC**：Organization of the Petroleum Exporting Countries）の世界全体に占める割合は，2015年時点の年間生産量で約4割，残存確認埋蔵量で約7割である。OPEC加盟国の多くは必ずしも政情が安定した国ではない。

採掘された原油は，油田近くの貯油基地までパイプラインで輸送された後，近くの製油所か需要地へとさらに輸送される。原油の長距離輸送は，陸上は一般にパイプライン，海上は大型タンカー船で行われる。原油生産量の約半分が国際市場で取引される。主要な原油銘柄は，米国の**WTI**（west Texas intermediates），英国の**ブレント原油**，中東の**ドバイ原油**などである。輸送費用が安価なため，石油価格には世界各地で大きな差は見られない。

日本の一次エネルギー供給の約4割を石油が占めるが，その99％以上は輸入であり，さらにその約8割を中東（サウジアラビア，アラブ首長国連邦など）に依存している。安全保障上懸念されるのが国際紛争などによる石油の供給途絶であり，中東からの航路の要衝として**ホルムズ海峡**（ペルシア湾とオマーン湾の間）や**マラッカ海峡**（マレー半島とスマトラ島の間）などがある。IEAは加盟国に90日分の**石油備蓄**を義務付け，備蓄放出や需要抑制などの**緊急時対応措置**を発動することになっている。日本では，**国家備蓄**，**民間備蓄**，**産油国共同備蓄**という形で，約200日分の原油や石油製品が備蓄されている。

3.2.4 天然ガス資源

天然ガスとは，メタンCH_4やエタンC_2H_6などを主成分とする可燃性ガスであり，**油溶性ガス**，**構造性ガス**，**水溶性ガス**がある。油溶性ガスと構造性ガスの起源は，石油と同様にケロジェンが熱分解したものとされる。一方，水溶性ガスは有機物の発酵で生成したメタンガスが地下水に溶解したものとされる。世界的には水溶性ガスの生産量は少ない。油溶性ガスは原油に随伴して得られるので**随伴ガス**といい，構造性ガスと水溶性ガスは**非随伴ガス**という。

天然ガスには，上記の在来型資源以外に，**シェールガス**，**タイトサンドガス**，**炭層メタン**などの非在来型資源もある。シェールガスは浸透率の低い**シェール層**に滞留しているガスであり，タイトサンドガスはシェール層などから浸透率の低い砂岩に移動して滞留しているガスである。炭層メタンは石炭層に吸着しているメタンであり，しばしば炭鉱の爆発事故の原因ともなっている。シェールガスについては**水平坑井掘削**や**水圧破砕**といった新技術の出現により，その採掘費用が劇的に低減され，特に米国において生産量が大幅に増加している。ただし，水圧破砕に関しては，水と一緒に圧入される化学物質による地下水汚染が懸念されており，国や地域によっては開発が制限されている。

天然ガスの主成分はメタンであるが，産地によってエタン，プロパンなどが1割程度含まれる。また，CO_2 や硫化水素 H_2S などの不純物が含まれていることがあり，各種の化学・物理吸収プロセスによって分離除去される。

精製された天然ガスは**パイプライン**などで需要地まで輸送される。石油と比べると国際貿易量は少ない。需給ギャップの調整や戦略的備蓄などを目的に，パイプライン設備に付随して，枯渇ガス田などを利用した**地下貯蔵設備**を建設することもある。パイプライン輸送が困難な場合は**LNG**船による海上輸送となるが，**LNGプラント**（酸性ガス除去設備，液化設備，貯蔵・出荷設備），LNG船，**受入基地**が必要となる。受入基地まで輸送されたLNGは，そこでタンクに貯蔵される。時間変動する需要に応じて，LNGは再気化設備で海水な

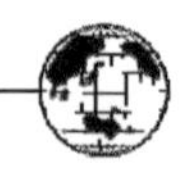

コラム 11

メタンハイドレート

非在来型天然ガス資源の一つで，水の結晶の中にメタン分子が包接されている氷状固体の化合物である。メタンハイドレート1 m^3 には，標準状態で約170 m^3 のメタンが含まれている。低温高圧の条件下で形成され，永久凍土地帯や水深500 mより深い海底の地下に存在する。地球上には石油換算19兆トン程度の資源量が存在すると推定されているが，採取する技術は確立されていない。日本近海（太平洋と日本海）にも存在が確認されている。

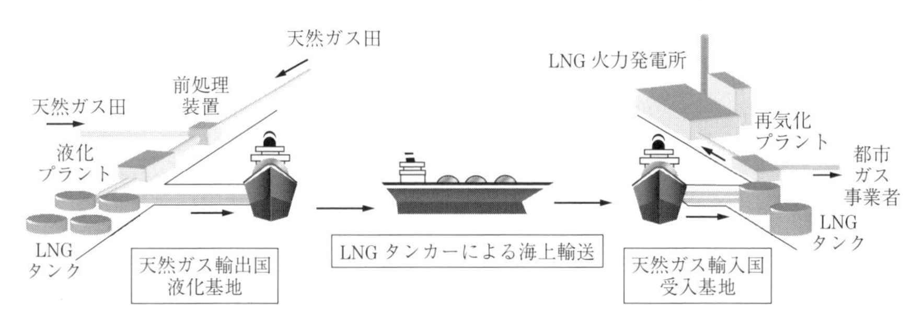

図 3.4　LNG 船を用いた天然ガス供給システム

どを熱源にして再気化される（**図 3.4**）。

天然ガスは輸送費が比較的高価なため，地域別，大陸別に価格が形成される傾向がある。極東地域では LNG での貿易が主流であり，天然ガスの価格は欧州や北米よりも明らかに高くなる傾向が見られる。LNG 長期契約では**テイク・オア・ペイ条項**の設定が普通である。これは，買主が LNG を引き取らない場合でも，その分の代金を支払うことを規定する条項である。LNG 価格は，石油価格を変数とする**フォーミュラ**で決まる契約が多い。石油価格高騰時には買主が，低迷時には売主がそれぞれ有利となるようなフォーミュラの条件が交渉を通して決められている。

天然ガスの備蓄は，石油や石炭と比較して，気体燃料であることから物理的にも経済的にも簡単ではない。日本国内の LNG タンク容量の総和は，国内 1 か月分の消費量程度と推計されるが，実際の貯蔵量は流通在庫備蓄程度であり，2～3 週間分の需要しか賄えないと考えられる。

3.3　核燃料のエネルギーシステム

3.3.1　核燃料資源

〔1〕ウラン資源　天然ウランは，**歴青ウラン鉱**などの中に酸化ウラン（UO_2 や U_3O_8）として 0.1～0.5 % の割合で存在する。鉱石中のウランは 1 700～1 800 万トンで，このうち経済性のある資源は約 500 万トンとされ

る。現在のウランの年間生産量は5～6万トンであり，可採年数は約100年となる。主要な生産国は，カナダ，カザフスタン，オーストラリア，ナミビア，ロシアである。なお，ウランの年間消費量は7～8万トンと上記の生産量よりも多い。この需給ギャップは，一時的にではあるが，**核兵器解体**で生じる高濃縮ウランなどで賄われている。

天然ウランはおもに ^{235}U と ^{238}U の二つのウランの同位体で構成される。核分裂性核種 ^{235}U は0.72％の割合でしか含まれず，残りの約99.3％は核分裂を起こしにくい ^{238}U である。^{235}U の核分裂エネルギーだけを考えると，エネルギー資源としてのウラン鉱石は，その未発見の推定資源を含めても石油資源の確認埋蔵量程度しかない。

非在来型ウラン資源としては，**海成リン酸塩鉱床**や**海水ウラン**などがある。海水中のウランの濃度は3 ppb（10億分の3の割合）で，資源総量は地球の海洋全体でおよそ40億トンになる。さらに海底面の岩盤などには約4兆トンのウランが含まれていると推計され，海水中に溶存しているウランをある程度回収しても，岩盤から海水中へ新たにウランが溶出することで，その濃度はほぼ一定に保たれると考えられる。これらの海水ウランなどを含めると，ウランの資源量は現在の確認埋蔵量の100万倍以上となり，実質的に無尽蔵と考えられる。海水ウランに関しては，溶媒抽出，吸着分離，膜分離などの回収方法の研究開発が進められている。現段階では，鉱石由来の在来型ウラン資源と比べると，供給コストは10倍程度割高なため商業的には利用されていない。

ウラン鉱石は，ふるい分けや洗浄などの物理的選鉱過程を経た後，酸・アルカリ分解，イオン交換，溶剤抽出などの化学処理を施され，**イエローケーキ**と呼ばれる黄色の粉末へと粗精錬される。現在主流の原子炉では，^{235}U の濃度を3～6％程度に濃縮したウランが利用される。**濃縮**は，イエローケーキを気体になりやすい UF_6 へと転換し，同位体のわずかな質量差を利用した**遠心分離法**などの方法によって，^{238}U から ^{235}U を分離することで行う。濃縮過程では，^{235}U の割合が逆に0.2％程度に希釈された**劣化ウラン**（**減損ウラン**ともいう）も生成される。なお，濃縮作業の量は**分離作業量**（**SWU**：separative work unit）という単位で表現される。例えば天然ウランから3％の濃縮ウランを1 kg 生成するには，約4.3 kg SWU の分離作業量が必要となる。そして，^{235}U の濃度が高められた UF_6 は，安定した固体酸化物である UO_2 へと再転換され，直径8～12 mm，長さ10～20 mm 程度のペレット状の燃料に成型される。

燃料棒はペレットを4～5 m の**被覆管**に装填したものであり，燃料棒を数行数列並べて束ねたものが**核燃料集合体**となる。**原子炉**の**炉心**は，核燃料集合体を120～800体配置したものである。100万 kW の原子力発電所の原子炉には約80～120トンの核燃料が装荷され，そのうち毎年20～40トン程度の一部の核燃料を使用済燃料として取り出し，新しい核燃料と入れ替えている。

〔2〕 **その他の核燃料**　　核燃料として重要な核分裂性核種は，^{235}U のほかに，^{233}U とプルトニウムの同位体 ^{239}Pu や ^{241}Pu などがある。それぞれの放射性崩壊の半減期は順に，7億年，16万年，2.4万年，14年であり，^{235}U 以外は半減期が地球の年齢（約46億年）と比べると桁違いに短く，天然にはほとんど残存しない。そのため，容易にこれらの核種へと変換できる**親物質**と呼ばれる核種がエネルギー資源として重要である。このような親物質としては，天然ウランの99.7％を占める ^{238}U とトリウムの同位体 ^{232}Th がある。^{238}U の半減期は45億年，^{232}Th のそれは141億年と非常に長く，これらの核種は天然にも比較的豊富に存在する。

まず ^{238}U は，原子炉内などで中性子を吸収すると，ほとんど核分裂を起こさずに ^{239}U へ変わり，2回の β 崩壊で核分裂性核種である ^{239}Pu へ変化する。以下の式中の (n,γ) は中性子 n を吸収して γ 線を放出する放射性捕獲を表す。この反応は既存の原子炉内でも起きており，原子炉で発生するエネルギーの約3割はこのように生成された ^{239}Pu などの核分裂で供給されている。

$$^{238}\mathrm{U} \xrightarrow{(n,\gamma)} {}^{239}\mathrm{U} \xrightarrow[\text{半減期 23.5 分}]{\beta\text{崩壊}} {}^{239}\mathrm{Np} \xrightarrow[\text{半減期 2.36 日}]{\beta\text{崩壊}} {}^{239}\mathrm{Pu}$$

^{241}Pu は ^{239}Pu が原子炉内で中性子を2個吸収することで生成されるが，量的には多くはない。半減期14年でアメリシウムの同位体 ^{241}Am へと壊変する。

^{232}Th も ^{238}U と同様に，中性子を吸収して ^{233}Th となった後，以下の2回の

β崩壊を経て核分裂性核種である ^{233}U へ変化する。前述の ^{238}U から ^{239}Pu への変化と比較すると，半減期は27日とやや長い。

$$^{232}\mathrm{Th} \xrightarrow{(n,\gamma)} {}^{233}\mathrm{Th} \xrightarrow[\text{半減期 21.8 分}]{\beta\text{崩壊}} {}^{233}\mathrm{Pa} \xrightarrow[\text{半減期 27.0 日}]{\beta\text{崩壊}} {}^{233}\mathrm{U}$$

トリウム資源は，ブラジル，ノルウェー，米国，インド，ベネズエラなどに多く賦存し，世界全体で確認資源量が約140万トンとされている。ウランとは異なり海水にはほとんど溶けないため，鉱物資源としてのみ存在する。トリウムは工業原料となるレアアースの副産物としても得られている。天然トリウムの同位体組成は半減期が長い ^{232}Th がほぼ100％となる。

^{232}Th を親物質とする核燃料は，質量数232の原子核を始点にするため，使用済燃料中に質量数が大きな放射性核種が生成されにくいというメリットがある。これは，核分裂を途中で起こさずに，原子核が5〜6個の中性子を立て続けに吸収する確率はとても低いからである。なお，^{233}U の生成に付随して次式に示す反応で ^{232}U も生み出される。式中の (n, 2n) は，速い中性子を吸収して2個の中性子を放出する**中性子放出捕獲**である。

$$^{232}\mathrm{Th} \xrightarrow{(n,2n)} {}^{231}\mathrm{Th} \xrightarrow[\text{半減期 25.5 時間}]{\beta\text{崩壊}} {}^{231}\mathrm{Pa} \xrightarrow{(n,\gamma)} {}^{232}\mathrm{Pa} \xrightarrow[\text{半減期 1.3 日}]{\beta\text{崩壊}} {}^{232}\mathrm{U}$$

^{232}U の娘核種であるタリウムの同位体 ^{208}Tl がβ崩壊時に強いγ線（2.61 MeV）も出すことから，^{232}U の存在はわずかな量であっても核燃料の取り扱いを難しくする。γ線は遮蔽が難しいため，逆に ^{232}U の監視や検知が比較的容易になることから，**核不拡散政策**上はむしろ好ましい特性とされる。

現在，核燃料として中心的に利用されているのは ^{235}U ならびに ^{239}Pu である。^{233}U を燃料とする例は少なく，その消費量は事実上無視できる。

3.3.2 原　　子　　炉

〔1〕 連鎖反応と中性子数の制御　　^{235}U や ^{239}Pu などの核分裂性核種の原子核が中性子を吸収することで，核分裂反応は起きる。原子核の核分裂時には中性子が放出されるが，その中性子がまた別の核分裂性核種の原子核と反応す

ることで，核分裂がつぎからつぎへと継続的に起きることがある。これを**連鎖反応**という。**図 3.5** には，核分裂の連鎖反応と，^{238}U が ^{239}Pu へ変化する様子も合わせて示す。

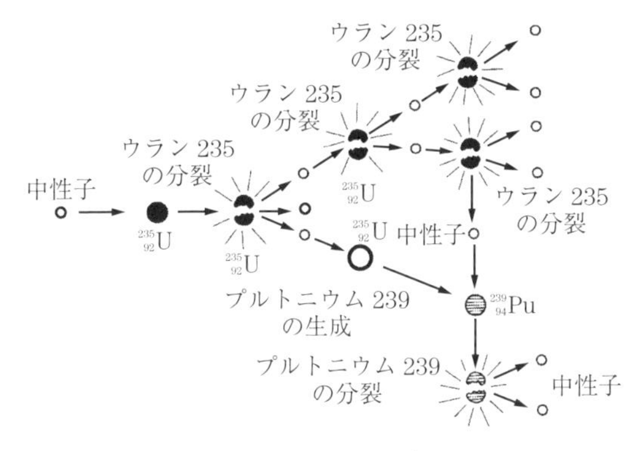

図 3.5　連 鎖 反 応

1 回の核分裂時の中性子放出数 ν は 2～3 個であり，そのうちの何個の中性子をほかの原子核と反応させるかで，核分裂数を時間経過とともに増減させられる。原子炉などのある系の中で，核分裂数が一定な場合を**臨界状態**，時間とともに増加する場合を**臨界超過状態**，逆に減少する場合を**未臨界状態**という。

原子炉の重要な構成要素に**制御棒**があり，ホウ素，カドミウム，ハフニウムなど，中性子の吸収能力が高い物質でできている。核燃料集合体の間に制御棒を挿入すると中性子数が減少して連鎖反応は抑制され，逆に抜き出すと促進される。一定出力で運転中の原子炉では，連鎖反応は臨界状態に維持される。

ところで，中性子の 99 % 以上が核分裂後の 10^{-14} 秒以内に放出される**即発**

コラム 12

加速器駆動未臨界炉

粒子加速器で発生させた陽子線を鉛・ビスマスの溶融金属などに照射して**核破砕**を起こし，その過程で生成された中性子を核燃料に照射することで，未臨界状態のままで核分裂反応を継続的に起こす方式（**加速器駆動未臨界炉**）も研究されている。原子炉自体が未臨界であるため安全性が高いとされている。

中性子であるが，残りの1％弱は**遅発中性子**と呼ばれ，数秒から1分近く遅延して発生する。これは，臭素の同位体 ^{87}Br などの一部の核分裂生成物が，β崩壊直後に中性子を放出する放射性崩壊も起こすからである。この遅発中性子があることで，核分裂数の時間変化が緩慢となり，連鎖反応の臨界状態を維持するための工学的制御が可能となっている。なお，原子炉の連鎖反応の制御は，制御棒などの**能動的制御**に加えて，温度による物質の中性子反応特性の変化などを利用した**受動的制御**も併用されている。

〔**2**〕 **熱中性子炉**　原子炉は，**熱中性子炉**と**高速中性子炉**に大きく分けられる。熱中性子炉は，前掲の表2.4に示す通り，エネルギーが0.025 eV程度の遅い中性子に対して，核燃料の大部分を占める ^{238}U の捕獲断面積が，^{235}U や ^{239}Pu の核分裂断面積の数百分の一以下となることを利用している。熱中性子炉では，核燃料中の ^{235}U や ^{239}Pu の濃度がある程度低くても連鎖反応を実現できる。熱中性子を得るためには，核分裂で放出された2 MeV の高速の中性子を**減速材**で減速させる必要があるが，その減速材には水素や炭素など，中性子を吸収しにくくかつ軽い原子核を含む材料（水や炭素）が用いられる。軽い原子核ほど，中性子との衝突時に効果的に中性子を減速させられるからである。また，核分裂で発生したエネルギーの大部分は熱エネルギーとなって核燃料の周囲の**冷却材**へと伝達されるが，冷却材も中性子を吸収しにくい物質が好ましい。

熱中性子炉は，減速材や冷却材などの種類に応じていくつかの種類がある。

（1） **重水炉**　**重水**は重水素 ^{2}D を含む水分子であり，通常の水分子よりも中性子を吸収しにくい。重水炉では ^{235}U が濃縮されていない天然ウランをそのまま燃料として利用できる場合がある。

（2） **軽水炉**　通常の水（重水に対して**軽水**と呼ぶ）を使うのが軽水炉であり，世界的に最もよく利用されている。軽水中の水素 ^{1}H による中性子吸収が無視できないため，^{235}U を3％程度以上に濃縮した燃料を必要とする。軽水炉には**加圧水型**（**PWR**：pressurized water reactor）と**沸騰水型**（**BWR**：boiling water reactor）がある（**図3.6**）。PWR は，原子炉内で一次冷却水を

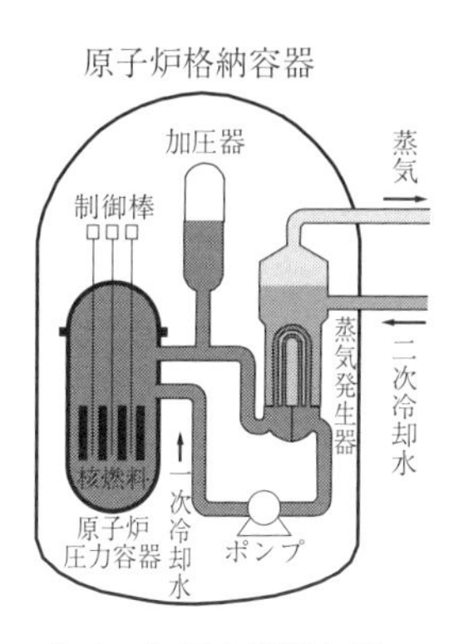

（a）　加圧水型軽水炉

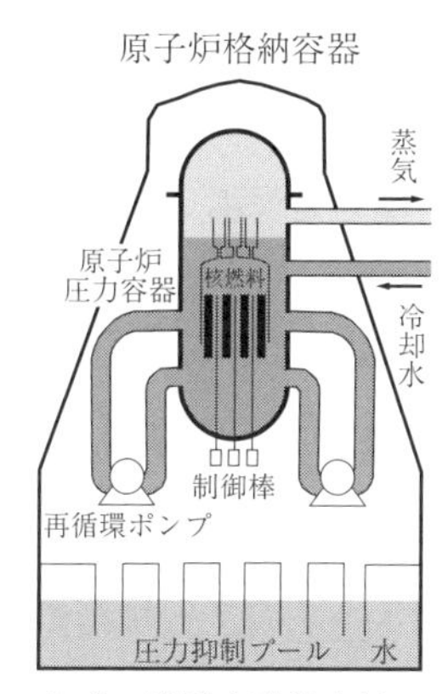

（b）　沸騰水型軽水炉

図 3.6　加圧水型軽水炉と沸騰水型系軽水炉

温度 350 ℃，圧力 160 気圧程度の熱水にし，それを原子炉格納容器内の加圧器，蒸気発生器に導いて二次冷却水を加熱して蒸気を発生させる。BWR は，原子炉内で温度 300 ℃，圧力 70 気圧程度の蒸気を直接発生させる。再循環ポンプの水量調整でも出力調整が行えるが，PWR と比べると炉心温度が低く出力密度も低い。

（3）　**高温ガス冷却炉**　　**黒鉛**（炭素）を減速材に，**ヘリウム**を冷却材に利用する。ヘリウムは中性子を吸収せず，黒鉛の中性子吸収は軽水よりも少な

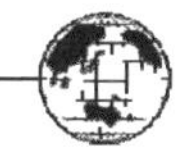

コラム 13

燃料棒の被覆管

軽水炉の被覆管は中性子の吸収が少ないジルコニウムの特殊合金で造られている。被覆管は冷却水と接するが，その熱水による劣化を抑制するため，冷却水の最高温度はおよそ 400 ℃以下に制限され，熱効率は最高でも 34 % 程度と一般の火力発電と比べると低いものとなっている。また，蒸気タービンの回転速度も原子力は火力の 1/2 と遅い。

福島第一原子力発電所の事故では，崩壊熱で高温となった被覆管のジルコニウムが，水と化学反応を起こして大量の水素を発生させた。その水素が原子炉圧力容器から漏れて，1 号機，3 号機，4 号機の建屋の爆発事故につながった。

い。まだ商用炉はないが，950℃という高温の熱エネルギーを取り出せることから，製鉄や水素製造などの発電以外の用途も検討されている。

（4） **黒　鉛　炉**　エンリコ・フェルミによる世界初（1942年）の原子炉は空気冷却の黒鉛炉であった。日本初（1965年）の商用原子炉も，天然ウランを燃料とした CO_2 冷却の黒鉛炉であった。そして，1986年に過酷事故を起こした旧ソ連のチェルノブイリ原子力発電所は，^{235}U が2％程度の**低濃縮ウラン**を燃料とする軽水冷却の黒鉛炉を使用していた。

〔3〕 **高速中性子炉**　核分裂で放出される2MeVの高速中性子は，特に減速材がなくても，おもに核燃料中の ^{238}U などとの非弾性散乱により200 keV程度にまで減速される。**高速中性子炉**は，この速度の中性子に対する ^{238}U の捕獲断面積が，前掲の表2.4に示す通り，^{235}U や ^{239}Pu の核分裂断面積の数十分の一と小さくなることを利用する。ただし，熱中性子炉の場合と比較すると中性子が ^{238}U に捕獲される確率が高いため，連鎖反応の実現には，燃料中の ^{235}U や ^{239}Pu の濃度を20～30％程度に高める必要がある。その結果，燃料単位体積の発熱量も大きくなる。冷却材には中性子の減速能力が低く冷却能力が高いナトリウムNaなどの**溶融金属**が採用されている。Naは，水と接触すると激しく化学反応を起こす問題点があるが，その沸点が883℃と高いため，高温でも常圧で運転できる大きなメリットがある。高速中性子に対しては，表2.4に示すように，^{239}Pu の捕獲断面積がその核分裂断面積に対して1/10程度にまで小さくなることから，捕獲による中性子の損失率を低減でき，**中性子再生率**を熱中性子炉では約2.1であるものを2.8程度にまで改善できる。中性子再生率は，核分裂による平均中性子放出個数に，中性子を吸収した原子核が核分裂を起こす割合を掛けたものである。その結果，漏れなどのさまざまな工学的な中性子損失を考慮しても，核燃料に吸収された1個の中性子が，平均で2個以上の中性子を核分裂で放出させることが可能となる。1個の中性子は連鎖反応の維持に使い，残りの1個以上を親物質（^{238}U）からの ^{239}Pu 生成に利用すれば，消費される以上の核燃料を生成できる。これを実現するのが**高速増殖炉**であり，**図3.7**に示すように**ループ型**と**タンク型**がある。**炉心燃料集合体**を

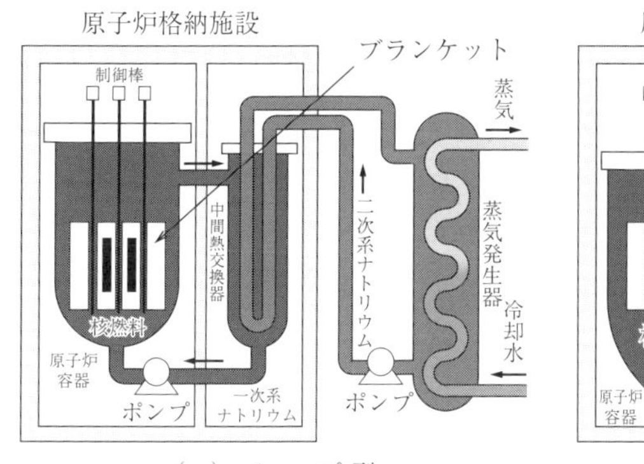

（a）ループ型

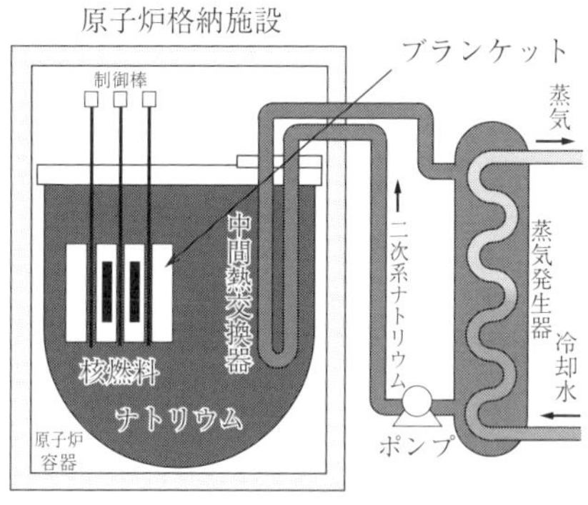

（b）タンク型

図 3.7　高速増殖炉

取り囲むように**ブランケット燃料集合体**（図中では黒色の核燃料のまわりを覆う白い部分）が配置され，炉心で発生した中性子をブランケットで受け止める構造となっている。ブランケットには ^{238}U を主成分とする劣化ウランが親物質として装填され，そこで ^{239}Pu の生成がなされる。日本では耐震性を高めるために，ループ型が好ましいと考えられている。ロシアやフランスではタンク型が選択され，特にロシアでは高速増殖炉の実証炉が稼働し，技術的にはほぼ商用化が可能な水準に達している。

表 3.6 におもな原子炉の燃料，減速材，冷却材を示す。

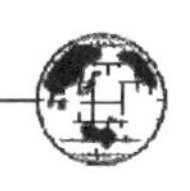

コラム 14

原子力発電所の安全確保

安全確保の考え方は**深層防護**（defense in depth）を基本とし，多様な安全対策が何重にも施されている。しかし，東京電力福島第一原子力発電所の過酷事故による放射性物質の環境放出を防げなかった。事故は必ず起きるとの前提で対策を考える必要性が再認識された。この事故の教訓から，非常用電源のさらなる多重化やフィルタ付きベント設備の設置などの安全対策が新たに講じられ，2011年 3 月と同程度の事故影響が起きる確率は大幅に低減されたといえる。また，原子力関連省庁とは独立した規制組織として**原子力規制委員会**も設置された。原子力発電所の事故は起きないのが一番よいが，仮に起きたとしても，それが重大な被害をもたらさないようにすることが重要である。

表 3.6　おもな原子炉と燃料，減速材，冷却材

方　式	形　式	燃　料	減速材	冷却材
熱中性子炉	軽水炉	濃縮ウラン プルトニウム	軽水	軽水
	重水炉	天然ウラン 低濃縮ウラン	重水	炭酸ガス，軽水，重水
	黒鉛炉	天然ウラン 低濃縮ウラン	黒鉛	炭酸ガス，軽水
	高温ガス冷却炉	濃縮ウラン プルトニウム	黒鉛	ヘリウム
高速中性子炉	ナトリウム冷却 高速炉	高濃縮ウラン プルトニウム 高富化燃料	なし	ナトリウム ナトリウム・カリウム合金

なお，^{232}Th を親物質とする ^{233}U は，熱中性子でも 9 割以上の割合で核分裂を起こし，その中性子再生率は原理的には高い。そのため，高速中性子炉ではなく熱中性子炉で，^{232}Th からの ^{233}U 増殖も期待される。ただし，途中で生成される ^{233}Pa の半減期が 27 日と長いため，^{233}Pa を原子炉からすみやかに取り出すなど，^{233}Pa によるさらなる中性子吸収を回避する方策が必要とされる。

3.3.3　使用済燃料の再処理

〔1〕 使 用 済 燃 料　核燃料中の ^{235}U や ^{239}Pu などの核分裂性核種の割合がある程度以下になると，連鎖反応の持続が困難となる。そのような燃料を**使用済燃料**という。中性子が飛び交う原子炉内では，^{235}U や ^{239}Pu などの核分裂性物質が消費される一方で，^{238}U を親物質として ^{239}Pu などの核分裂性物質が生成される。**図 3.8** に軽水炉の核燃料と使用済燃料の組成を模式的に示す。

核分裂性物質の消費量と生成量の比 C は**転換比**と呼ばれ，特に C が 1 よりも大きくなる場合は**増殖比**と呼ばれる。軽水炉の C は 0.4〜0.6 程度であるが，高速増殖炉の C は，その高い中性子再生率により，炉心とブランケットを合わせて 1.2 程度となるように設計される。例えば，軽水炉の使用中の燃料では，^{238}U から ^{239}Pu が生成され，その半分くらいの ^{239}Pu が核分裂反応も起

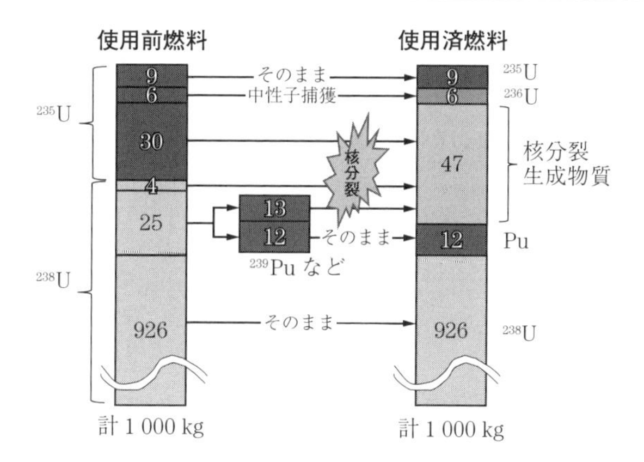

図 3.8 軽水炉の核燃料と使用済燃料の組成

こしてエネルギーを放出する。残りの ^{239}Pu は，そのまま使用済燃料中に残存したり，中性子を余計に吸収して ^{240}Pu，^{241}Pu，^{242}Pu などの同位体へと変化したり，さらにこれらの同位体がβ崩壊を重ねることで**マイナーアクチノイド**と呼ばれるアメリシウム Am やキュリウム Cm という原子番号が大きな核種へと変化したりする。^{238}U の一部は，減速前の数 MeV の高速中性子で核分裂する。また，中性子を吸収した ^{235}U の 2 割弱は核分裂を起こさずに ^{236}U となり，量的にはわずかであるが，その一部は ^{232}U に変化する。

〔**2**〕 **再　処　理**　使用済燃料には，核分裂していない ^{235}U ならびに，プルトニウムの同位体などの核分裂性核種が含まれている。使用済燃料からウランとプルトニウムを回収するとともに，強い放射能を有するストロンチウムの同位体 ^{90}Sr やセシウムの同位体 ^{137}Cs などの核分裂生成物質を分離する化学的・物理的処理工程を一般に**再処理**と呼ぶ。

再処理には，水溶液に使用済燃料を溶かして化学処理を行う湿式と，使用済燃料を高温で溶融して電気分解処理を行う乾式がある。現在は湿式が主流である。フランスや日本などでは，使用済燃料をせん断して硝酸で溶解した後に，リン酸化合物を用いてウランとプルトニウムの抽出を行う**ピューレックス法**という湿式の再処理が採用されている。なお，再処理することなく，プルトニウムなどを含んだままの使用済燃料を廃棄物として保管し，最終的には廃棄物として処分する方式を**ワンススルー方式**と呼ぶ。米国やドイツはこの方式である。

再処理で回収された**回収ウラン**の ^{235}U 濃度は 1% 程度と，天然ウランの 0.7% よりも若干高いものの，^{236}U や ^{232}U などの核燃料には向かない同位体を有意に含むため，現時点では再利用されずに保管されている。^{236}U は原子炉内の中性子の一部を捕獲することから，その悪影響を補うために ^{235}U の濃縮度を高める必要もある。また ^{232}U の存在は，前述したように娘核種による強い γ 線の放出を伴うことから核燃料の取り扱いを難しくする。

〔**3**〕 **プルトニウム利用**　　回収されたプルトニウムを含有量 4〜9% で天然ウランに混合した **MOX**（mixed oxide）**燃料**は，既存の軽水炉でも利用できる場合がある。これは**プルサーマル利用**と呼ばれ，これによりウラン資源の利用効率を 3〜5 割程度高められる。しかし，ウラン資源の需給が逼迫（ひっぱく）していない状況では，MOX 燃料の単価は通常のウラン酸化物燃料よりもやや高価となる。高速増殖炉の炉心では，プルトニウムの割合が 20〜30% 程度に高められた MOX 燃料が利用される。

使用済燃料中には，半減期が数千年と長い放射性廃棄物であるマイナーアクチノイドも含まれている。マイナーアクチノイドの多くの核種は高速中性子と反応して核分裂する確率が高いため，その効果的な処分方法として，それらを

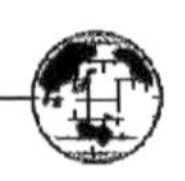

コラム 15

プルトニウムか海水ウランか

在来型ウラン資源は石油などと同様に将来の資源枯渇が心配されている。高速増殖炉によるプルトニウム生産や，海水ウランなどの非在来資源の開発が，原子力の継続的な利用には必要である。原子力の専門家の間では，プルトニウムか海水ウランかの排他的な議論がなされることが多く，日本では前者が，米国では後者が主流派となっているように思われる。海水ウランの回収コストの不確実性が大きく経済性の判断は難しい。海水ウランを回収しながら，その利用効率を高めるために高速増殖炉でのプルトニウム生産も行うという形が実用的にはありうるように思われる。もしそうなれば，利用可能な資源は膨大となり，太陽系の寿命が尽きるまで，人類は核燃料を利用し続けられるかもしれない。

高速中性子炉の燃料の一部として消費して消滅させることも考えられている。

高速増殖炉によって，天然ウランの 99.3％を占める ^{238}U のほとんどを核分裂性核種である ^{239}Pu などに変換できれば，天然ウランのエネルギー資源としての利用効率は軽水炉の場合と比較して 60 倍程度も高められると考えられている（軽水炉でも ^{238}U から生成された ^{239}Pu をすでに利用しているため，100 倍までは高められない）。**図 3.9** に核燃料サイクルの全体構成を示す。

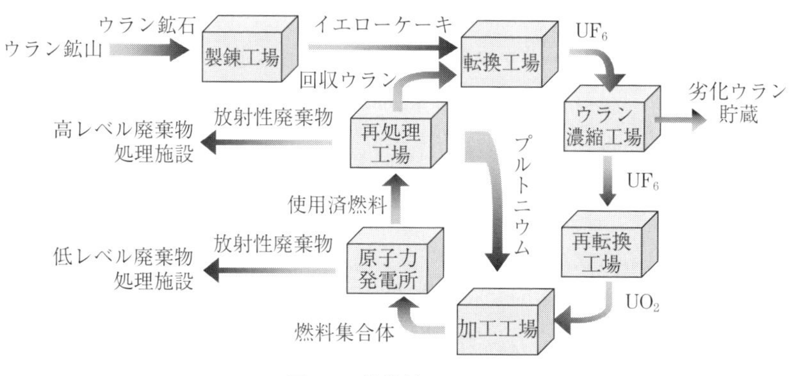

図 3.9 核燃料サイクル

ところで，プルトニウムは核兵器の原材料となるとされ，日本を含め**核拡散防止条約**に加盟している国々は，**国際原子力機関**（**IAEA**：International Atomic Energy Agency）による監視，査察を受け入れることが義務付けられている。日本は，英国とフランスに委託して使用済燃料からプルトニウムを回収したが，国内でのプルサーマル利用の進捗が遅れ，2015 年時点で 50 トン程度の余剰プルトニウムを抱えている。なお，軽水炉の使用済燃料から回収されたプルトニウムは，**原子炉級プルトニウム**と呼ばれ，**自発核分裂**しやすい ^{240}Pu の比率が**兵器級プルトニウム**と比べて 2 倍以上高く，核兵器への転用には適さないとされている。ただし，高速増殖炉のブランケット燃料集合体から回収されるプルトニウムは，^{239}Pu の純度を兵器級プルトニウム並みに高くできる場合もあるため注意が必要である。**統合型高速炉**と呼ばれる新型炉は，高速増殖炉と乾式再処理を一つの原子炉施設にまとめたもので，核拡散防止にも効果があるとされている。

3.3.4 核融合炉

〔1〕 **プラズマ閉じ込め方式**　**核融合炉**はいまだ実現されていないが，プラズマの閉じ込め方式は，**磁場方式**と**慣性方式**の2種類に大別できる。前者は陽イオンと電子を磁界によるローレンツ力で閉じ込めるもので，ドーナツ状の真空容器中に強い磁界を超電導磁石で発生させ，さらにプラズマ電流でその磁力線にねじれを与える**トカマク型**の研究開発が最も進んでいる。慣性方式は，直径3mm程度の球形の燃料ペレットに強力なレーザ光やイオンビームを照射して**爆縮**を行い，燃料の慣性を利用してペレット中心部に高温高密度状態を瞬間的に発生させるものである。なお，太陽は自らの巨大な質量が発生する重力を用いてプラズマを閉じ込めている。

ここでは**図3.10**に概念図を示すトカマク型のプラズマ磁場閉じ込め方式によるD-T反応の核融合炉の説明を行う。なお，ドーナツ状のプラズマの環状周方向をトロイダル方向，円周方向をポロイダル方向という。定常的なプラズマ電流を駆動するために大出力の中性粒子入射装置などの**プラズマ加熱装置**の使用も想定される。**ブランケット**は，核融合炉の内壁を構成する装置の一つであり，炉心プラズマが発生する熱エネルギーの回収，中性子による**トリチウム** ^{3}T の生産，そして中性子線の遮蔽の三つの機能を担う。回収された熱で，原子力発電などと同様に，蒸気タービンなどの熱機関を駆動して発電を行う。

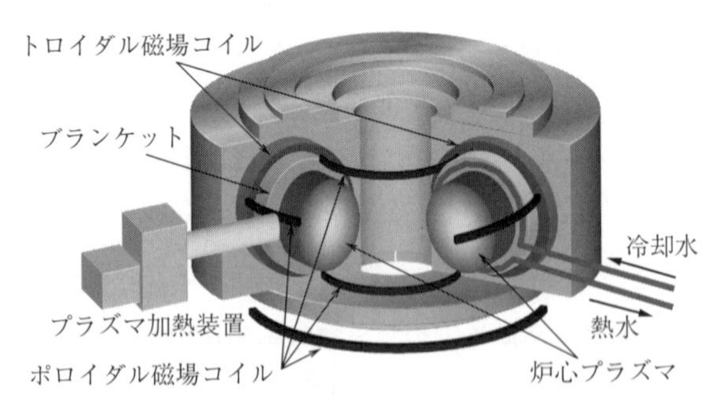

図3.10　トカマク型の核融合炉の概念図

〔2〕 トリチウム供給　D-T 反応の一方の燃料である ^{2}D は，安定核種であり天然水 1 トンに 34 g の割合で存在し，海水も含めると人類が利用可能な資源量は実質的に無限にある。しかし，もう一方の燃料の ^{3}T は，半減期 12.3 年の β 崩壊を起こす放射性核種であり，天然にはほとんど存在しない。そのため，D-T 反応の過程で発生する中性子 n を利用して，それをブランケットに装填されたリチウムの同位体 ^{6}Li に照射することで，人工的に ^{3}T を生産することが想定されている。

$$^{6}\mathrm{Li} + \mathrm{n} \rightarrow {}^{4}\mathrm{He} + {}^{3}\mathrm{T} + 4.8\ \mathrm{MeV}$$

リチウムは地殻には 30 ppm の割合で，海水中にも 0.13 ppm の濃度で存在する。^{6}Li の同位体組成比は 7.5 % しかないため，^{6}Li を数十 % まで濃縮したリチウムの利用が考えられている。核融合炉の炉心の周囲を覆うブランケットと呼ばれる部分に，この濃縮リチウムを置き，炉心から放出される中性子を照射して，^{3}T を生産するのである。リチウム資源はほぼ無尽蔵に存在するが，^{2}D と ^{3}T の核融合反応からは 1 個の中性子しか放出されないため，その中性子を直接 ^{6}Li に照射するだけでは ^{3}T を増殖できない。この問題を解決するために，D-T 反応で放出される高速中性子をベリリウムや鉛などの**中性子増倍材**に照射し，中性子放出捕獲反応によって ^{3}T 生産に利用可能な中性子数を増やす方策が検討されている。しかし，ベリリウムについては，現在の全世界の電力需要を D-T 反応の核融合で賄うとなると，数百年程度での資源枯渇が予想され，さらなる代替策が必要とされる。

〔3〕 D-T 反応炉のエネルギー収支　核融合反応係数 $\langle \sigma v \rangle$，プラズマ中の ^{2}D と ^{3}T のそれぞれの陽イオン密度 n_D，n_T，D-T 反応 1 回当りに放出されるエネルギー E を用いると，単位体積 1 秒当りの核融合炉の出力エネルギー P_f はつぎのように計算できる。

$$P_f = n_D \cdot n_T \langle \sigma v \rangle E \tag{3.1}$$

ここで，電子密度を n_e，プラズマの絶対温度を T，ボルツマン定数を k とし，熱平衡状態での各粒子へのエネルギーの等分配を仮定すると，単位体積のプラズマの熱エネルギー U はつぎのように表現できる。

$$U = \frac{3}{2}k(n_T + n_D + n_e)T \tag{3.2}$$

そして，プラズマの**エネルギー閉じ込め時間**をτ，単位体積の1秒当りの外部からのプラズマ加熱エネルギーをP_{in}，そして核融合の出力エネルギーP_fのうちプラズマ加熱に寄与する割合をεとすると，熱エネルギーUが時間的に一定となる平衡状態を考えると，つぎの関係が成立する。なお，具体的なP_{in}の供給手段としては，**中性粒子ビーム入射加熱**や**高周波加熱**などがある。また，電子の制動放射による損失が大きくなると，閉じ込め時間τは短くなる。

$$P_{\mathrm{in}} + \varepsilon \cdot P_f = \frac{U}{\tau} \tag{3.3}$$

また，ブランケットでの^{3}T生産時の発熱量も含めた核融合炉の総発熱量とD–T反応の発熱量の比をμ，核融合発電の熱効率をηとすると，電気出力P_{out}はつぎのようになる。

$$P_{\mathrm{out}} = \eta(P_{\mathrm{in}} + \mu P_f) \tag{3.4}$$

ここで，**エネルギー増倍率**$Q = P_{\mathrm{out}}/P_{\mathrm{in}}$を導入し，上述の4本の式を用いて，プラズマ密度$n_p$とエネルギー閉じ込め時間$\tau$の積である$n_p\tau$を表現するとつぎのようになる。ただし，$n_p = n_D + n_T = n_e$，$n_D = n_T$とする。この$n_p\tau$の値は，核融合炉の**炉心プラズマ**に対する条件を表す指標としてよく用いられる。

$$n_p\tau = \frac{12k}{E} \cdot \frac{T}{\langle \sigma v \rangle} \cdot \frac{Q - \eta}{\mu \cdot \eta + \varepsilon(Q - \eta)} \tag{3.5}$$

D–T反応のエネルギーの2割がα粒子の運動エネルギーで占められ，電荷を持つα粒子の運動は炉心プラズマの加熱に直接寄与することから，利用割合εの値は1/5となる。また，熱効率ηの値は原子力発電のそれを参考にすると1/3程度となる。^{3}Tの増殖率を1.1とすると，ブランケット発熱を考慮したμは$(17.58 + 4.8 \times 1.1)/17.58 \approx 1.3$となる。

エネルギー増倍率Qが1となる条件を**臨界プラズマ条件**（**ローソン条件**）と呼ぶ。プラズマ温度Tとして10 keV（1.16億K）を想定すると，核融合反

応係数は $\langle \sigma v \rangle \approx 1.0 \times 10^{-22}\,\mathrm{m^3/s}$ となり，$\varepsilon = 1/5$，$\eta = 1/3$，$\mu = 1.3$ とすると，臨界プラズマ条件となる $n_p\tau$ は $10^{20}\,\mathrm{s/m^3}$ 程度となる。欧米や日本のトカマク型の研究炉は，すでにこの臨界プラズマ条件を超える水準に達している。

核融合反応のみでプラズマ温度を維持できる条件を**自己点火条件**という。これは $Q = \infty$ に対応する。プラズマ温度 T として，$T/\langle \sigma v \rangle$ の値がだいたい極小となる 25 keV（約 3 億 K）を想定すると，自己点火条件に対応する $n_p\tau$ の値は約 $1.6 \times 10^{20}\,\mathrm{s/m^3}$ となる。これは前述の臨界プラズマ条件よりも大きな値であり，その実現に向けた困難さは増すことを意味している。

プラズマ圧力は密度 n_p や温度 T に比例し，プラズマの膨張に抗する磁界側の**磁気圧力**は磁束密度の 2 乗に比例する。超電導コイルで発生できる磁束密度の大きさには技術的限界がある一方で，核融合反応に必要な超高温を維持する必要があるため，プラズマ密度 n_p を現状以上にあまり大きくできない状況となっている。したがって，自己点火条件などの，より大きな値の $n_p\tau$ を実現するための方策は，エネルギー閉じ込め時間 τ の延長が中心となっている。そして，その具体的な方法が核融合炉の大型化である。

日本，米国，欧州，ロシアなどが協力して，トカマク型の**国際熱核融合実験炉**（**ITER**：international thermo-nuclear experimental reactor）の建設がフラ

コラム 16

夢のエネルギー

核融合炉は，安全性が比較的高いこと，利用可能な資源量が豊富なこと，高レベル放射性廃棄物の排出を伴わないことなどから夢のエネルギーと称される。トカマク型では，プラズマ中の自己駆動電流の存在が実証されるなど，工学的な実現可能性も高まっている。しかし，仮に実現できたとしても経済性の観点での競争力は急には期待できないため，商用炉の登場は遠い将来になると思われる。

核融合炉にライバルがいない訳ではない。資源量が豊富な点については，高速増殖炉，太陽光発電，メタンハイドレートなども負けてはいない。また，原子力発電の安全性や廃棄物処分に関する技術的課題の克服は，核融合炉の商用化よりも，もしかしたら容易かもしれない。いずれにしても実際に社会の発展に貢献できるかが問われる。

ンスで進められている。この大型実験炉のエネルギー増倍率 Q としては 5〜10 という目標値が掲げられている。中性粒子ビーム入射などの加熱手段は，プラズマ中の電流分布制御にも利用されることが想定されている。さらに将来の実証炉の Q としては，30〜50 が目標となると考えられている。

3.4　再生可能エネルギー資源と利用システム

3.4.1　再生可能エネルギーの利用可能量

再生可能エネルギーは，化石燃料などの枯渇性エネルギー以外のもので，地熱エネルギーと潮汐エネルギー以外は太陽の日射を起源としている。

再生可能エネルギーの利用可能量には，物理的なもの，技術的なもの，そして経済的なものと，いくつかのカテゴリーがある。物理的なものは技術的なものを，さらに技術的なものは経済的なものをその一部として含む。**物理的利用可能量**は**賦存量**とも表現され，太陽日射や土地利用面積などから決まる理論的上限である。再生可能エネルギーの**技術的利用可能量**，**経済的利用可能量**の評価には，地理的分布や時間的変動を考慮することが重要である。競合技術も含めた技術進歩に応じて，将来におけるこれらの利用可能量は変化する。

3.4.2　水力エネルギー

水力エネルギーは，現在最も開発が進んでいる再生可能エネルギーであり，起源は太陽熱による地表の水の循環である。河川水の水量は毎年 37 兆トンであり，その位置エネルギーは 80 PWh/年（P はペタと読み 10^{15}）に達する。**表 3.7** に示すように，世界の**理論包蔵水力**は約 40 PWh/年，**技術包蔵水力**はおよそ 12 PWh/年，他種電源と競合可能な経済性を有する**経済包蔵水力**は約 9 PWh/年と推計されている。ただし，この量は世界全体の電力消費量の半分以下であり，明らかに水力エネルギーだけではすべての電力は賄えない。

南米やロシアの包蔵水力が大きい。北米，西欧，日本などの先進地域の包蔵水力は約 60 % が開発されており，そこでの大幅な増加は困難と考えられる。

表 3.7 世界の水力資源[11)]

地域	理論包蔵水力〔TWh/年〕	技術包蔵水力〔TWh/年〕	経済包蔵水力〔TWh/年〕
アフリカ	2 929	1 525	600
中南米	9 280	4 021	2 971
北米	1 505	—	969
アジア	18 551	4 226	2 633
ロシアなど	3 942	—	1 094
欧州	2 389	769	768
オセアニア	592	—	168
世界合計	39 191	11 856	9 203

水力発電所の落差を得る方法によって，**ダム式**，**水路式**，**ダム水路式**に分類される。また，大落差では**ペルトン水車**などの衝動水車が，そして中小落差では**フランシス水車**や**プロペラ水車**などの反動水車が使用される。

水力発電所は，一般に遠隔地に立地されること，初期投資が大きいこと，運用開始までのリードタイムが長いことなど，火力発電所と比較していくつか問題点がある。また，ダム建設地点の住民の転居を強いることになったり，周辺地域の環境破壊を伴ったりすることも多い。

3.4.3 地熱エネルギー

地球内部の熱エネルギーのおもな発生源は，半減期の長い ^{238}U，^{232}Th，^{40}K などの放射性核種の崩壊熱である。地球内部の温度は地中深くなるにつれて上昇し，地表付近では平均 0.03 ℃/m の温度勾配で，0.063 W/m^2 の熱が緩やかに放出されている。この熱流量は地球全体で年間およそ石油換算 300 億トンであり，人類のエネルギー消費量の 2 倍程度となる。技術的，経済的に利用可能な地熱資源は，この地面や海底面から緩やかに放出される弱い熱流ではなく，火山地帯などの地質構造的に特異な場所で，地下深く井戸を掘削して高圧の蒸気や熱水を噴出させることで得られる熱エネルギーである。地熱資源が多い地域は，太平洋沿岸，南欧，アイスランド，カリブ海東部などである。

深さ 3 km 以内の地熱発電の技術的利用可能量は，世界全体で年間およそ 30 PWh/年と推定[12]されている。日本における地熱発電の資源量は約 25 GW と推計され，既開発の水力発電所の容量と同程度である。

地熱エネルギーの長所は，過剰に熱水や蒸気を汲み上げない限りは非枯渇であること，出力に時間変動や季節変動がないことである。短所は，硫化水素などの有毒物も一緒に噴出する場合があること，資源が特定地域に偏在し利用可能量にも上限があること，地下探査が難しく経済リスクも大きいこと，そして噴出井（ふんしゅつせい）の出力が経年的に減衰することなどがある。

地熱エネルギーは，**図 3.11** に示すように，**浅部地熱**，**深部地熱**，**高温岩体**，**マグマ**などに分類でき，現在最も利用されているのは深度 3 km 以内の浅部地熱である。温泉などの各種給湯，そして 200 ℃以上の蒸気をそのままタービンに導いて発電する地熱発電はすでに利用が進んでいる。深部地熱とは，地下深度 2〜5 km に存在する 250〜350 ℃の比較的高温の天然の熱水や蒸気のことである。また，研究開発段階であるが，200 ℃以上の高温岩体や 1 000 ℃以上のマグマの利用も考えられており，耐熱性のある機器でこれらの近くまで井戸を掘削し，人為的に水を注入して高温の蒸気を発生させることが想定される。

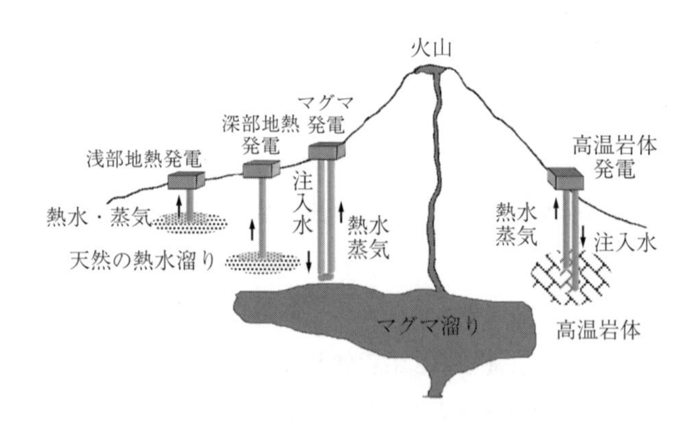

図 3.11　地熱エネルギー

3.4.4 太陽エネルギー

太陽から地球に照射される光エネルギーは約174 PWであり，石油換算で約130兆トン/年となり，これは人類全体のエネルギー消費量の約1万倍となる。地球の大気圏外で太陽に正対する単位面積で受ける太陽の放射量を**太陽定数**と呼び，その値は1.37～1.38 kW/m^{2}である。大気圏内に入射した太陽エネルギーは，大気層を通過するにつれて減衰し，地表付近では約1.0 kW/m^{2}となる。1 m^{2}当りの年間日射量は，日本で約1.2 MWh，欧州中部で約1.0 MWhであり，赤道付近で最大約2.6 MWhに達する。地表面へ到達する過程には，大気を透過する**直達日射**，大気による散乱や反射で届く**天空日射**，そして加熱された大気自身の放射による**大気放射**の三つがある。直達日射と天空日射を合わせたものは**全天日射**という。また，大気放射は，地球大気の温室効果によるもので，大気から地表に向けた赤外放射である。

〔1〕 **太 陽 光 発 電**　太陽電池で全天日射の光エネルギーを直接電力に変換するのが**太陽光発電**（**PV**: photovoltaics）である。太陽電池の発電素子の基本単位は**セル**と呼ばれ，複数のセルを合わせてパッケージ化したものを**モジュール**あるいは**パネル**という。太陽光発電は通常，このモジュールを複数枚並べたものとなる。

太陽電池は，シリコン系，化合物系，そして有機系の3種類に分類される。主流は**シリコン系太陽電池**であり，製造方法により結晶（単結晶，多結晶）系と薄膜系がある。融解シリコンから棒状のシリコンを徐々に引き上げることで単結晶が得られ，融解シリコンを容器内でゆっくり冷却することで多結晶が得られる。多結晶の方が製造は容易である。いずれも結晶から板状のウェハを切り出して利用する。一方，薄膜系はガラスやプラスチックなどの基盤にシリコンを蒸着させるもので，製造コストを安価にできる。変換効率は一般に，単結晶，多結晶，薄膜の順に高く，多結晶で15％前後である。シリコン系は高温になると変換効率が低下する。また，シリコンは**間接遷移形半導体**のため，光吸収能力が弱く，数百μmの厚さが必要なため，あまり薄くできない。

化合物系太陽電池には，銅・インジウム・セレン（CIS系）や，ガリウム・

ヒ素（GaAs 系）などがある。CIS 系太陽電池は数 μm の薄膜でよく，変換効率や製造コストは，多結晶シリコン太陽電池とほぼ同等となっている。積層構造の GaAs 系太陽電池は，変換効率が 40％を超えるが，製造コストが高価なため，人工衛星の電源などの特殊な用途に使われる。

有機系には，**有機薄膜太陽電池**と**色素増感太陽電池**がある。形状が柔軟で製造コストも比較的安価とされるが，変換効率や耐久性に課題があり，まだ大規模な利用には至っていない。

利用形態には，蓄電池を併用した独立電源や，電力系統と連系した分散電源などがある。そして将来的には，砂漠などでの大規模発電や太陽発電衛星利用なども考えられる。特に系統連系された分散電源としての利用は重要と考えられる。太陽電池の出力は直流のため，系統連系するためにはインバータを用いて交流に変換されなくてはならない。

エネルギー償還年数は，装置の製造に要したエネルギーの総量を装置が 1 年間に発電するエネルギー量で割ったものと定義され，住宅用の太陽光発電で 1～2 年程度，電気事業用のそれで 3～5 年と推定されている。太陽光発電のコストは，太陽電池モジュール設備費，周辺設備費，工事費，補修費，廃棄費などで構成され，全体として年々安価となっており，特に太陽電池モジュールのコスト低減率は高い。**図 3.12** に太陽光発電コストの将来見通しの例を示す。太陽光発電の総コストに占めるモジュール費用は低下する一方で，工事費や補修費の割合が高まっていることから，単位面積当りの出力を向上させることも，総コストの低減のためには重要である。

太陽光発電の技術的利用可能量は，土地利用の想定にもよるが，社会全体の

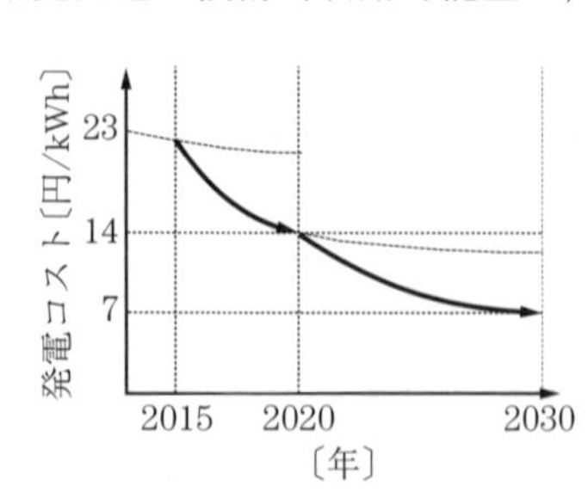

図 3.12　非住宅用の太陽光発電コストの将来見通し[13]

電力需要よりもはるかに大きくなる可能性は高い。例えば，日本国土の数％の面積の太陽電池があれば，日本の年間電力需要量に匹敵する電気を発電できる。一方，その経済的利用可能量は，太陽光発電の出力変動の影響を考慮する必要があるため，電力システムに連系された他種電源との競合や協調の結果として決まり，簡単には推計できない。この問題については，風力発電も似た状況にあり，3.5節で改めて記す。

大規模オフサイト利用で，世界の砂漠に降り注ぐ太陽エネルギーを太陽電池で電力に変換すると，全世界のエネルギー需要の100倍近いエネルギーが供給できる。しかし，実際には砂漠と消費地とが遠く離れている場合が多いため，エネルギーの長距離輸送が必要となる。水電気分解による水素をパイプラインや液化水素タンカーなどで運ぶ方法や超電導ケーブルで送電する方法などが提案されているが，いずれも高コストのため近い将来での実現性は低い。

太陽発電衛星は，地球の静止軌道上（あるいは低地球周回軌道上）の数GWの太陽電池で発電した電力を地上の受電基地に向けてマイクロ波やレーザで**無線送電**するものである（**図3.13**）。昼夜の区別なく大気圏外の強い日射を利用でき，天候にも左右されない。実現に向けては，発受電設備の費用とともに，ロケット費用の大幅な低減が必要とされる。受電基地周辺のマイクロ波などの広がりによる被曝影響にも注意が必要である。

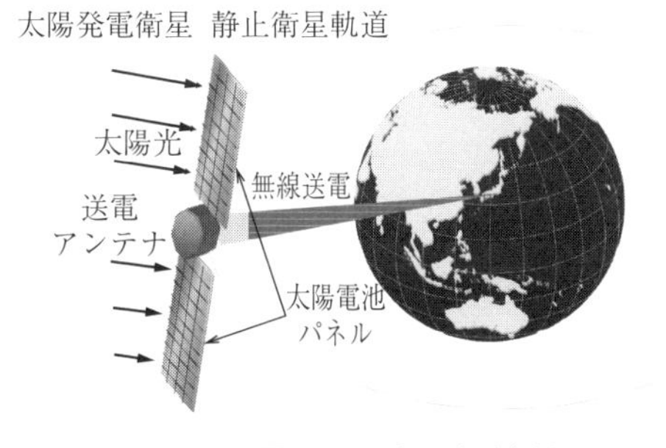

図3.13　太陽発電衛星

〔**2**〕 **太陽熱利用**　　太陽熱利用の代表例は，**太陽熱温水器**と**太陽熱発電**である。太陽熱温水器の温水で，冷暖房や給湯などの熱需要を賄える。冷房

用には吸収式冷凍機用に 85 ℃程度の温水を利用する。太陽エネルギーの利用効率は 50 % 程度と比較的高いが，経済的メリットの絶対額が大きくないためか，日本での家庭用の太陽熱温水器の利用は 1980 年代と比較すると減少している。

太陽熱発電は，火力発電の蒸気ボイラの熱源を太陽熱集熱器に置き換えたものである。集熱方式によって集中型と分散型がある（**図 3.14**）。集中型は，広い場所に設置された**太陽追尾機構付き平面鏡**（**ヘリオスタット**）により太陽光をタワー先端に集めて 1 000 ℃程度の高温を得るもので，高精度の集光技術が要求される。一方，分散型は並列および直列に接続された樋型や皿型の小規模な**集光ユニット**に熱媒体を循環させて加熱するもので，循環時のエネルギー損失の低減が課題とされる。発電効率は 15～35 % 程度と太陽光発電と比較すると高効率であるが，直達日射が必要なため晴天の日が多い砂漠などに利用地域が限定される。ヘリオスタットの集光精度や熱媒体の循環損失などの制約から，最大容量は 100 MW 程度に留まっている。昼夜の温度変化による材料の熱疲労にも注意が必要である。蒸気タービンの蒸気を凝縮するために大気や地下水などを用いた冷却設備を必要とするが，蒸気タービンを利用する火力発電や原子力発電との統合的な活用も考えられる。

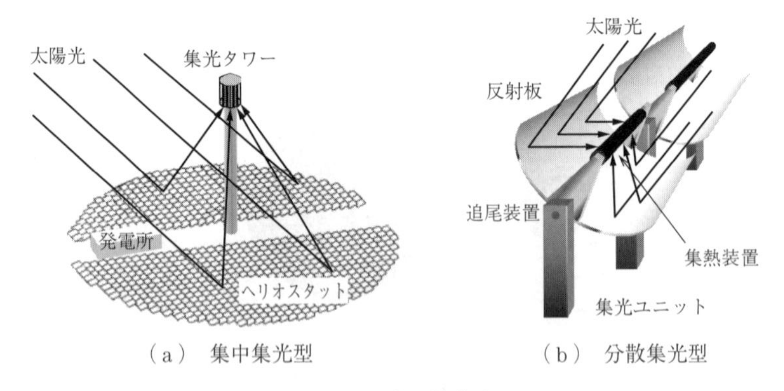

（a） 集中集光型　　（b） 分散集光型

図 3.14　太陽熱発電

3.4.5 風力エネルギー

風は一般に，陸や海洋と大気との温度差や，赤道と両極との間に存在する地球規模での温度差によって発生する大気の循環現象に起因し，源泉は太陽エネルギーである。地球全体の風力エネルギーは，地表に到達した太陽エネルギーの 0.25 % 程度と推定されるが，現在の世界全体のエネルギー消費量の約 20 倍に相当する莫大な量となる。風力エネルギーは単位面積当りのエネルギー密度が低く，土地利用などの社会的な制約を受けることがある。

風力は，風車や帆船などの動力源として昔から利用されてきた。風力発電は 1970 年頃から本格的に始まり，1980 年代は米国が，1990 年代は欧州が中心となって設備容量を増設してきた。昨今は，中国やインドなど，欧米以外の国々においても急速にその利用は拡大している。

風車の方式は**水平軸風車**と**垂直軸風車**に大別できる。水平軸型の代表が**プロペラ型**であり，広い風速範囲で出力係数が高いのが特徴である。垂直軸型には**サボニウス型**，**ダリウス型**などがあり，風向きに無関係に発電できる。大型風車は，2～3 枚の可変ピッチの回転翼で構成されたプロペラ型が主流であり，単機容量が 5 MW 級の場合は回転翼の直径は 120 m を超える。大型風車ほど上空の風も利用できて経済性がよい。

発電機には誘導機あるいは同期機が用いられる。誘導機の場合では，従来は電力系統に直結する定速回転式が主流であったが，最近は可変周波数電源による二次励磁形の可変速回転式が増えている。同期機の場合ではインバータを介して電力系統に接続する可変速回転式となるが，界磁については永久磁石型と電磁石型がある。いずれにしても，**増速ギア**で回転数を上げた方が発電機はコンパクトにできるが，ギアの補修が必要となる。

風力発電は風速の変化に応じて運用を行わなくてはならない。風力発電の風速に対する出力特性の一例を**図 3.15** に示す。無風状態から**カットイン風速** V_{in}（毎秒 2.5～6 m）に達すると発電を始め，定格風速 V_{rated}（毎秒 12～13 m の風車が多い）に達するまでは回転翼の**ピッチ制御**などを通して，変換効率が最大となる運用を行う。定格風速を超えると，電気系の過負荷を避けるために

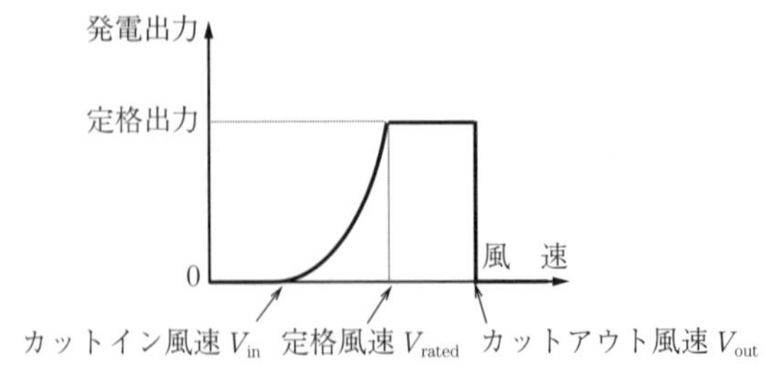

図 3.15　風力発電システムの風速に対する出力特性

定格出力を保つ発電を行い，**カットアウト風速** V_{out}（毎秒 20〜30 m）以上では風車を止めて破損を防止する。設備利用率は普通 20〜40 % 程度となる。

風速や風向きなどのいわゆる風況は不規則に変動する。地理的に近い場所ではたがいに相関が高く，離れれば相関は低くなる。広域多地点の風車を集合的に運用すれば，風速の不規則変動に起因する短周期の出力変動をある程度抑制できる。また，気象予測データに基づいて将来の風況をある程度正確に予測できれば，風力発電による電力の経済価値を高められる。

風力資源は，陸上と洋上の 2 種類に分けられる。欧州などでは，陸上の適地の不足から，**洋上風車**の開発が進められている。沖合に風車を隔離できるため騒音や景観問題を回避できるなど利点もあるが，設備費は高価となることから，陸上よりも良好な風況であっても，発電原価が割高となることが多い。洋上風車は，海底に接地した基礎に建てる**着床式**と，筏（いかだ）のように海に浮かべた基礎に建てる**浮体式**があり，欧州では水深が浅い地域を対象に着床式がおもに採用されている。日本周辺の海は水深が比較的深いため浮体式が中心になる。

風況は地表の形状に大きく影響を受け，数十 m 離れると風車の設備利用率も大きく変わることがある。そのため，国単位の風力発電の技術的利用可能量の推計には大きな不確実性がある。世界のさまざまな国の政府や関連機関による推計では，それぞれの国の風力発電の技術的利用可能量は，その国全体の電力需要とほぼ同等か数倍の大きさがあるとされることが多い。

経済的利用可能量も潜在的には十分に大きいと予想されるが，太陽光発電の場合と同様に出力変動の影響が無視できない。また，洋上や遠隔地域の風力資源の利用拡大には，消費地までの送電設備が制約となることがある。風力発電の利用可能量は，後述するように電力システム全体の中で総合的に評価されなくてはならない。

3.4.6　バイオマスエネルギー

バイオマスとは「生物体の量」を意味し，バイオマスエネルギーには，農林水産資源や，有機性産業廃棄物，都市廃棄物，下水汚泥など，多種多様なものが含まれる。多くの再生可能エネルギーが電気として得られるのに対し，バイオマスエネルギーは可燃物の形態で得られる。

世界全体の光合成による**純一次生産量**（植物自身の呼吸による消費分を差し引いた生産量）は，年間で石油換算700億トン程度と，現在の化石燃料の年間総消費量（120億トン）の5倍以上になる。また，森林などでの陸上バイオマスの蓄積量は，石油換算約8 000億トンにもなる。バイオマスは豊富に存在し，再生産を前提とすればCO_2を排出しない再生可能エネルギーと見なせる。

バイオマスは一般に，**表3.8**に示すように，土地を利用して生産から手掛ける**プランテーションバイオマス**と，非エネルギー用途に使用する過程で発生する**残さバイオマス**の2種類に分類できる。

表3.8　バイオマスの種類

	プランテーションバイオマス	残さバイオマス
特　徴	土地を利用して生産	農産物などの収穫，加工，消費プロセスで発生
種　類	エネルギー木材（森林） エネルギー作物（耕地）	副産物 廃棄物
品　目	サトウキビ，トウモロコシ，ジャトロファ，菜種，ユーカリ，柳	穀物残さ，農産物収穫残さ，黒液，バガス，都市ごみ，糞尿など
問題点	農業，林業などとの土地競合 季節変動	分散して発生 エネルギー密度が低い

生産場所により，**林産バイオマス**，耕地からの**エネルギー作物**，**農畜産廃棄物**，**都市廃棄物**などに大別される。また，新型と在来型の2種類に大別され

る。**新型バイオマス**は大規模設備で化石燃料の代替に使用するものであり，**黒液**（パルプ生産過程で発生する廃液），**バガス**（サトウキビの搾りかす），都市ごみ，エネルギー作物などを含む。在来型バイオマスはおもに途上国の小規模設備で非商業的利用されるもので，薪，木炭，農業廃棄物，動物の糞などがある。現在のバイオマスエネルギーの利用は途上国での非商業的利用が中心と推定される。

バイオマスエネルギーは非商業的利用も含めると，量的には水力発電を上回り，寄せられる期待は大きいが，その一方でつぎのような欠点もある。

・重量当りの発熱量が石油の半分程度と低い。
・光合成のエネルギー変換効率が1％足らずと生産性が低い。
・収穫，回収に多くの手間を要する。
・供給量が季節変動する。
・食糧，材木，肥料など非エネルギー用途と競合する。

ある種の在来型バイオマスは比較的安価なものの，先進国での新型バイオマスは一般に割高であり，農業政策の一環で補助金を受けている事業も多い。

前述の欠点に加え，高い含水率，さまざまな資源形態，不純物の混入などの技術的な課題もある。また，天然林の保全などの生態学的な課題もある。そのため，現実的に利用できるエネルギー量の評価には大きな不確実性が伴う。

世界のバイオマスの持続的利用可能量は，アフリカや南米に多く，1年当り石油換算50～120億トンと，現在の世界のエネルギー消費量の半分から同程度の量と推計[14]されている。日本の場合は，国土の2/3が森林に覆われ，そこには約40億 m^3 の木材が蓄積されているが，植林から伐採までの期間を40年と仮定すると，毎年1億 m^3 の木材の利用が可能となり，そのエネルギーは石油換算2 500万トンとなる。これは日本の一次エネルギー供給量の5％程度となる。また，日本で発生する**一般廃棄物**と**産業廃棄物**に含まれる可燃物のエネルギーの合計は，一次エネルギー供給量の約3％程度と推計される。

バイオマスの利用方法には，**直接燃焼**と，**化学的変換**や**生物学的変換**を介した利用とがある。直接燃焼は，火力発電所での燃料利用や，発展途上国での炊事などでの利用が該当する。なお，炊事での直接燃焼は健康影響も大きく，今後はLPGなどに代替されて減少すると予想される。化学的変換には，木材の熱分解によるタール生成，乾燥バイオマスの部分酸化によるガス化，植物性油脂などのメチルエステル化，そして高温高圧下での直接液化などがある。生物学的変換には，エタノール発酵やメタン発酵などがある。食糧用途には向かないセルロース系原料から生産されるエタノールは，**第2世代バイオ燃料**とも呼ばれ，化学的変換と生物学的変換の両者を用いて製造される。

3.4.7 海洋エネルギー

海洋エネルギーには，**波浪エネルギー**，**潮力エネルギー**，**海流エネルギー**，**海洋熱エネルギー**などがある。エネルギー密度は低く，しかも時間的には規則的，不規則的に変動するものが多い。波浪エネルギーは天候によって大きく変化するが，潮力，海流，海洋熱エネルギーは通常天候に左右されない。研究開発段階にあるさまざまなアイデアが試行されている。

〔1〕 **波　力　発　電**　波浪は海面を吹く風を受けて発達し，それが海面を伝播する過程が現れたものである。波浪エネルギーを機械的仕事に変換して発電するのが波力発電であり，さまざまな方法が考案されている。いずれも波から得られた力をまずは空気圧，水圧，油圧などに変換し，それを空気タービン，

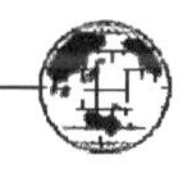

コラム17

微細藻類からの燃料油

第3世代バイオ燃料として，ボツリオコッカス・ブラウニーなどの水中の微細藻類から搾油される燃料があり，航空機用燃料として期待されている。エネルギー作物などと比較すると，単位面積当りの収率が桁違いに高く，エネルギー変換効率は太陽電池にも匹敵するとされているが，必要な投入エネルギーに不確実性がある。実用化に向けた最大の課題の一つは低コスト化である。なお，再生可能エネルギーから燃料油を得る方法としては，太陽光発電などの電気エネルギーを用いて水素を生成し，CO や CO_2 という炭素を含む適当な物質も原料に加えて，フィッシャー・トロプシュ法などで石油に近い液体燃料を工業的に化学合成する方法もある。

水車，油圧モータなどでそれぞれさらに機械仕事へ変換する。エネルギー変換効率はおおむね10％程度とされる。波力発電はまだ研究開発段階にある。日本近海の波浪エネルギーは，冬は大きく夏は小さく，年間を通じて約10 kW/mとされる。変換効率も考慮すると，1 000 kmの海岸線からは，原子力発電所1基分の電力が得られることになる。

〔2〕 **潮 汐 発 電**　**海洋潮汐**は，おもに月の引力によって，海面が1日2回または1回，周期的に昇降する現象である。満潮からつぎの満潮までの時間間隔は時と場所によって異なるが，平均12時間25分である。海水が受ける**潮汐力**により，地球の自転は減速して自転周期は長くなり，その一方で月の公転は加速されて地球から遠ざかり，その公転周期は長くなる。月は毎年約4 cmのペースで地球から遠ざかっていることから，1年当り石油換算約30億トン分（現在の世界全体のエネルギー消費量の約1/4）の地球や月の運動エネルギーが，潮汐現象によって海水の熱エネルギーなどに変換されて散逸していると見積もられる。

潮汐発電は，湾の内外の境目に堤防を建設し，潮汐現象によって発生した堤防内外の潮位差を利用する。潮汐発電の経済性が成立するためには，最大潮位差10 m，平均潮位差3 mは必要といわれ，残念ながら日本国内にはこの条件を満足する湾はない。世界的にはフランスなどの一部の国で実績がある。潮流発電は，潮汐の干満によって1日4回流れの向きを変える潮流を利用するものであるが，実施例はほとんどない。

〔3〕 **海流エネルギー**　海流は，おもに貿易風や偏西風などの風で起こる吹送流で，ある幅をもって定常的に一定の方向に流れている海水の流れである。海流発電の発電装置の設置箇所は陸から隔たった海域となるため，長距離送電が必要となる。海流発電はまだ研究開発段階にある。一般に，断面積Sを速度Vで通過する密度ρの流体が単位時間当りにする仕事Pは以下の式で求められる。

$$P = \frac{1}{2}\rho S V^3 \qquad (3.6)$$

日本海流クラスの大規模な海流のパワーは，海流の幅を 250 km，厚さを 1 000 m，流速 0.3～0.4 m/s と想定すると約 3～8 GW となる。日本の発電容量（約 250 GW）と比べるとあまり大きくはない。

〔4〕 **海洋熱エネルギー**　海洋は太陽エネルギーを吸収するが，その大半は厚さ 100～200 m の海洋表層部に留まり，蒸発，熱放射，対流を通じて大気へと散逸し，海洋深層への熱拡散はきわめて小さい。熱帯の海では，表面温度は 25～30 ℃にまで上昇する一方で，深層部には極地域からの低温の深海流が流れ込むため，水温は 4～5 ℃に保たれている。**海洋温度差発電**（OTEC: ocean thermal energy conversion）は，海洋における垂直方向の水温差に着目し，海洋の表層を高温 T_H の熱源，深層を低温 T_L の熱源とする熱機関を構成し発電を行うものである。海洋温度差発電はまだ研究開発段階にあり，商業化の例はない。

海洋温度差発電の出力 P は，高温の熱源となりうる海洋の面積を A，表層の厚さを d，海水の密度を ρ，比熱を c，海水の循環年数を Y とすると，次式で概算できる。ここで海水の循環年数を考慮するのは，表層と海底の海水の混合のペースを自然循環程度に留めるためである。なお，ここでは熱効率としてカルノー効率を想定している。

$$P = A\rho dc \frac{T_H - T_L}{365 \times 24 \times 3\,600 \times Y} \times \frac{T_H - T_L}{T_H} \tag{3.7}$$

海洋温度差発電が経済性を有するためには，温度差（$= T_H - T_L$）が 20～22 ℃以上あることが望まれる。この条件を満足する海域は一般に低緯度地方である。また海洋温度差発電のための設備を係留するためには，水深 1 000～2 000 m 程度の沿岸部に限られる。このような条件を満足する海域は全海洋のおよそ 1/6 とされ，$d = 100$ m，$T_H = 300$ K，$T_L = 278$ K とすると，海洋温度差発電の物理的利用可能量は年間 10 PWh 程度と試算される。

詳細は省略するが，波力，潮汐，海流，海洋温度差という海洋エネルギーの物理的利用可能量は合計で年間 40 PWh 程度と推計され，前述の理論包蔵水力資源量とたまたまほぼ同量となる。技術的に研究開発段階のものが多いため，経済的利用可能量はこの量の数分の一程度になると考えられる。

3.5 電力システム

3.5.1 電力システムの構成

電気事業用の電力システムは，発電所，変電所，送電線，配電網などが複雑に結合された電気回路のネットワークである。火力発電所，原子力発電所，水力発電所などで発電された電力は，効率的な送電を行うために，変圧器を用いて交流 275～500 kV の高電圧にいったん昇圧されて，需要地近くの**超高圧変電所**まで送電される。つぎに超高圧変電所において 154 kV の電圧に降圧し，需要地内の**一次変電所**まで送電する。大きな工場などの大口の需要家へは，一次変電所，中間変電所から直接電力を供給することもある。一次変電所では電圧を 66 kV までさらに降圧し，**配電用変電所**や大口需要家に送電する。個人住宅や店舗などの小口需要家に対しては，6.6 kV の高圧配電線による電力や，電柱上に設置された**柱上変圧器**で，100 V，200 V，400 V に降圧された電力を供給する。発電所送電端から需要端までの送配電損失は，先進国ではおおむね 5％程度である。典型的な電力システムの構成を**図 3.16** に示す。

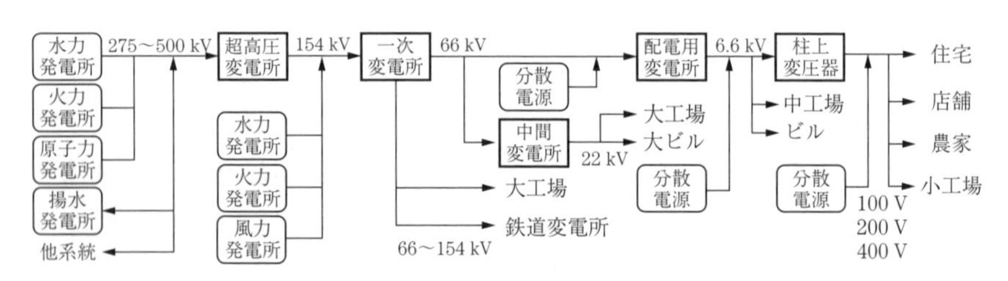

図 3.16　電力システムの構成の例

風力発電や太陽光発電，CGS などの分散電源は，容量が大きいものほど高電圧で，超高圧変電所よりも需要側に近い送電線や配電線などに連系される。

変電所には変圧器以外に，**遮断器**，**断路器**，**避雷器**などの機器が設置される。遮断器は，事故時の大電流をすみやかに遮断することで事故の波及を防止する。電流遮断時に電極間に発生するアーク（放電）はSF_6ガスなどを吹き付けて消す。断路器は，無負荷時の回路を開閉する機器で，点検，整備，修理・改造工事の際に使用する。電流が流れている回路を切る能力はない。避雷器は，落雷などによる過渡的な異常高電圧に対する短絡動作で，ほかの機器の絶縁破壊などを防止する。落雷による電流を大地へ流した後，発電機からの電流が続けて大地に流れるのも防ぐ。酸化亜鉛素子が利用されている。

3.5.2　火力・原子力・水力発電の種類と特性

電気事業で使用される電源は，エネルギーの種類から火力発電，原子力発電，水力発電に大別され，運転特性，構造，使用する燃料，その他により種々の電源に分けられる。**図3.17**に各種発電所の分担の様子を模式的に示す。

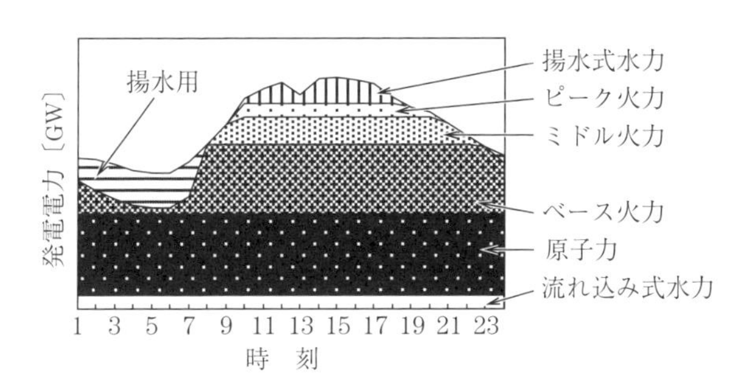

図3.17　各種発電所による電力供給

ベース火力は石炭火力などで，大容量機で熱効率はよいが，起動，停止に時間がかかり，かつ低負荷運転が行いにくいので高利用率で運転される。**ミドル火力**は1日の負荷曲線の中間部分を分担する火力で中容量火力機をあてている場合が多い。そして**ピーク火力**は1日のピーク負荷を分担し，起動損失が少なく，起動時間も短く，負荷追従性のよいガスタービン発電などが利用される。原子力は原子炉をボイラの熱源とした一種の汽力発電所であり，資本設備費は高いが燃料費は安価なためベース負荷を分担している。

火力や原子力は，運転出力として常時定格出力での連続運転ができ，一般的に水力に比べて建設期間が短く建設費が安い。しかし，機器保安上，定期的に長時間補修作業を行う必要がある。また，大容量ユニットが多いので，その停止時には電力需給に与える影響が大きい。急激な温度変化を避けるため，出力変化幅，出力変化速度に制限があり，起動，停止に時間がかかるうえ，起動，停止には熱損失を伴う。

水力発電は，その運用方法によって，**自流式**（**流れ込み式**），**調整池式**，**貯水池式**，**揚水式**に分類される。自流式は河川の水を蓄えずに使用し，需要の変化に見合った出力調整を行えないのでベース負荷を分担する。調整池式は日間・週間の負荷変化に対応する水量を蓄え，比較的調整容量の大きいものは**周波数制御**や**系統予備力**として利用する。そして貯水池式は年間使用計画に従い通常豊水期に貯水し，渇水期に放流して発電する。揚水式は深夜や豊水期の軽負荷時の余剰電力を用いて下流の調整池や貯水池の水を上流の貯水池に揚水し，これをピーク時または渇水期に発電する。上池に河川が流れ込む**混合揚水**とそうではない**純揚水**がある。水力発電の出力は河川流量に左右され，河川流量は季節的に変動し，かつ各年ごとにも差異がある。調整池，貯水池の有無および大小により，発電出力の調整機能に大きな幅がある。しかし，起動，停止および出力調整が容易にできるため，負荷変動に対する速応性に優れている。

3.5.3　電力システムの周波数制御

電気は大量に貯蔵することが困難なことから，電力システム全体の需要と供給を秒単位で時々刻々に均衡させる（同時同量とする）必要がある。需給の不均衡は，**系統周波数**の基準値（50 Hz や 60 Hz など）からの逸脱を引き起こす。需要が超過するとその不足分は，周波数に同期して回転している発電機の回転エネルギーから補われるため，電力システムの周波数は下がり，逆に供給が超過すると発電機の回転は加速されて周波数は上がる。周波数が変動すると，需要側の電力利用機器や発電所などの供給設備に，異常振動の発生などのさまざまな悪影響を及ぼす可能性がある。需給不均衡の継続は電力システム全体の崩壊にも直結する。系統周波数の変動 Δf を観察することで，逆に電力システム全体の供給の過不足を検出できる。

供給の過不足の時間変動は，変動周期が数秒から数分単位の微小変動分，数分から数十分単位の短周期成分，数十分から数時間単位の長周期成分の3成分に分けられ，微小変動分には**ガバナ（調速機）フリー**（GF : governor free）と負荷の**自己制御特性**で，短周期成分には**負荷周波数制御**（LFC : load frequency control）で，長周期成分には**経済負荷配分制御**（EDC : economic load dispatching control）で，おもに火力や水力発電所の出力を調整することで対応する。電力システムの総容量が大きくなると，変動要因間の大数の法則による**ならし効果**で，総容量に対する微小変動や短周期成分の振幅は相対的に小さくなる。**図3.18**に電力システムの周波数制御の概要を示す。

GFは，各発電所で発電機の回転数の変動Δfから自動的に瞬時に実施される所内制御である。LFCは，周波数の変動でもあるΔfや連系線電力の変動ΔP_Tに基づき，特定の火力や水力発電所に対して実施する**中央給電指令所**か

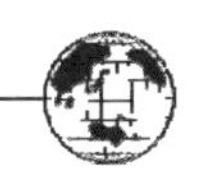

コラム18

交流を利用する意義

エジソンによる最初の電気事業では直流が用いられたが，その後はテスラが主張した交流が主流となった。交流の利点は，電圧変換が変圧器で容易にできることがしばしば言及されるが，より大きな利点は，システム全体の需給均衡に関する情報が周波数変動から得られることである。日本では，周波数の基準値からの変動が0.2〜0.3 Hz以下となるように発電設備の出力が制御され，その結果として電力システム全体の需給均衡制御が実現されている。高度な情報通信技術など用いなくても，数百万〜数千万件単位の需要家の総需要（厳密には需給の不均衡分）をアナログ的に瞬時に把握できるのである。

一方，電力市場の自由化が進められているが，理想的な電力市場の実現を妨げる要因の一つは，電力システムの物理的需給均衡と電力市場の経済的需給均衡の乖離である。両均衡を秒単位で一致させられればよいが，現状では市場取引の粒度が粗く，15〜30分単位の時間積分値での一致に留まっている。その結果，発電設備容量を確保するための**容量メカニズム**などの付随的な制度が必要となり，市場取引制度を複雑化してしまっている。

今後は分散電源を有する家庭も電力市場に参加すると予想され，時間的にも空間的にも粒度を細かくした非交流の革新的な電力取引システムが必要となるかもしれない。

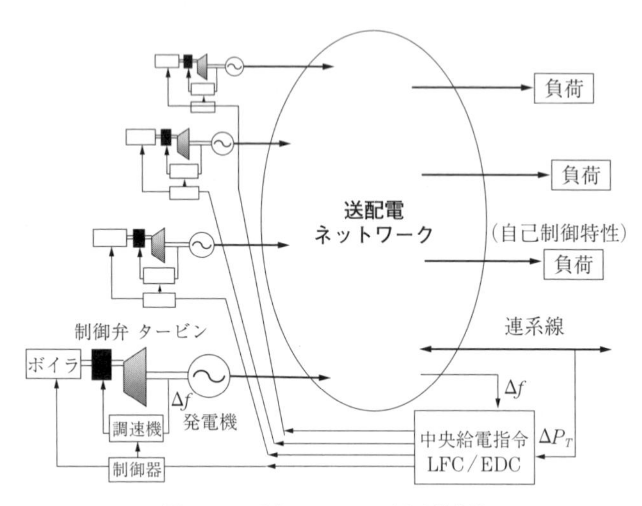

図 3.18　電力システムの周波数制御

らの需給均衡制御である。EDC は，日間や週間の負荷予測に基づき，貯水量などを考慮しつつ，火力発電用の燃料費を最小化する制御である。

発電設備の種類別の出力調整能力は，水力発電（揚水発電も含む）が最も優れており，起動時間は短く，単位時間当りの出力変化率も高い。一方，火力発電は，起動に 3〜10 時間が必要であり，タービンブレードの熱膨張によるストレスを抑制するために，出力変化率も 1 分間に 3〜10％程度と制限される。なお，日本では原子力発電所は一定出力で運転されているが，欧州などでは負荷などの変動に合わせた**出力調整運転**が通常的に行われている。

3.5.4　大規模集中電源と小規模分散電源

エネルギー最終需要の現場は，住宅地や市街地など地理的に面的な広がりを持って分布している。そのため，最終需要で使用するエネルギー担体の輸送距離を短くしたければ，そのエネルギー担体を供給する変換設備に関しては，需要家の近くに小規模なものを分散して多数設置することになる。この具体例は家庭に設置された小型給湯器による温水供給である。逆にエネルギー担体の輸送距離を長くできる場合は，少数の大容量の変換設備で広域に分布する多数の需要家への供給が可能となる。この具体例は，遠隔地の大規模な発電所と長距離送電による電力供給である。また，この考えは変換設備の出力側だけでなく入力側のエネルギー担体についても適用できる。太陽光や風などの資源は面的な広がりを持って分布し，日光や気流というエネルギー担体を光ファイバーやダクトで長距離輸送して1か所に集めることは困難なことから，これらの資源を活用した発電設備は小規模分散型となる。

小規模の変換設備の建設期間は大規模なそれと比較して短いため，最終需要の伸びや各種エネルギー価格などの将来の不確実性に対するシステムの経済的柔軟性を高められる。また，変換設備を需要地に近接して立地できるため，**供給信頼度**を高められる場合もある。しかし，熱機関を用いた変換設備は規模が小さいほど設備単価が増加したり熱効率が低下したりする。また，集配対象となる資源や需要が特定の狭い範囲に限定されると，大数の法則による**ならし効果**が期待できないため，出力や負荷の時間的な変動が激しくなり，変換設備の運用も難しくなる。さらに，変換設備による大気汚染や騒音の発生などが居住地へ近接化する問題も考えられる。小規模設備の導入にはこのような長短所を総合的に検討する必要がある。

熱機関は単純化して考えると，出力は体積に比例し，材料費や放熱損失は表面積に比例するといえる。そのため，出力を大きくしても，費用や損失は2/3乗でしか増加せず，同じ方式であれば大規模なものほど経済的，技術的に有利となる傾向がある。これは**規模の経済**と呼ばれ，熱機関を用いる発電設備の大規模化を促す要因となっている。これに対し，太陽電池や燃料電池の出力は，パネルや電極の面積に比例し，材料費なども同様に面積に比例すると考えられ，これらの発電設備には規模の経済は期待できない。しかし逆に，小規模であっても単価の上昇や効率の劣化などのデメリットは現れにくい。

太陽電池や燃料電池など，分散電源技術の進歩は著しく，エネルギーシステムは分散化の流れにあるとしばしばいわれるが，この流れが文明論的に必然とは限らない。例えば逆のケースとして，大規模な原子力発電（将来的には核融合発電）を用いた中央集権型の電力ネットワークを構成し，電動ヒートポンプで熱エネルギーを供給する対極のシステムの姿も描ける。

3.5.5 自然変動電源

先進国を中心に世界の多くの国々で，太陽光発電や風力発電などの再生可能エネルギーの利用を促進する政策がとられている。そのための具体的な制度に

コラム 19

自然変動電源の割合はどこまで高められるか

太陽光発電と風力発電の設備利用率は，例えば日本ではそれぞれ 12％と 25％程度である。太陽光や風力の発電電力量ベースでのそれぞれのシェアの値が設備利用率よりも十分小さい状況であれば，3.5.5 項の①～⑤の対策を特段に講じなくても対応できるのかもしれない。しかしシェアが増えて，それが設備利用率の値に近付くと，これらの発電出力が，電力負荷そのものの大きさを超えて，余剰電力が発生し始める。電力需要が少ない夜間や中間期（春や秋）などではもっと早い段階で余剰電力が発生するであろう。そうなると必然的に，電力システムでのさまざまな障害が顕在化してくるものと思われる。

自然変動電源の割合が増えた場合の本質的な問題は，天候や昼夜による出力変動ではなく，季節変化による出力変動でもたらされるかもしれない。例えば，太陽光発電の場合，冬季に十分な発電出力を得られる設備容量を確保すると，夏季には大量の余剰電力を発生させてしまい，経済性が著しく損なわれる。

自然変動電源で電力需要のほとんどを賄うために，余剰電力の貯蔵などで，季節変化による出力変動への対応も考えられる。電力貯蔵による季節変化への対応は，貯蔵量が多くなることに加え，貯蔵設備の充放電の機会が年間 1 回しかないことに注意が必要である。電気自動車のバッテリを余剰電力の季節間移動に利用すると，電気を保存するために半年間ほどは電気自動車を停めたままにしなくてはならなくなる。

また，単純化された例として，1 円/kWh の電力貯蔵費用を想定すると，その貯蔵設備の寿命が仮に 10 年である場合，設備単価は 10 円/kWh 以下でなくては経済合理性がないことになる。蓄電池の単価は数万円/kWh であるから，季節間移動へ利用できるようにするには，その単価を現状の数千分の一に下げる必要があることを意味している。

熱の発生や貯蔵は比較的安価なことから，自然変動電源の余剰電力を熱エネルギーの形で蓄えて革新的な用途で利用できればよいのかもしれない。

は，電力会社に一定割合で再エネ電力の導入を義務付ける**RPS**（renewable portfolio standard）制度や，電力会社に固定価格での再エネ電力の買取を義務付ける**FIT**（feed in tariff）制度などがある。

太陽光発電や風力発電という**自然変動電源**が電力システムに大量に導入されることにより，**余剰電力**の発生，出力変動の激化，配電線の電圧上昇，事故時の不要解列の発生や短絡容量の増加などのさまざまな問題が引き起こされるのではないかと懸念されている。

電源構成における自然変動電源の割合を有意に高めた場合，余剰電力の発生に関する問題は特に深刻なものになると考えられる。それに対しては，①火力発電所の最低負荷レベルの切下げ，②送電設備増設による他地域との電力融通の拡大，③直接指令や変動料金制による電力需要の創出や削減，④自然変動電源の出力抑制，⑤余剰電力の貯蔵，などが具体的な対応策として考えられる。①～③は，火力発電などの在来発電事業者や消費者に経済的損失をもたらす場合があり，またその効果にも物理的な限界がある。④，⑤の方策は，明らかに自然変動電源の経済性を悪化させてしまう。特に⑤の蓄電池や水素変換による余剰電力の貯蔵はコストが高く，事業としての実施は当面は難しいと判断される。自然変動電源を含む最適電源構成に関する課題は，未知なことが多く，重要な研究課題といえる。

3.6 石油製品供給システム

製油所での**石油精製**の基本操作は原油の蒸留である。原油は330℃前後に加熱され，**常圧蒸留**により沸点順にLPGから重油まで40～60段に分離される。さらに沸点の高い残油は**減圧蒸留**により分別される。原油の蒸留だけでは，石油製品の品質と量を確保できないため，各種の物理的・化学的処理も合わせて実施される。**表3.9**におもな石油製品を記す。製油所は**図3.19**に示すようなプロセスで構成されている。

日本での2015年時点の石油製品の需要量は，**ガソリン**が最も多く，**ナフサ**，

表 3.9　おもな石油製品

石油製品	特徴など
液化石油ガス	常温で 15 kg/cm^2 以上で液化，家庭用・工業用・自動車用燃料
ガソリン	沸点 50〜180 ℃で揮発性，ガソリン自動車用燃料が中心
ナフサ	ガソリンと同一留分，化学工業用の原料が中心
ジェット燃料	沸点 150〜250 ℃，タービン機関用燃料，高温での安定性と低い析出点
灯　油	沸点 170〜250 ℃，家庭用・工業用燃料
軽　油	沸点 240〜330 ℃，ディーゼル機関用・暖房用燃料
重　油	粘度が小さいものは小型船舶用・業務用暖房用燃料 粘度が大きいものは工場用・発電所用・大型船舶用燃料

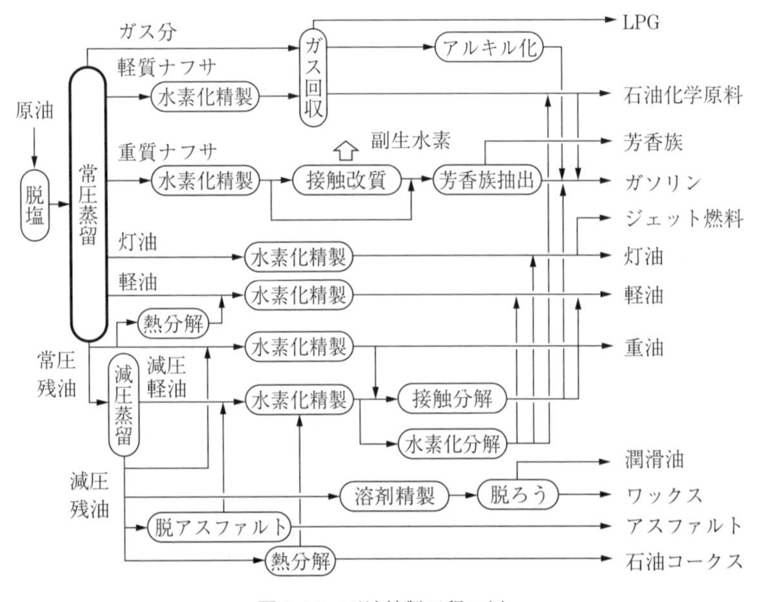

図 3.19　石油精製工程の例

軽油，**C 重油**，**灯油**などが続く。ナフサのほとんどは化学工業用の原料である。石油製品はタンクローリ車，タンク貨車，沿海タンカー船などで，ガソリンスタンドなどの給油所や消費者へと配送される。原油の生焚きをする火力発電所もあるが，電気事業者の消費量は石油全体の 1 割に満たない。

3.7 ガス供給システム

日本の**都市ガス**の約 90 % は海外から輸入された**天然ガス**で賄われている。国産の天然ガスによる都市ガスの自給率は 1 割未満である。都市ガスには発熱量などに応じて 13 種類の規格があるが，約 97 % を占める主流の 13 A 規格は，1 m^3 当りの発熱量が 10 000～15 000 kcal とされている。

石炭系ガスの都市ガスは，石炭の乾留で得られる水素やメタン，そして水蒸気との反応で得られる一酸化炭素などを成分とする。1 m^3 当りの発熱量は，3 500～5 000 kcal と天然ガスの半分以下と低く，CO による中毒事故も過去にはたびたび起こした。日本では 1970 年頃から石炭系ガスから天然ガスへの変更作業が全国規模で進められ，2010 年にほぼ終了している。

図 3.20 に都市ガス供給システムの概要を示す。LNG 基地などの**ガス製造工場**と消費者の間は**導管ネットワーク**で結ばれている。ガスは，製造工場を出るときに高圧（10 kg/cm^2 程度）で送出される。その後，各地に設置された**整圧器**を通るごとに，中圧（1～3 kg/cm^2），低圧（1 kg/cm^2 未満）と順次圧力が下げられ，最後にバルブステーションを経て家庭などの消費者に到達する。ネットワークには貯蔵設備である**ガスホルダ**も接続され，消費量の時間的変化

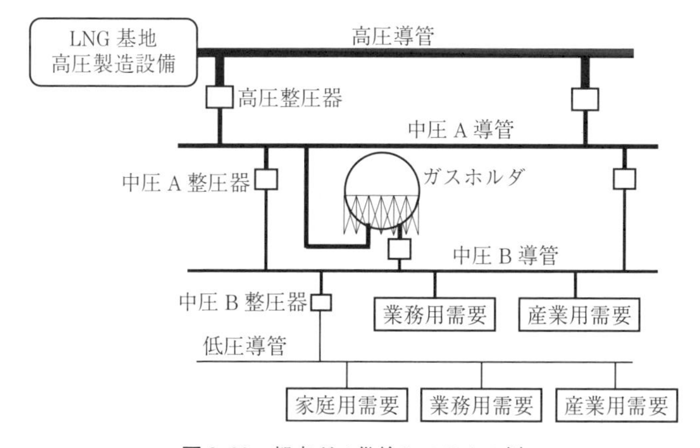

図 3.20　都市ガス供給システムの例

を平滑化し，ガス製造工場の製造量の時間的変動を抑制している。導管ネットワーク内には少なくない量のガスが蓄えられているため，都市ガスの時々刻々の需給均衡制御は電力と比べれば容易である。

プロパンを始めとして，ブタン，プロピレン，ブチレンなどを含む **LPG** も，おもに非都市部（都市ガスの導管が整備されていない地域）におけるガス体燃料として利用されている。LPG は高カロリーのガスで，例えばプロパン 1 m^3 当りの発熱量は 24 000 kcal に達する。LPG の一部は国内の製油所で生産されるが，ほとんどは中東からの冷凍船で輸入される。LPG はタンクローリ車やタンカーなどで大口需要家や充填所に運ばれ，一般家庭などの小口需要家にはボンベ詰めされて配送される。量的には少ないが都市ガスにも利用されている。

3.8　最終エネルギー消費

3.8.1　需要部門と省エネルギーの概要

最終エネルギー消費は，**産業部門**，**民生部門**，**運輸部門**の三つに分けることが多い。**図 3.21** に主要国のエネルギーの最終需要の内訳を示す。欧米の先進

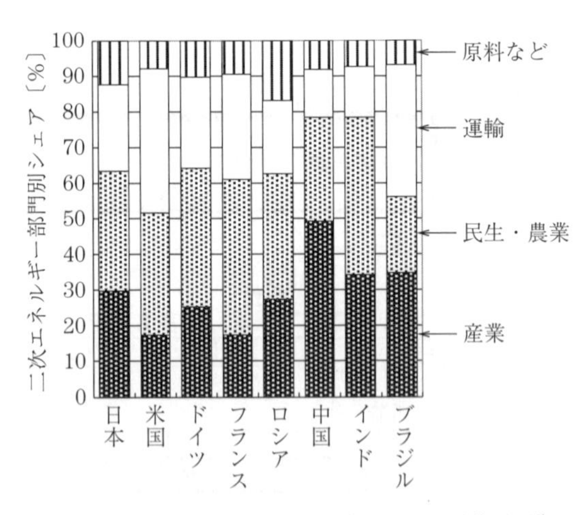

図 3.21　2014 年の主要国のエネルギーの最終需要[9)]

国と比較して，日本は産業部門におけるエネルギー消費量の割合が高い。これは，人口密度が高いことから運輸需要が相対的に少なく，また温暖な気候から民生用の暖房エネルギーも少なくてすむことなどによる。

エネルギーの利用形態は，時間軸方向では経済成長，ライフスタイルの変遷などとともに変化し，また空間軸方向でも気候的要因，都市のインフラ整備状況によっても異なる。

そして，省エネルギー技術は多岐にわたるが，ここでは部門に共通する熱と動力に関する省エネルギー技術について簡単に整理する。

〔1〕 **熱に関する省エネルギー技術**　大きく分けてつぎの六つの方策がある。

・温度変化の低減：生産工程の連続化などによる原材料の再加熱の省略
・断熱強化：プラントの大容量化や建築物の断熱構造の強化
・部分負荷時の非効率性の除去：加熱・冷却対象の物体や空間の細分化など
・熱の温度別カスケード利用：ある用途の廃熱の別用途の熱源としての利用
・未利用エネルギー活用：ヒートポンプの熱源としての河川利用，廃棄物利用など
・太陽熱利用：太陽光の照射による加熱や遮蔽による冷却

〔2〕 **動力に関する省エネルギー技術**　以下の六つの種類がある。

・速度変化の平滑化：無段変速や交通流の円滑化による無駄な加減速の回避
・摩擦，抵抗の低減：運動エネルギーの散逸の抑制
・軽量化：摩擦の低減や加減速に必要なエネルギーの節減
・可変速制御：送風機やポンプなどの回転数やトルクの最適化
・熱機関の効率向上：タービン入口の高温化や熱機関の圧縮率の向上など
・回生ブレーキの採用：減速時の運動エネルギーの再利用

3.8.2 日本の産業部門におけるエネルギー消費

産業部門でのエネルギー消費とは，おもに工場でのエネルギー消費であり，鉱業，製造業，建設業などで生産財として投入される燃料ならびに電力が対象

となる。これには，石油化学工業の原材料となるナフサなども含まれる。資材輸送用のトラックなどで消費される燃料は産業部門には含まれない。

日本では，鉄鋼，化学工業，窯業・土石業，そして紙・パルプ業という基礎素材を製造する**エネルギー多消費四業種**が，産業部門のほぼ6割のエネルギーを消費している。この4業種が占める割合は安定的に推移しており，近年はほとんど変化していない。業種別の**鉱工業生産指数**（IIP : index of industrial production）当りのエネルギー消費原単位は，1973年の石油危機の直後は大幅に改善されたが，近年の改善率はそれほど大きくはない。

エネルギー種別では石油消費が最も多いが，第二次石油危機後には石炭消費が急増した時期もある。産業構造の変化，製造工程の自動化の進展などにより，電力消費が増大している。また，蒸気や熱水を多量に消費する業種では，天然ガスコージェネレーションシステムの導入が増えている。

日本の産業部門のエネルギー利用効率は世界的にも高く，これ以上の省エネルギーを行うことは乾いたタオルを絞ることにしばしばたとえられる。さらなる省エネルギーには，廃熱利用などで，業種間協力や民生利用も可能とする社会システムの整備が必要であろう。発展途上国への日本の技術移転も，世界的な省エネルギーの推進に寄与する。**図 3.22** に日本の産業部門のエネルギー消費量の推移を示すが，2008年の落ち込みはリーマンショックと呼ばれる経済不況が原因である。

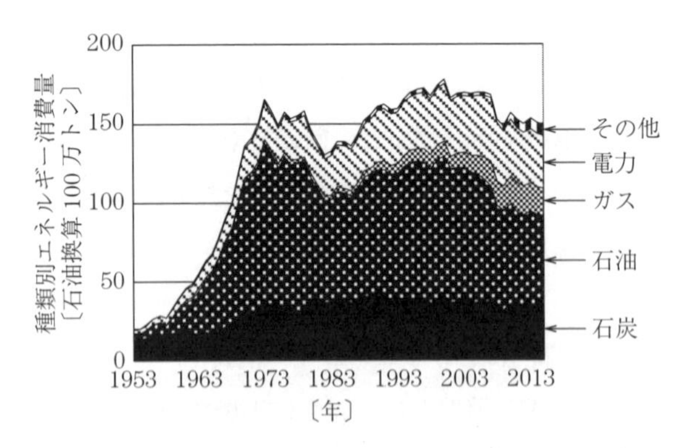

図 3.22　日本の産業部門のエネルギー消費量の推移[9]

〔1〕 **鉄　　鋼　　業**　日本の粗鋼の生産量のおよそ7割が**高炉**による**一貫製鉄所**で生産され，残りは**電気炉**による。一貫製鉄所は，高炉にて**コークス**で鉄鉱石を還元して銑鉄（せんてつ）を作り，それを転炉で精錬した後，熱間圧延，冷間圧延工程を経て所定の製品とする。一貫製鉄所では，粗鋼1トン当り石油換算0.5トン程度のエネルギーを消費し，そのほとんどはコークスの原料として利用される石炭で賄われる。石炭のエネルギーの約4割は，**コークス炉ガス**，**高炉ガス**，**転炉ガス**という**副生ガス**の形で回収され，製鉄所内での発電や加熱炉の燃料として活用される。なお，高炉で発生する廃棄物である**高炉スラグ**は，**混合セメント**の原料となる。

電気炉事業所は，電気アーク熱で屑鉄（くずてつ）を溶解，精錬し製品を生産する。エネルギーの中心は電力であるが，**加熱炉**などでは石油やガスも利用される。屑鉄をおもな原料とするため，一貫製鉄所と比較して単位生産量当りのエネルギー消費量は約6割節減できる。

省エネルギーに貢献できる新しい技術としては，**溶融還元炉**や**半凝固加工プロセス**などがある。可燃性廃棄物を燃料として利用することも考えられる。

〔2〕 **石油化学工業**　石油化学工業は，おもにナフサに化学操作を加えて種々の化学製品に転換する産業である。欧米ではエタンやLPGなども使用される。ナフサなどの熱分解によりエチレンなどのオレフィンを，そして改質によってベンゼンなどの芳香族を製造する。これらを原料として，さらなる化学反応を経て，エチレングリコール，スチレンなどの液体製品，ポリエステルなどの樹脂製品を製造する。

生産過程では，加熱，加圧，冷却などでエネルギーを消費しつつ，同時に反応熱や**副生ガス**の回収などもなされる。エネルギーとしての石油の利用は3割弱で，残りは製品の原料としての利用となる。**ナフサ分解炉**などの燃料としては石炭も利用され，自家発電の割合が高い。

具体的な省エネルギー対策としては，熱回収効率の改善や，蒸気消費量の削減などがある。今後は膜分離技術やバイオテクノロジーを利用した常温・常圧のプロセスの実用化が期待される。**廃プラスチック**などの可燃性廃棄物からのエネルギー回収効率を高めることも課題である。

〔3〕 **窯業・土石業（セメント産業）**　日本のセメントの約8割は石灰石を原料とする**ポルトランドセメント**である。**キルン**と呼ばれる焼成炉で1 400℃以上の高温で焼成して中間製品である**クリンカ**と呼ばれる焼塊を製造し，これに石膏などを添加してセメントとする。セメント1トン当り，約700 Mcalの熱エネルギーと，約100 kWhの電力が消費される。生産工程は，原料工程，焼成工程，仕上げ工程があり，焼成工程のエネルギー消費が全体の約8割を占め，おもに石炭で賄われる。

高炉スラグなどの廃棄物を利用したものを**混合セメント**と呼ぶ。ポルトランドセメントと比較すると，製造に必要なエネルギー量は3割ほど少ない。

ニューサスペンションプレヒータ付きキルンへの転換により，焼成工程のエネルギー利用効率は大幅に改善され，**流動床キルン**も検討されている。焼成炉の燃料としてさまざまな可燃性廃棄物も使用されている。

〔4〕 **紙・パルプ業**　日本の製紙原料は木材から作られる**バージンパルプ**と古紙からの**古紙パルプ**が半々となっている。バージンパルプの約8割が木材を薬品で煮て作る**化学パルプ**であり，残りは木材をすり潰して作る**機械パルプ**である。化学パルプでは木材の半分程度（セルロースなどの繊維分）しか利用しないが，強くて白い紙ができる。日本の紙・パルプ業全体で，石油換算1 000万トン程度のエネルギーを外部より投入し，同500万トン程度を自給している。自給のほとんどが，化学パルプ製造時に発生するリグニンの溶出物を含む**黒液**である。一方，機械パルプは約95％の木材をパルプへと変換できるが，大量の電力を必要とする。

古紙パルプは強度や白さが劣るが，製造時のエネルギー消費はバージンパルプと比較すると約3割ですむ。ただし，白色度を高めると消費電力が増える。

紙・パルプ業の特徴は，低温低圧の蒸気を大量に消費することである。高炉やキルンのようなエネルギーを集中的に消費する設備はなく，複数箇所に分散している。そのため，機械駆動に関する省エネルギーも重要となる。パルプを作る原質工程に約4割，抄紙（しょうし）工程で残りの約6割が消費される。

省エネルギーに向けた対策としては，加熱設備の密閉化や連続化，各種処理の高濃度化，排熱回収，送風機や圧縮機などのインバータ制御，ヒートポンプによるエアレスドライング，苛性化技術の改良などがある。

〔5〕 **その他業種**　エネルギー多消費四業種以外の業種では，生産額の大きさに比べるとエネルギー消費量は相対的に少ない。一般に工場の自動化の進展により，労働環境の維持のために必要であった空調，照明，移動などのエネルギーが節減されている。さらなる省エネルギーには，個々の機器レベルだけではなく，情報通信技術による生産工程の包括的な効率化が有望視される。生産される製品に関しては，付随して発生する廃棄物を抑制するために，製品の減量・減容積化，再資源化，分離・分解性の向上，包装の簡素化などへの配慮が必要である。

3.8.3 日本の民生部門におけるエネルギー需要

民生部門は，**家庭部門**と**業務部門**に分けられ，給湯用機器，空調用設備，照明器具や家電製品，そしてパソコンなどの事務機器などによって，おもに建物内で消費されるエネルギーを対象とする。なお，自家用車の燃料は運輸部門に含まれる。**図 3.23** に示すように，日本の民生部門のエネルギー消費は2000年頃までは増加の一途を辿っていたが，2005年頃をピークに減少傾向を示して

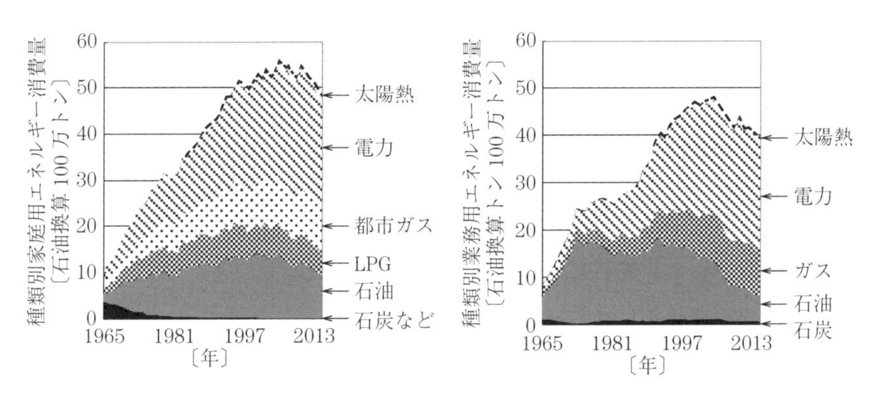

図 3.23 日本の民生部門のエネルギー消費量の推移[9]

いる。

民生部門の具体的な省エネルギー方策には，**ヒートポンプ**，**CGS**，**潜熱回収ボイラ**などの高効率の熱源機器の採用，**LED**や**高周波点灯方式の蛍光灯**などの高効率照明器具の採用，建築物の気密性の断熱性の向上，**多重ガラス**や**調光ガラス**の採用，建物内を区分けした空調の**ゾーンコントロール**や**スポット空調**の実施，人体感知センサによる**自動点灯装置**の設置，建物内のエネルギー利用機器の**統合的管理システム**の導入などがある。**季節別時間帯別の電気料金**による消費者の節電行動の誘導もある。また，建築物の形状を工夫することで，冷房時には日射を遮断する一方で，暖房時には取り込んで活用することが望まれる。植樹による木陰の創出など，いわゆる**パッシブソーラー**も大切である。自然採光により照明用エネルギーを低減できる。日本での空調は，温度だけでなく湿度の制御も重要である。

〔1〕 家　庭　部　門　　家庭のエネルギー消費は，景気変動の影響をあまり受けにくい。電気，都市ガスは増加傾向にあり，灯油の割合は減少傾向にある。日本に比べて寒い気候にある欧米諸国では，暖房用エネルギー需要が，家庭部門でのエネルギー需要の大きな部分を占めている。

用途別では，テレビ，冷蔵庫，照明などの「動力・照明・その他」が最も大きく全体の約1/3で，つぎに「給湯」が3割程度，そして「暖房」が約1/4を占めている。「動力・照明・その他」は増加傾向にあるが，一方で「暖房」と「厨房」の割合は減少傾向にある。

住宅環境の改善による居住面積の増加，家電機器への家事依存度の増加，生活のパーソナル化によるエネルギー利用機器ならびに家電機器の台数増加など，家庭部門でのエネルギー消費量を増加させる要因をいくつか見出せる。また，今後高齢化が進むことで，健康管理の観点からも家庭での空調需要は増加すると予想される。燃料電池，太陽電池などの分散電源の普及で，これまでにはない大きな変化を見せる可能性はある。

〔2〕 業　務　部　門　　業務部門は，事務所ビル，商業ビル，学校，ホテル，病院などの業務用建物でのエネルギー消費が対象となり，事務機器や照明

などの電力を使用する「動力・照明・その他」が最も割合が大きく，全体の約半分を占める。

業務用では，事務所ビルでの全館空調がほぼ実現されている状況を考えると，これからの床面積当りのエネルギー消費の増加要因としては事務機器などのコンセント負荷が中心となると考えられる。また，事務所業務の24時間化や，商業施設の営業時間の延長も，エネルギー消費の増加要因となる。海外と比較しても，特に事務所ビルの消費原単位はまだまだ増加する可能性がある。

ホテル，病院，レジャー施設などでは，CGSが導入されているが，一般に昼間のみの利用となるため設備利用率は低く，産業部門ほどは普及していない。地域冷暖房が整備される場合は，合わせてCGSが導入されるケースが多い。

今後，社会の情報化に伴い，コンピュータサーバや情報通信機器などでのエネルギー消費量がますます増大するものと予想されるが，その一方で情報通信技術を用いた合理化を通して，省エネルギーが促進される可能性もある。

3.8.4　日本の運輸部門におけるエネルギー需要

運輸部門でのエネルギー消費とは，自動車，鉄道，船舶，航空機などで消費されるガソリンなどの燃料や電力であり，旅客部門と貨物部門とに分けられる。

日本の運輸用エネルギー消費量は，20世紀後半までほぼ一貫して増加を続けていたが，**図3.24**に示すように，2005年頃をピークに減少傾向を示すようになっている。自動車用のガソリンの消費量の減少は顕著である。

運輸部門の省エネルギーの方策としては，各種の熱機関の効率改善，アルミ材やプラスチックによる車体の軽量化，電動機を発電機として動作させる回生ブレーキの採用，**道路交通情報**に基づく交通流の管制・制御・誘導，**ロードプライシング**や**自動車乗り入れ規制**，自動車から鉄道や船舶へ輸送機関をシフトする**モーダルシフト**などがある。なお，交通流の円滑化は個々の自動車の燃費を改善するが，社会全体としては自動車の利便性を高め，その利用量を逆に増

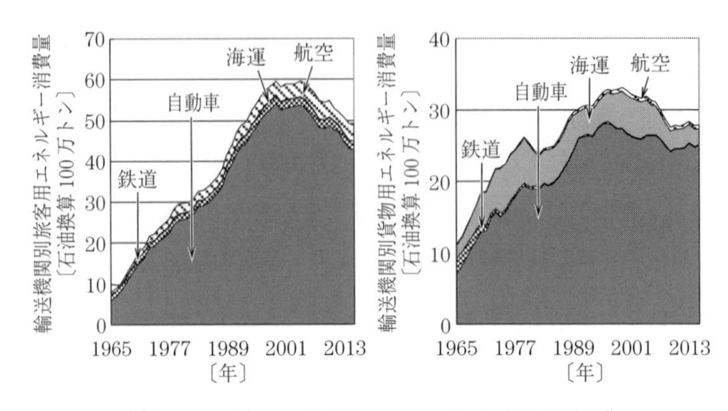

図 3.24　日本の運輸部門のエネルギー消費量の推移[9)]

やす結果をもたらす可能性もある。**カーシェアリング**や**自動運転**の影響はまだわからない。

自動車はドアからドアへのプライベート性のある輸送を行える唯一の輸送機関である。プライベート性が高くなるほど利便性は高まるが，乗車率や貨物積載率は低下するうえに，速度を上げられない非効率的な都市内走行の割合が増えるため，エネルギー効率はどうしても悪くなる。

また，CO_2 排出削減や大気汚染防止のために，走行時に化石燃料を消費しない**電気自動車**や**水素燃料電池自動車**などの利用拡大も考えられるが，車体のコスト低減が課題である。また，後者については自動車への水素補給設備の広域的な整備が必要となる。

〔1〕 旅　客　部　門　自家用乗用車は旅客部門全体のエネルギー消費量の 9 割近くを占めている。日本では，保有台数の頭打ち，車体の小型化，**ハイブリッド車**などの普及による燃費の向上，走行距離自体の減少により，自家用乗用車によるエネルギー消費量は近年緩やかに減少している。鉄道の電力消費は絶対量としては多くないが着実に増加している。これは新幹線などの高速鉄道による輸送量の増加によるものである。また，航空機によるジェット燃料使用も増えている。

〔2〕 貨　物　部　門　貨物部門のエネルギー消費量は景気変動の影響を

受けやすいが，高速道路網を中心とした道路整備の進展に伴い，自動車の高い利便性，機動性を活かした輸送は近年でも増える傾向にある。日本の貨物輸送の特徴は，旅客部門と比較して鉄道による輸送量が小さいことである。また，船舶輸送によるエネルギー消費は，貨物自動車についで大きいが，傾向としてほぼ横ばいか微減である。

3.8.5 廃棄物利用による省エネルギー

商品の生産，流通，消費の過程でさまざまな廃棄物が発生するが，その廃棄物やそれに含まれるエネルギーを有効利用できれば，社会全体としてのエネルギー消費量を削減できる。廃棄物を素材別に分離しておもに原料として再度利用することをリサイクルと呼び，廃棄物の一部またはすべてを原形が保たれたまま部品などとして再利用することをリユースと呼ぶ。

廃棄物のリサイクル方法には，ごみ発電のように物質をエネルギーに転換する**エネルギーリサイクル**のほかに，素材それ自体を回収する**マテリアルリサイクル**がある。マテリアルリサイクルには，屑鉄や古紙などの廃棄物を回収して再生原料として新たな製品に再利用する方法と，熱分解や加水分解という過程を経る**化学的リサイクル**などがある。元の素材を製造するためのエネルギーよりも，リサイクルするためのエネルギーが少なければ，エネルギーを節約できる。屑鉄や古紙の場合はすでに述べたが，アルミニウムのリサイクルはさらに効果的であり，約 95 % の投入エネルギーの節減ができる。

廃棄物のリサイクル率を高める方策としては，製品使用後の回収，再資源化，廃棄などを考慮した分解性設計の実施，製品の材料として**エコマテリアル**の利用拡大などが挙げられる。ただし，再生資源の利用は経済的ではないことや，プラスチックや紙で見られるように再生品の質が劣ることも多い。

4 エネルギーと環境

4.1 エネルギー利用による環境問題

地球上の複雑な生態系は微妙な物質循環のバランスの上に成り立っているが，エネルギー資源の大量消費や環境汚染物質の放出などで，人類はそのバランスを崩そうとしている。エネルギー利用で忘れてはならないのは，一つは資源枯渇であり，もう一つは生態系への悪影響である環境問題である。

19世紀の頃から，エネルギーの利用に伴っていろいろな公害が発生している。石炭は固体燃料であるため，輸送と貯蔵には粉塵を伴いやすく，灰や燃え殻などの廃棄物も多量に発生した。また，工業プロセスや暖房などの熱源として広く利用されたが，硫黄分を始めとするいろいろな夾雑物を含んでおり，その燃焼によって**硫黄酸化物**（SO_x）などの有害物質が大気に排出された。

ただ，現在広く使われる公害という言葉が世間の注目を集めるようになったのは，むしろ石油が燃料の主流となった20世紀後半である。当初，公害として問題となったのは水俣病やイタイイタイ病に象徴される重金属による水や土壌の汚染であったが，しだいに注目を集めるようになったのが石油や石炭の燃焼から排出されるさまざまな有害物質による大気汚染であった。日本は1970年前後から，発電所や工場のような固定発生源と自動車のような移動発生源の両者に汚染物質の厳しい排出規制を課し，石炭，石油から天然ガスへの燃料転換，**脱硫脱硝装置**の設置などで，これらの問題の多くはかなりの程度克服された。

しかし，石油や石炭の消費で引き起こされる環境問題は，欧州などでは，むしろしだいにそのスケールと深刻さを増していった。おもに石炭の消費から発生する SO_x や**窒素酸化物**（NO_x）が原因とされる**酸性雨**の問題である。酸性雨の場合，原因物質の発生点と影響点の間にはかなりの距離があり，国を越えた欧州全体として対策を考えざるを得なくなった。1979年には欧州諸国間で**長距離越境大気汚染条約**が締結され，国際的な対策が講じられた。

酸性雨は，従来国内問題とされてきた公害を国際的な広がりのある問題に変えた点で大きな特徴があるが，それをさらに地球的な広がりに変えた環境問題が**成層圏オゾン層破壊**である。この問題は，エアコンの冷媒や工業製品の洗浄剤に広く使われてきた**フロン**が原因物質とされた。フロンは，その化学的安定性のために大気中に排出されても容易には分解されず，最終的には成層圏にまで到達し，そこで強い太陽紫外線を受けて分解されるが，その際に発生した塩素がオゾンを連鎖的に破壊するとされている。成層圏オゾン層は，太陽光中の生物に悪影響のある紫外線を吸収する働きを持っており，その破壊は人類に皮膚がんの増加をもたらすとされている。この問題は，1970年前後から懸念され始め，1980年代半ばに至って南極でオゾン層が薄くなる部分が穴のように広がる**オゾンホール**が発見され，深刻さが認識された。1985年にはオゾン層の保護のための**ウィーン条約**が採択され，その後の**モントリオール議定書**で先進国での特定フロンなどの生産全廃が決まった。この問題は，エネルギー利用とは直接関係しないが，放出されたフロンが世界のどこのオゾン層に影響を及ぼすかはわからないという意味で，人類が初めて取り組んだ地球規模の環境問題であったといえる。

このような酸性雨という越境大気汚染問題とオゾン層破壊という地球環境問題を経て，人類の前途に立ちはだかった問題が大気中の**温室効果ガス**濃度増加による**気候変動問題**である。CO_2 が赤外線を吸収する温室効果ガスであることは古くから知られ，化石燃料を燃焼すれば否応なしに CO_2 が排出されることから，その大気中濃度の増加による人為的な温暖化の危険を心配する声は昔からあった。1958年から世界各地で CO_2 濃度の常時観測が行われ，その顕著な上昇傾向が明らかになった。また，南極氷床中に閉じ込められた気泡の分析から，産業革命以前のCO_2濃度はほぼ280 ppmで一定であり，化石燃料の大量消費の始まった19世紀初め頃から上昇の一途を辿っていることがわかってきた。CO_2の大気中での平均滞留年数は数百年と長いため，その排出が世界のどこであっても，ほぼ一様に世界全体の大気に拡散され，全球規模での温室効果をもたらすものと考えられている。その意味でCO_2濃度の増加はまさに地球規模での環境問題である。なお，CO_2と同様に赤外線を吸収する気体に，**メタン**，**亜酸化窒素**（一酸化二窒素），**オゾン**，各種の**フロン**などもある。これらの温室効果ガス濃度上昇のおもな原因は，農林畜産業や化学工業プロセスからの排出であり，エネルギー利用との関係はそれほど強くない。

また，本章では放射能汚染や放射性廃棄物の処理についても述べる。放射性核種が放出するγ線などの各種の放射線が生物へ悪影響を及ぼす可能性があることから，放射性核種を含む物質が環境などに意図せず存在している状態を**放射能汚染**と呼ぶ。原子力発電所や放射線治療機器などの放射性核種を生成あるいは使用する施設や設備からの事故などによる漏えい・放出によって，そして核兵器の使用や実験などによって，放射能汚染が起きる。

4.2　大気汚染問題

4.2.1　酸　性　雨

大気中のCO_2が雨水に溶け込むとpHが5.6程度の酸性を示すため，pHがそれ以下の降水を一般的に酸性雨と呼ぶ。酸性雨の原因物質は，おもに石炭や石油の燃焼に伴って排出されるSO_xとNO_xである。SO_xの世界全体の人為的排出量は，硫黄の量にして1990年代に年間7 000万トンに達したが，その後は排出削減策の進展などにより減少傾向にあるとされ，人為的排出量のうち約50 %が石炭燃焼，そして約30 %が石油の精製と燃焼によるものと推定されている。一方，NO_xの世界全体の人為的排出量は，窒素の量にして年間2 000万～4 000万トンと推定され，その排出源としては自動車や船舶の内燃機関や火力発電所などにおける燃焼プロセス，溶鉱炉，硝酸や肥料の生産プロセスなどが挙げられる。

SO_x ならびに NO_x は，大気中でさまざまな経路で酸化された後，最終的にそれぞれ硫酸と硝酸という強い酸になる。大気中のこれらの酸性物質は，雲や霧の核となり，そして降雨となって地表へと湿性沈着する。また，ガス・粒子状物質として乾性沈着することもある。いずれにしても，地表に沈着した酸性物質は，土壌中に浸透し，さらには地下水を経て河川や湖沼に流入する（**図 4.1**）。

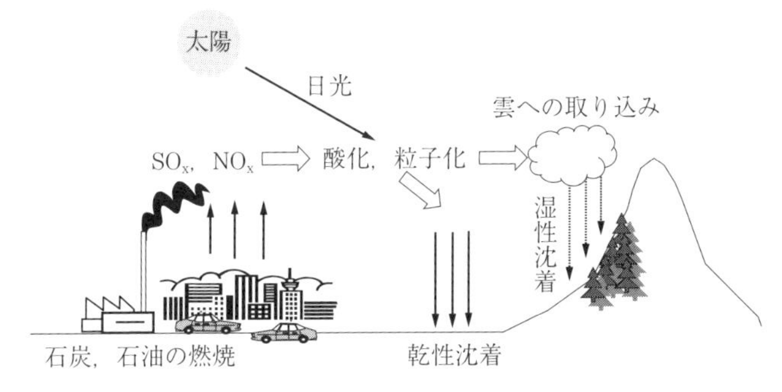

図 4.1　酸　性　雨

酸性雨の被害は，湖沼水への影響，森林被害，そして歴史的建造物の侵食などが挙げられる。北欧，北米北東部では 1960 年代から降雨の pH が低下し，湖沼水の pH の低下と魚類などの死滅が観測され始めた。1980 年代に入ると森林資源の衰退が，ドイツなど欧州中央部でも観測され，酸性雨による**土壌酸性化**が原因の一つに挙げられるようになった。欧州では石灰岩で造られた歴史的遺跡や建造物，石像などの侵食が見られるようになった。また，急激な経済成長と工業化の進展により，中国，東南・南アジア，南米，東欧などの国や地域でも環境被害が進行しているとされる。なお日本では，酸性雨が直接の原因で広域的な環境被害が生じたという事実は確認されていない。

4.2.2　硫黄酸化物・窒素酸化物の排出削減

SO_x を抑制する脱硫方法には，燃料精製時に硫黄分を取り除く**燃料脱硫**と，燃焼後に排ガスから SO_x を分離回収する**排煙脱硫**とがある。排煙脱硫は湿式と乾式とに大別されるが，経済性の点から湿式（**図 4.2**）が広く採用されている。粉状にした石灰石，あるいは消石灰を含む水との混合液（スラリー）を排ガス中に噴霧して，SO_x を**石膏**として取り出している。この方法は，石灰石が安価であり，反応生成物である石膏が，耐火用石膏ボードやセメント用として利用できるため，比較的経済性がよい。なお，湿式には水酸化マグネシウムを脱硫剤として使用する方法もある。乾式脱硫では排水処理が不要であるが，SO_x の吸収速度が遅いため設備が大型化するという欠点がある。流動床ボイラ炉内での粒状石灰石との混焼や，活性炭による SO_x の吸収などがある。

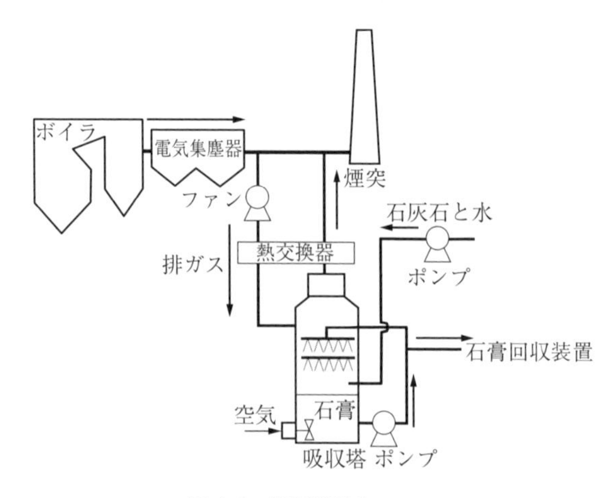

図 4.2　排煙脱硫システム

一方，NO_x には，**燃料 NO_x** と，**サーマル NO_x** がある。NO_x の排出量を削減する脱硝方策には，燃料精製時に窒素含有量を低減する方法，燃焼時に NO_x の発生を抑制する方法，そして燃焼後に排ガス中に含まれる NO_x を除去する**排煙脱硝**がある。燃焼段階での NO_x の発生を抑制するための有効な方策は，燃焼域での酸素濃度を低くしつつ高温域での燃焼ガスの滞留時間を短くすること，そして燃焼温度を低くすること，特に局所的高温域をなくすことなどである。具体的な燃焼技術としては，燃焼用空気を段階的に供給する**二段燃焼法**，排ガスの一部を燃焼用空気に混入する**排気再循環法**などがある。排煙脱硝方法には，湿式と乾式があるが，大部分はアンモニアを用いた**選択接触還元法**

といわれる乾式である。NO_x を含んだ排ガス中にアンモニアを注入し，触媒と接触させて窒素と水とに分解する。**図 4.3** に脱硝方策の概要を図示する。

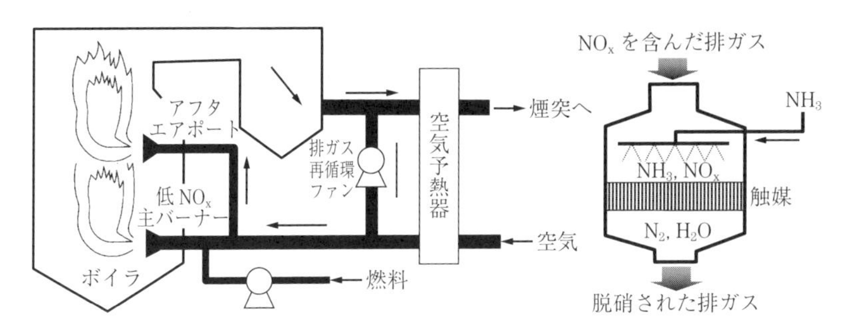

図 4.3 NO_x 排出低減燃焼方法と排煙脱硝

4.2.3 その他の大気汚染と対策技術

SO_x，NO_x 以外のおもな大気汚染物質としては，一酸化炭素 CO，炭化水素（HC : hydrocarbon），そして浮遊微粒子（SPM : suspended particulate matter）や PM 2.5 などがある。CO は自然界での発生は少なく，自動車のエンジンでの不完全燃焼がおもな発生源となっている。HC は燃焼せずに大気中に排出された燃料の一部であり，いわゆる**光化学スモッグ**の原因物質である。SPM は，粒子径が 10 μm 以下の微粒子であり，PM 2.5 はさらに小さく粒子径が 2.5 μm 以下の微粒子である。粒子状物質は，物の燃焼などによって煤などとして直接排出されるものと，硫黄イオンやアンモニウムイオンなどの大気汚染物質が大気中での化学反応により粒子化したものとがある。また，土壌，海洋，火山などの自然起源のものもある。ほかの汚染物質と作用して人間の呼吸器などや植物の成長に対して悪影響を及ぼすとされる。

ガソリン車の場合，NO_x，CO そして HC を同時に低減できる**三元触媒**と，排気再循環法とを組み合わせた対策が講じられている。さらには，燃料噴射装置の改良，空燃比制御性の改善，排気処理用の触媒の急速暖機，硫黄含有量を低減した**クリーン燃料**の使用などがある。一方，ディーゼル車は，CO や HC の排出量は比較的少ない反面，NO_x や微粒子を多く排出するため，燃料噴射装置の改良，**排気再循環システム**の採用，酸化触媒や**ディーゼル微粒子捕集フィルタ**の装着などが実施されている。

自動車に加えて，火力発電所も未燃炭素やフライアッシュなどの微粒子の大規模な発生源となりうる。日本では火力発電所における微粒子排出抑制対策として，**電気式集塵装置**が設置されることが多い。

4.3 気候変動問題

4.3.1 気候変動問題のこれまでの動向

地表の平均気温は上昇，下降を繰り返しつつも，1880年から2012年の期間に0.85±0.2℃上昇している。CO_2などの温室効果ガスの濃度の増大が将来続くと，長期的にはさらなる気温上昇が起こり，これによる異常気象の発生，農業生産の減少，生態系や国土の保全などへの悪影響が懸念されている。

世界的に気候変動に対する関心が高まるきっかけとなったのは，1988年6月に開催されたカナダでのトロント国際会議である。その後1988年11月には，**国連環境計画**と**世界気象機構**が事務局を務めるIPCCが設置され，世界の科学者，専門家による気候変動問題の科学的知見に関する調査報告がなされるようになった。そして，1994年には150か国以上が署名した**気候変動に関する国際連合枠組条約**が発効した。

この気候変動枠組条約のもとで締約国会議が毎年開催されている。その第3回締約国会議（COP3）が1997年12月に京都において開かれ，先進諸国に対して温室効果ガス排出量の具体的数値目標を設定した**京都議定書**が採択された。京都議定書では，Annex I国（付属書I国，いわゆる先進国と旧ソ連・東欧諸国）から排出される温室効果ガスの排出量を数値目標として定めた。そこで対象となる温室効果ガスは，CO_2，CH_4，N_2O，ハイドロフルオロカーボンHFCs，パーフルオロカーボンPFCs，六フッ化硫黄SF_6の6種類であった。なお，森林などによる大気中からのCO_2吸収，いわゆるシンクも限定的に認められた。この排出量の数値目標は，第一約束期間（2008～2012年）の5

年間の平均排出量に上限枠を与え，主要国の具体的な数値目標はそれぞれの1990年の排出量に対する比で決められ，日本は94％，米国が93％，欧州連合が92％，ロシアが100％，オーストラリアが108％などであった。なお，米国は京都議定書の批准を拒否したため結局は参加せず，カナダはいったん参加したものの途中で離脱した。日本は議定書を遵守し，排出枠の取引なども含めて第一約束期間の数値目標を無事に達成した。

2013～2020年を第二約束期間とする京都議定書の改正案も採択されている。ただし，この期間の数値目標は，日本を含め多くの国で定められていない。京都議定書が失効する2020年以降の気候変動対策は，2015年11～12月にパリで開催された第21回締約国会議（COP21）で採択された**パリ協定**で定められた。そこでは，産業革命前からの世界の平均気温上昇幅を2℃より十分低く保ち，さらには1.5℃度未満を目指すとされた。そして，途上国も含めたすべての参加国が，5年ごとに温室効果ガスの自主的な削減目標を国連に提出し点検を受けることとなった。日本は2030年度に2013年度比26％削減を目標として提出した。ただしパリ協定では，削減目標の達成そのものは義務化されていない。また，各国の自主的な削減目標だけで2℃抑制が達成できる保証はないことにも注意が必要である。

4.3.2 温室効果と気候変動問題

地球の大気圏外で太陽に正対する1 m^2 当りに受ける太陽の放射総量はおよそ1 370 W/m^2 である。地球を半径 r の球とすると，地球に照射される太陽エネルギーの総量は太陽定数に地球の断面積 πr^2 を掛けたものとなる。一方，地球の単位表面積当りの平均的な太陽エネルギーは，上記の総量を地球の表面積 $4\pi r^2$ で割ったものとなる。すなわち，地球の単位表面積当りの太陽エネルギーは，緯度によって異なるが，それらを平均した値は太陽定数の1/4の342 W/m^2 程度となる。地球の**アルベド**（反射能）は3割程度で，107 W/m^2 は大気層，雲，地表面から短波放射として直接宇宙空間へ反射される。残りの235 W/m^2 が熱として吸収されるが，それと同量のエネルギーが赤外線として地球から宇宙空間へ放射され，地表付近の温度が一定に保たれている。地表はほとんど黒体と見なせ，式(2.59)の**ステファン・ボルツマンの法則**で平衡温度 T を求めると，約254 K（−19℃）が得られる。一方，現在の地表付近の全球平均気温は287 K（14℃）であり，この理論値よりも約33℃高い値となる。この温度差を発生させているのが，大気の**温室効果**である。なお，単位表面積当りの光合成は0.2 W/m^2，人類のエネルギー消費は0.03 W/m^2，地熱は0.07 W/m^{2}と，太陽日射に比べると桁違いに小さい（**図4.4**）。

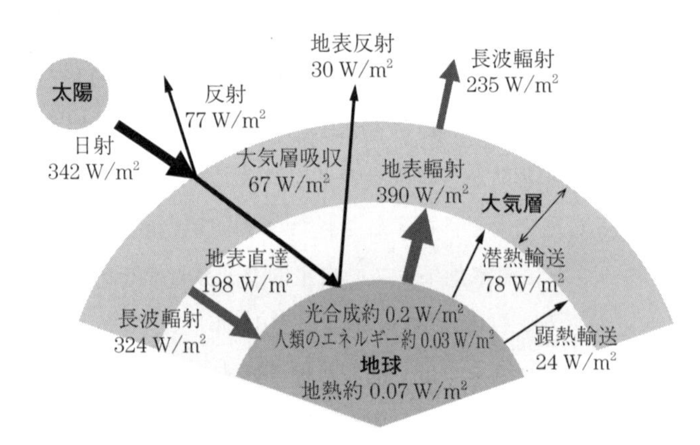

図4.4　地球のエネルギーバランス

287 Kに相当する地球放射は390 W/m^{2}となるが，そのうち約40 W/m^{2}に相当する一部の波長の赤外線は，いわゆる**大気の窓**を通して大気層に吸収されずに宇宙へ直接放出されている。残りの350 W/m^{2}に相当する赤外線は，大気中の各種の**温室効果ガス**に吸収され，地表付近の大気温度を上げている。

地球大気において最大の影響力を有する温室効果ガスはじつは**水蒸気**である。しかしその絶対量は大きく，その温室効果も比較的安定している。したがって，気候変動問題で注目されている温室効果ガスは，微量ではあるが濃度が年々増加しているCO_2，CH_4，N_2O，O_3，各種のフロンなどの気体である。

温室効果により地表付近で赤外線を吸収して高温となった空気は軽くなるため，上空へと移動し，その過程で起きる断熱膨張によって冷却される。一方，上空の低温の重たい空気は地表へと下降することで今度は断熱圧縮されて加熱される。その結果，地表から高度 10 km 前後までの大気の下層では，空気の温度が地表に近いほど高温となる**対流圏**と称する大気構造が形成される。地球の対流圏では 1 km 上昇するごとに大気温度は約 6.5 ℃低下し，対流圏の上端である**対流圏界面**ではおよそ − 60 ℃まで低下する。最大の温室効果ガスである水蒸気は対流圏界面よりも上層にはほとんど到達できない。なお，**図 4.5** に示すように大気の構造は地表に近いところから，**対流圏**，**成層圏**，**中間圏**，そして**熱圏**と呼ばれる。成層圏は水蒸気による温室効果はなく，そこではおもにオゾンの**太陽紫外線吸収**による加熱で，上空ほど気温は上がり，成層圏の上端である**成層圏界面**では − 15～0 ℃まで上昇する。さらにその上空の中間圏ではおもに宇宙に向けた CO_2 の**赤外線放射**による冷却で，対流圏と同様に高度が増すほど温度が下がり，中間圏の上端の**中間圏界面**では − 100 ℃程度まで低下する。そして熱圏では，酸素や窒素による太陽紫外線の吸収により，高度が増すほど気体分子などの運動は激しくなり，温度は 2 000 ℃相当に達する。しかし，大気密度は地表の 1/100 万以下のため，熱圏に人工衛星などの物体を置いても，高温の大気による加熱はほとんど起きない。

IPCC では，産業革命以降の温室効果ガスの濃度変化などによって引き起こされる対流圏界面における成層圏から対流圏に向けた平均的な放射の変化で，成層圏の気温分布の変化の影響も考慮に入れたものを**放射強制力**（radiative forcing）と定義している。放射強制力は，ΔF〔W/m^2〕と表現されることが多い。

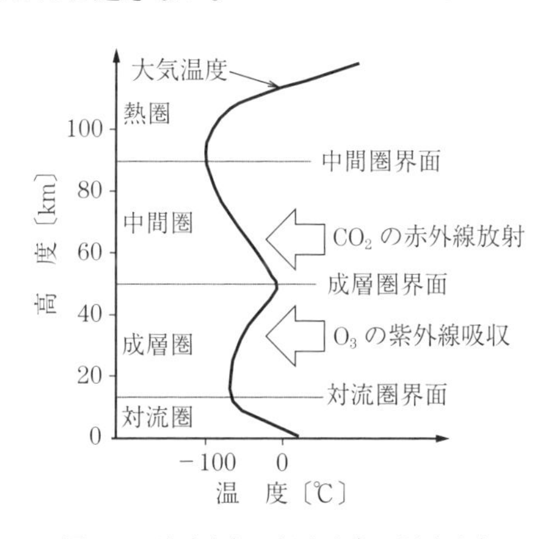

図 4.5　地球大気の鉛直方向の温度分布

温室効果ガス濃度が増加して対流圏での赤外線の吸収率が高まると，対流圏から成層圏へ向けた地球放射が弱くなり，その逆向きの放射を正方向とする放射強制力が大きくなると考えられている。予想される放射強制力の変化は，各種の温室効果ガスの赤外波長別の吸収率などを詳細に考慮して，物質中の電磁波によるエネルギー輸送を記述する**放射伝達方程式**を数値的に解くことで推計される。実験室で計測された分光学データに基づくため，この放射強制力の値に関する科学的な不確実性は比較的小さいとされる。この方程式では，温室効果ガスの赤外線波長別の複雑な**放射源関数**は，局所熱力学的平衡を仮定して，黒体放射の輝度を与える**プランク関数**で表現されている。

温室効果ガスの種類別濃度別に求められた放射強制力の計算結果は，しばしば単純化された近似式で表現される。例えば CO_2 の放射強制力 ΔF_{CO_2} は，その大気中濃度 C〔ppm〕の関数としておおむね以下の式に従うものとされる。

$$\Delta F_{CO_2} = 5.35 \times \ln\left(\frac{C}{C_0}\right) \tag{4.1}$$

ただし，C_0は産業革命以前の CO_2 の大気中濃度の 278 ppm であり，この近似式によれば CO_2 濃度が倍増すると放射強制力は約 3.7 W/m^2 強くなることが導出される。**図 4.6** に，各種温室効果ガスの放射強制力の大きさを示すが，1750 年から 2011 年までの各種温室効果ガス濃度の変化などによって，全球平均で放射強制力は約 2.3 W/m^2 だけ強くなっていると推計されている。

なお，SO_x などは，エアロゾルとして地球大気を冷却する効果を有すると考えられている。**冷却効果**には，エアロゾルが太陽光の入射を妨げる直接効果と，雲の発生を促進する第一種間接効果，雲の寿命を延ばす第二種間接効果があるが，いずれも不確実性が大きく定量的評価は難しい。前述したように SO_x

コラム 20

CO_2 による赤外線吸収と温暖化

CO_2 は特定の波長（例えば 15 μm あたり）の赤外線を吸収する性質がある。このことは理解できても，CO_2 濃度の増加によって全球的な気候の温暖化が進むというメカニズムは，個人的にはまだよく理解しきれていない。例えば，対流圏下層が温室効果で加熱されればそれを相殺する対流による熱伝達も活発になるのではないか，波長 15 μm の赤外線で宇宙から地球を見ると温室効果とは別の原理（太陽紫外線吸収）で加熱された中間圏までしか見えないのではないか，などの疑問が浮かぶ。

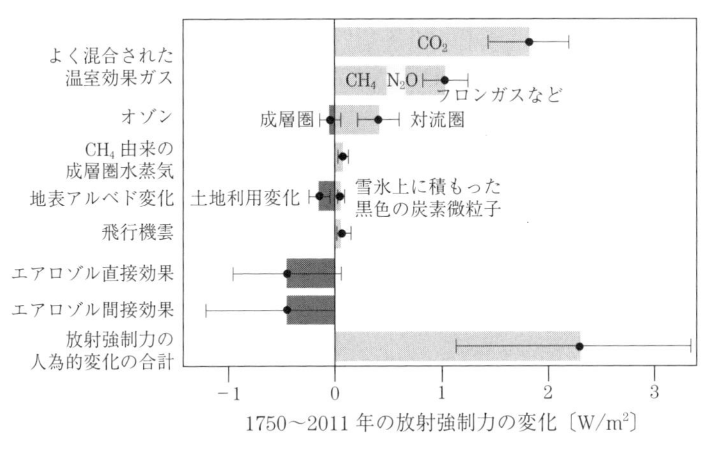

図 4.6 放射強制力[15)]

の排出量は減少傾向にあり，エアロゾルによる冷却効果は今後弱まっていくものと予想されている。

温室効果ガスの削減対策がとられなければ，放射強制力は 2100 年までには 10 W/m^2 近くまで大きくなるのではないかと懸念されている。

温室効果ガスに複数種類があるが，それぞれの放射効率と大気中での寿命年数などから，単位排出量当りの影響度を相対的に示す**地球温暖化係数**（**GWP**：global warming potential）と呼ばれる指標が作成されている。CO_2 を 1 とした場合，各種ガスの GWP を**表 4.1** に示す。この係数を用いれば，さまざまな種類の温室効果ガスの削減量を等価的な CO_2 削減量へと換算できる。CO_2 は単位排出量当りの影響は小さいが，ほかの種類の温室効果ガスと比べると排出量

表 4.1 おもな温室効果ガスの地球温暖化係数[15)]

温室効果ガス	寿　命〔年〕	期間別の地球温暖化係数	
		20 年	100 年
CO_2	50～200	1	1
CH_4	12.4	86	34
N_2O	121	268	298
CFC-11	45	7 020	5 350
CF_4	50 000	4 950	7 350

が桁違いに大きい。CH_4 などの大気中の滞留年数が比較的短いガスは，対象期間を長くすると，その GWP は小さくなる。

世界のさまざまな研究機関で，スーパーコンピュータを用いた全球気候モデル（大気海洋結合モデル）による地球温暖化の数値シミュレーションが実施されている。シミュレーション結果はモデルによりばらつくが，温室効果ガスが増加すると，地表に近い対流圏の大気温度は上昇し，逆に成層圏の大気温度は下降するという傾向が多くの場合に見られる。全球平均地表気温の平衡昇温幅 ΔT と温室効果ガス全体の放射強制力の変化 ΔF の比 λ は**気候感度**と呼ばれる。

$$\Delta T = \lambda \cdot \Delta F \tag{4.2}$$

気候感度 λ そのものの値ではなく，CO_2 濃度倍増時の ΔF（3.7 W/m^2）を基準とした ΔT の値がよく言及される。IPCC の第 5 次評価報告書では，CO_2 濃度倍増時の ΔT としては 1.5～4.5 ℃という不確実性の幅を持った値が示されている。

地球温暖化の影響として懸念されることは，単に気温が上昇することでない。全球平均気温の変化の傾向と，地域別の気温変化のそれとは必ずしも一致しない。また，気温が多少上がることは，生物の生育にはむしろよいことも多い。地球温暖化の影響として懸念されることは，気温ならびに降水量の空間

コラム 21

温暖化予測の不確実性

大気中 CO_2 濃度の上昇と温暖化との間には，依然として大きな不確実性がある。2007 年の IPCC の第 4 次評価報告書では，CO_2 濃度倍増時の全球平均気温の上昇幅は 2.0～4.5 ℃（最良推計値 3.0 ℃）とされたが，2013 年の第 5 次評価報告書では 1.5～4.5 ℃（最良推計値なし）と不確実性の幅は逆に広がった。この 1.5～4.5 ℃という不確実性の幅は，1979 年の米国の文献にも見出される。この間 30 年に及ぶスーパーコンピュータの長足の進歩をもってしても，この不確実性を解消できずにいる。気候モデルの専門家の間では，太陽放射に対する雲量変化の影響評価が難しいことが，この不確実性のおもな原因と認識されている。人為的な気候変動を特定するために，さまざまな自然起因の気候変動のメカニズムの解明も望まれる。太陽系外からの宇宙線量の変化が，雲量と気温の変化をもたらすとする仮説もある。このまま大きな温度変化が起きないことを願いたい。

的・時間的なパターンがこれまでのものから異常に逸脱してしまうこと，すなわち地球規模での気候変動が起きることである。

社会への気候変動の影響は，農業などの第一次産業における生産高の変化，水資源の変化，衛生環境の変化など，多方面に及ぶものと予想される。地球温暖化の経済的なダメージに関しては，1990年代になされた粗い試算では，CO_2濃度倍増時（気温2.5℃上昇時）で世界全体のGDPの1.5％程度と推計された。林業は多くの地域で温暖化のプラスの影響を受け，寒冷なロシアなどの一部の国では居住環境が改善されるとされている。2006年に公表されたニコラス・スターン卿による英国政府に対する報告書では，2～3℃の温暖化の場合，世界全体のGDPの0～3％に相当する経済損失が発生するとされ，さらに5～6℃の温暖化では，その損失はGDPの約20％にも達するとされた。

気温が上昇すると，南極など地球各所に存在する雪氷が融けて，その結果として**海面上昇**が起きることも懸念される影響の一つである。世界の陸上に存在するすべての雪氷が融けると，約80mの海面上昇が起きると推定されている。雪氷の約9割は南極大陸上にあるが，もし地球温暖化が進めば，北極や南極という極地域の気温上昇幅は特に大きくなるものと予測されている。しかし，地球温暖化が起きても，南極大陸上の雪氷が融けるには数世紀というオーダーのとても長い時間が必要である。21世紀末までに予想される海面上昇幅は1m未満であり，その一番の要因は海水の**熱膨張**とされ，南極の氷雪は降雪量が増えるためむしろ増加すると予想されている。だが，わずかな海面上昇でも，水没の危機に曝される国や地域があることには注意が必要である。また，22世紀以降の海面上昇が継続すれば，長期的には大きな影響もありうる。

海面上昇以外の問題として，極域の海水の昇温や降水の増加や氷床の融解などによる低塩分化によって，**熱塩循環**と呼ばれる1000年スケールの地球規模の深層海流大循環が弱まることも懸念されている。熱塩循環の衰弱や停止は，北大西洋や西欧に気候の寒冷化をもたらす可能性があるとされる。

また気候変動に伴う地球規模での気候帯の移動は，もしそれが生態系の適応速度を超えた急速なものとなれば，それを壊滅させてしまう恐れもある。

4.3.3 炭素循環

大気中のCO_2濃度は季節変動を繰り返しながら毎年およそ2ppm程度の割合で着実に増加し，2015年時点では400 ppmを超えている。**図4.7**にハワイ島のMauna Loa山頂での観測データを示す。

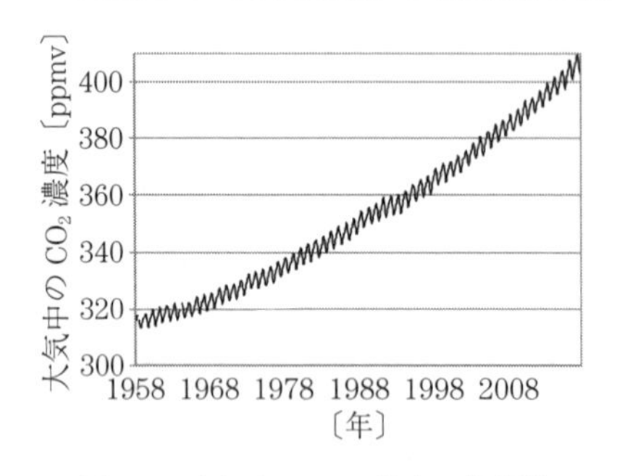

図4.7　大気中のCO_2濃度の推移[16)]

図4.8に人為的なCO_2排出量の推移を示す。**表4.2**には，2002〜2011年の年平均の炭素バランスを示すが，この表より，大気中のCO_2濃度の増加の主要因は，明らかに化石燃料の燃焼であると考えられる。

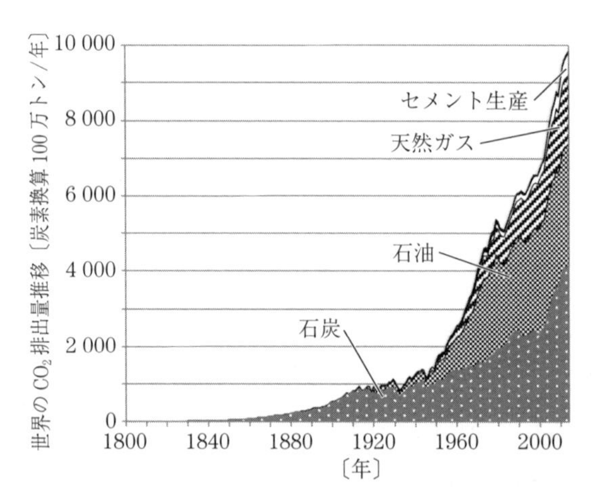

図4.8　人為的なCO_2排出量の推移[17)]

大気中のCO_2の増加分は，化石燃料などからの排出量と森林破壊などの土地利用変化からの排出量の和よりも少なく，約半分の値となっている。これは，大気中のCO_2が地表のどこかに吸収されていることを意味している。現在，この吸収量のうち炭素換算20〜30億トンのCO_2が毎年海洋に吸収され，残りは植物の光合成によって吸収されると考えられている。CO_2濃度が増加するとそれだけ光合成が活発となり（**施肥効果**），CO_2の吸収も促進されると考えられている。

なお，地表における炭素原子の分布は，大気中CO_2としておよそ8 000億トンが，陸上生態系の有機物として約2.2兆トンが，そして海中海底のイオンや無機物として約40兆トンが存在している。

表4.2 炭素バランス[18]

CO_2排出源	
化石燃料の燃焼とセメント生産	83 ± 7
土地利用変化	9 ± 8
CO_2の蓄積の内訳	
大気	43 ± 2
海洋による吸収	24 ± 7
陸域生態系による吸収	25 ± 13

単位：炭素換算1億トン/年

炭素換算10億トンのCO_2が大気中で増加すると，CO_2の大気中濃度は0.47 ppm増加する。もし，推定資源量も含めて石炭資源のすべてを燃焼すると，炭素換算で約3.5兆トンのCO_2が排出され，その丁度半分が大気に残ると仮定すると，CO_2の大気中濃度はいまよりも800 ppm以上増加し，1 200 ppmを超えることになる。

4.3.4 CO_2排出量削減技術

エネルギーシステムからのCO_2排出量は以下の式で表現できる。

$$\text{CO}_2\text{排出量} = \text{GDP} \times \left(\frac{\text{Energy}}{\text{GDP}}\right) \times \left(\frac{\text{CO}_2\text{発生量}}{\text{Energy}}\right) \times \left(\frac{\text{CO}_2\text{排出量}}{\text{CO}_2\text{発生量}}\right) \tag{4.3}$$

ただし，「CO_2排出量」は大気中へ排出されるCO_2量，「CO_2発生量」は化石燃料の燃焼によって発生したCO_2量，「Energy」は一次エネルギー消費量，「GDP」は経済活動指標としての国内総生産額である。この式は，右辺の分数を約分すると，CO_2排出量 ＝ CO_2排出量となる恒等式であり，一般に**茅の恒等式**と呼ばれる。CO_2排出量を削減するには，右辺の各項をそれぞれ小さくすればよいことがわかる。

右辺第一項のGDPを小さくすることは，経済活動を小さくすることを意味し，ライフスタイルの変更や消費を我慢することを通じてCO_2排出量を削減することに相当するが，これは技術的なCO_2排出量削減対策とはいえない。

第二項の（Energy/GDP）の削減は，単位経済活動当りのエネルギー消費量（**エネルギー原単位**）の削減を意味し，これを実現する具体的な方法は**省エネルギーの推進**である。産業，民生，運輸などのエネルギーの最終消費における利用効率の改善や，各種火力発電所の発電効率の改善などが，省エネルギー推進対策の例として挙げられる。省エネルギーの推進は，CO_2問題対策という観点からだけではなく，枯渇性資源の消費抑制や燃料経費の節減という点からも望まれることである。省エネルギーの推進には，追加的な設備投資が必要なこと，さらには快適さの犠牲を伴う場合も多いことなど，現実の問題を考慮するとその推進にあたっての障害は少なくはない。

第三項の（CO_2発生量/Energy）の削減は，単位エネルギー消費量当りのCO_2発生量（**エネルギーの炭素強度**）の削減を意味し，単位発熱量当りのCO_2排出量の少ない燃料を使用する**燃料転換**となる。化石燃料の単位発熱量当りのCO_2排出量は，炭素原子と水素原子の組成の違いにより異なり，石炭を基準とすれば，石油ではそのおよそ8割，天然ガスではその6割程度となる。すなわち，石炭火力の代わりに，天然ガス火力で発電すれば，同じ電力を得つつも約4割のCO_2排出削減が実現できる。実際には**図4.9**に示すように，天然ガス火力の熱効率は一般に石炭火力よりも高いため，CO_2排出量はおおむね半減させられる。再生可能エネルギーや原子力の利用拡大も燃料転換に含

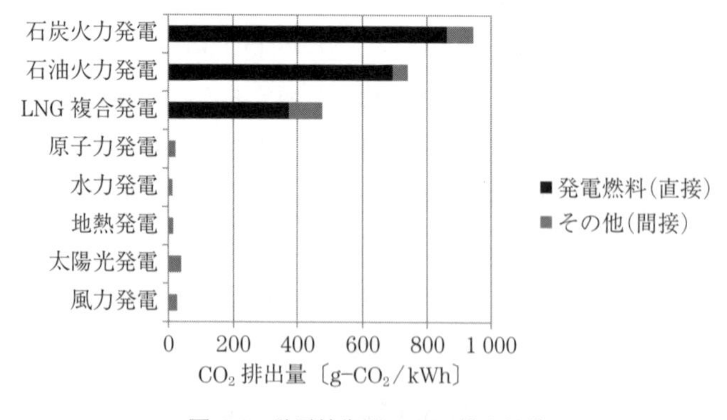

図4.9　発電技術別のCO_2排出量[19]

まれる。原子力，再生可能エネルギーのいずれにしても，社会受容性，経済性，地域的な環境性などの点で，それぞれなんらかの難点を有し，それらの大幅な利用拡大は容易ではないのが実状である。また，利用時には CO_2 を排出しないものの，それらを利用する設備を製造する際に無視できない量の CO_2 が排出されていることには注意が必要である。

そして最後の第四項の（CO_2 排出量/CO_2 排出量）の削減は，発生した CO_2 の一部を回収して地中や海中に隔離貯留することで大気中への排出量を抑制することを意味し，その具体的な方法が **CO_2 回収貯留**である。すなわち，CO_2 発生量から CO_2 回収貯留量を差し引いたものが CO_2 排出量となる。CO_2 回収貯留は，**CCS**（CO_2 capture and storage）と略記される。化石燃料を本格的に代替できる新エネルギーの開発までにはまだ多くの時間を要し，好むと好まざるとにかかわらず化石燃料への依存状況は今後もしばらく継続するものと予想され，CCS は当面の CO_2 排出量の大幅な削減策として注目を集めている。

4.3.5 CO_2 回収貯留技術

CCS は，化石燃料やバイオマスなどの炭素を含む燃料を燃焼させた際に発生する排ガスから CO_2 を分離回収し，それを地中や海洋に貯留することで，大気中への CO_2 排出量を削減する技術である。**図 4.10** に示すように，CCS は

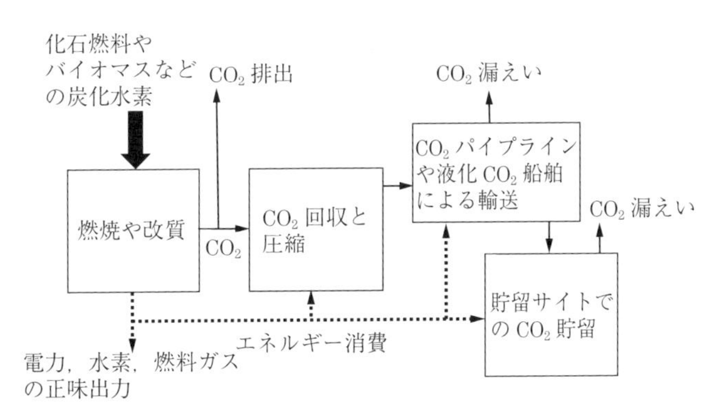

図 4.10 CCS の構成図

CO_2の「回収」「輸送」「貯留」という要素技術から構成される。これらの要素技術自体はなんらかの形ですでに実用化されている。

〔1〕 **CO_2 回 収**　大規模CO_2発生源からCO_2を回収する方法としてつぎのようなものがある。

・**化学吸収法**：アミン系溶剤などの吸収液とCO_2との間の化学反応を利用
・**物理吸収法**：エーテルなどへのCO_2溶解量の圧力特性を利用
・**物理吸着法**：ゼオライトなどへのCO_2吸着量の圧力・温度特性を利用
・**深冷分離法**：対象ガスの加圧冷却と減圧蒸留による沸点別分離
・**膜分離法**：高分子膜の成分ガス別透過度の差異を利用
・**純酸素燃焼法**：純酸素燃焼による排ガス中のCO_2の高濃度化を利用

CO_2分離・回収のためには，大量のエネルギーを追加的に投入する必要があるため，利用する燃料の性質にも依存するが，発電効率は有意に低下する。また，装置を追加的に建設する必要があるため，発電所の建設単価は大きく増加する。CO_2分離・回収には，SO_x除去などとは桁違いのコストがかかる。

表4.3には，火力発電所を対象とした回収プラントの特性をまとめたものを示す。化学吸収法によるCO_2回収プラントを火力発電所に付設すると，正味およそ85％のCO_2排出量を削減できる。その一方で発電単価は40～70％上昇すると推計されている。なお，化石燃料だけでなく，バイオマスを用いる火力発電所への回収プラントの設置も考えられる。この場合，正味のCO_2排出量が負となる発電所が実現され，大気中からCO_2を除去することが原理的に可能となる。また，CO_2回収プラントは，火力発電所以外でも，例えば鉄鋼業の高炉など，CO_2が大量に発生する各種の産業プロセスに適用することも考えられる。また，炭化水素燃料を原料とする水素製造プラントでのCO_2回収も考えられる。

〔2〕 **CO_2 輸 送**　回収されたCO_2を貯留サイトまで輸送するには，パイプラインの利用が考えられる。パイプラインはスケールメリットの効果が大きく，大容量化により輸送単価の低減が期待できる。CO_2パイプラインは，天然ガスパイプライン技術などを転用できるため，ほぼ成熟した技術と考えら

表 4.3 発電所の特性と CO_2 回収コスト[20]

	NGCC	微粉炭	IGCC
回収装置なしの排出係数〔$kgCO_2$/MWh〕	344〜379 (367)	736〜811 (762)	682〜846 (773)
回収装置付きの排出係数〔$kgCO_2$/MWh〕	40〜66 (52)	92〜145 (112)	65〜152 (108)
CO_2 削減率〔%〕	83〜88 (86)	81〜88 (85)	81〜91 (86)
回収装置付きの発電効率〔% 低位発熱基準〕	47〜50 (48)	30〜35 (33)	31〜40 (35)
回収装置なしの設備単価〔米国ドル/kW〕	515〜724 (568)	1 161〜1 468 (1 286)	1 169〜1 565 (1 326)
回収装置込みの設備単価〔米国ドル/kW〕	909〜1 261 (998)	1 894〜2 578 (2 096)	1 414〜2 270 (1 825)
回収装置なしの発電原価〔米国ドル/MWh〕	31〜50 (37)	43〜52 (46)	41〜61 (47)
回収装置込みの発電原価〔米国ドル/MWh〕	43〜72 (54)	62〜86 (73)	54〜79 (62)
CO_2 回収単価〔米国ドル/tCO_2〕	33〜57 (44)	23〜35 (29)	11〜32 (20)

NGCC：天然ガス複合発電，IGCC：石炭ガス化複合発電，（ ）内の数値は平均値

れる。

パイプラインに加えて，タンカーによる**液化 CO_2 輸送**の可能性も検討されている。この場合，タンカーの建造費に加えて，港湾での荷揚げ・荷下ろしのための設備，ならびにバッファ用の一時貯蔵タンクなどの建設費や，港湾使用料，タンカーの燃料費がかかる。パイプラインとタンカーの経済的な優劣関係は，およその目安として，1 200 km 以下であればパイプラインが，それ以上の距離であればタンカーが有利とされる。

〔3〕 CO_2 貯 留 回収された CO_2 は，大気中へ戻ることがないように隔離される必要がある。CO_2 の隔離方法には，**地中貯留**と**海洋貯留**の 2 種類がある（**図 4.11**）。

地中貯留の場合は，基本的には CO_2 を堆積岩の空隙に貯留することになるため，環境への悪影響は大きな懸念材料とはならないが，CO_2 の貯蔵容量が

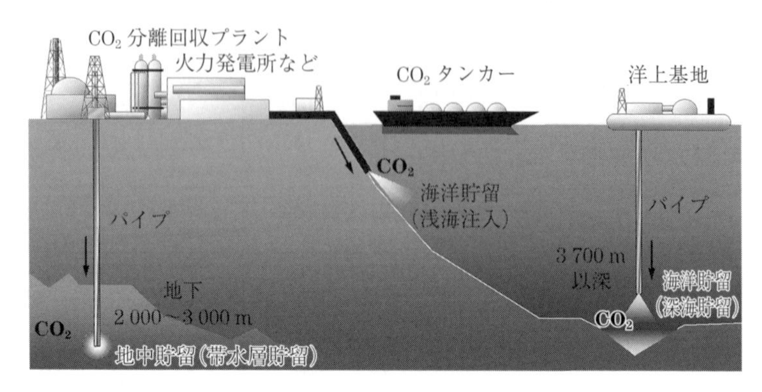

図 4.11　CO_2 の地中貯留と海洋貯留

有限であることが問題となる。CO_2 の地中貯留のおもだった方法としては，**石油増進回収時の油田**や**炭層メタン増進回収時の炭層**に圧入する方法，**枯渇ガス田**に圧入する方法，そして，**地下帯水層**や**岩塩ドーム**に圧入する方法などがある。石油増進回収の一つである CO_2 ミシブル攻法は，超臨界状態の CO_2 と原油との高い親和性により，原油が貯留岩の微細孔隙中から流れ出しやすくなることを利用したもので，原油の回収量を 10〜20％増大させる効果がある。帯水層への圧入も含めて，石油・天然ガス産業ですでに活用されている技術や類似技術を利用するため，地中貯留のコスト推定の信頼度は比較的高い。ただし，貯留コスト自体は，貯留サイトの地理的条件など（陸地あるいは海底，貯留層の深度・厚さ・浸透率など）によって大きく変化し，陸上から到達が可能であり，浸透率が高く深度の浅い貯留層ほどコストは安価となる。貯留容量としては帯水層のそれが大きく，世界全体で 2 兆トンの CO_2 が貯留できると推定されている。コスト的には石油増進回収での利用が有望視される。

一方，海洋貯留の場合は，貯留サイト周辺の海水を酸性化する恐れがあることから，海洋の生態系への影響が心配される。しかし，貯留可能量は実質的には無制限と見なせる。CO_2 は 50 気圧以上で液状になり，水深 3 000 m 以深でその比重は海水よりも大きくなる。海洋貯留の方法としては，液化 CO_2 をタンカーで遠洋に運び，洋上の基地から鉛直パイプで注入し深海底に貯留する方法や，移動する船舶からパイプで海洋の中層に CO_2 を放出し，海水中に溶解拡散させる方法などが検討されている。

表 4.4 に，地中ならびに海洋貯留コストの推定値を示す。CCS を行う際には，加熱や圧縮などに伴うエネルギーの損失があるため，CCS がない場合に比べて余計なエネルギーを投入する必要がある。また，**表 4.5** に排出削減単価を整理したものを示す。これらの排出削減単価は，対照となる基準発電プラントとしてなにを選ぶかによって変化する。

表 4.4 CO_2 の貯留コストの推定値〔米国ドル/tCO_2〕[20]

貯留サイト		貯留単価
地中貯留 （モニタリングコスト）		0.5〜8.0 (0.1〜0.3)
海洋貯留	海底パイプライン輸送ケース	6〜31
	船舶輸送ケース	12〜16

表 4.5 CO_2 の排出削減コスト〔米国ドル/tCO_2〕[20]

		基準を NGCC とした場合	基準を微粉炭火力とした場合
地下帯水層圧入	NGCC	40〜90	20〜60
	微粉炭火力	70〜270	30〜70
	IGCC	40〜220	20〜70
石油増進回収利用	NGCC	20〜70	1〜30
	微粉炭火力	50〜240	10〜40
	IGCC	20〜190	1〜40

NGCC：天然ガス複合発電，IGCC：石炭ガス化複合発電

〔4〕 **大気中の CO_2 の回収**　厳しい温度上昇抑制目標を達成するには，CO_2 濃度を人為的に下げることも必要と考えられる。そのための方策の一つが，バイオマスを燃料とする火力発電所に CCS を適用する方策である。植物に大気中の CO_2 を光合成で吸収させてバイオマスを生産し，バイオマスの燃焼時に発生する CO_2 を回収貯留するのである。重要性が高まる対策技術と目されるが，バイオマスや回収 CO_2 の輸送コストは必ずしも安価ではないため，

バイオマス生産地，CO_2 回収発電所，CO_2 貯留サイトの地理的な位置関係には注意が必要である。

このほかに，火力発電所の排ガスではなく，大気を対象にCCSを適用した CO_2 の**大気直接回収**（**DAC**：direct air capture）もある。再生可能エネルギーや原子力などの非化石エネルギーが安価となれば，DACも実用性が高まる。DACは，利用可能なエネルギー資源がバイオマスに限定されず，回収プラントの設置場所の自由度を高められるなどのメリットがある。回収された CO_2 と水素から石油に近い液体燃料を合成すれば，航空機や長距離トラックなどで現状の内燃機関をそのまま利用しても，正味の CO_2 排出量をゼロにできる。

〔5〕 **CO_2 回収貯留の課題**　　**石油増進回収**や**炭層メタン増進回収**などと合わせて CO_2 を回収貯留することは，条件がよければすでに採算がとれる状況にあり，CCSの早期利用機会として有望視されている。ただし，石油増進

コラム 22

海洋貯留について

CCSは，1977年にイタリア人研究者のMarchetti博士によって提案された。当初は地中海から大西洋へ沈降する海流を利用した海洋貯留が想定されていた。日本でも1990年代は海洋貯留の実現を念頭においた研究開発が進められていた。

2006年にロンドン条約96年議定書が改定され，海底下地中貯留が国際法上で可能となったが，海水への溶解や深海底貯留はまだ認められていない。深海底貯留を実施すると，海底に液体 CO_2 の湖を作ることになり，その湖底に沈む生態系は完全に破壊されてしまう。また，その湖面から拡散する CO_2 により周辺の海水の酸性度を高める恐れもある。琵琶湖程度の体積（27.5 km^3）の深海底の窪地には，日本全体の約20年分の排出量に相当する CO_2 を蓄えられ，シベリアのバイカル湖程度の体積（23 600 km^3）にもなれば，メタンハイドレートを除くすべての化石燃料の燃焼によって排出される CO_2 を貯留できる。なお，深海底の低温・高圧という環境下で，海水との界面にシャーベット状の膜（CO_2 ハイドレート）が生成されれば CO_2 の環境への拡散はかなり抑制される。CO_2 ハイドレートは天然にも海底に存在し，周辺の生物はそれと共存している。

一方，地中貯留は周辺環境への悪影響は小さいとされ，おもな環境保護団体も黙認の姿勢を示している。また，石油・天然ガス産業のインフラや技術を活用すれば，地中貯留は営利ビジネスとなる可能性があり，社会的，政治的には推進しやすい状況にある。

回収などの経済性は，サイトごとの個別条件に大きく左右されるため，これらの実施時期に関する一般的な議論は難しい。また，日本国内にはCO_2貯留が行える石油増進回収などの適地はなく，経済的なメリットも享受できる**早期利用機会**というオプションはほとんどない。欧米と足並みをそろえたCCSの導入は困難な状況にある。

CO_2が常温常圧では気体であるため，大陸規模での長距離輸送を行う場合や流量の少ない小規模パイプライン輸送を行う場合などは，CO_2輸送コストが割高となり，CCSの経済性を大きく損ねる。地中貯留の候補サイトの分布は石油や天然ガス資源の分布と強い相関がある。北米のメキシコ湾岸や欧州の北海，中東地域，ロシアの油田・ガス田周辺などには有望なCO_2地中貯留サイトが多い。一方，日本の場合は，国内の帯水層，サハリンや東シナ海のガス田周辺などが候補となるが，それぞれの貯留可能量が小さく，輸送設備や注入井戸などのコストが割高になり，有望なサイトは相対的には少ない。

CCSの経済性は，貯留サイトの特性に大きく依存するため，地域によるばらつきも大きい。大気中へのCO_2排出削減を実現する代わりに，プラントの熱効率の低下などで化石燃料を余計に浪費するという欠点がある。貯留期間としては，1 000年程度が保証できなくては，漏えいによる経済的有効性の劣化が無視できないと考えられる。CO_2の空気中濃度が3～4％を超えると頭痛など人体に危害が及び始め，15％以上になると致命的な仮死状態を引き起こすとされる。海外の貯留サイトの候補地では，漏えい事故に対する懸念から，住民の反対運動も起きている。貯留が確実になされているか否かの監視や規制の枠組みの構築，漏えいに対する法的責任の明確化，社会受容の獲得など，技術的・経済的課題以外にも今後解決すべき課題は少なくない。

4.4 放射能汚染

4.4.1 放射線の単位

物質が放射線の照射を受けると，放射線と物質との相互作用（おもに電離，励起）により，放射線のエネルギーは物質に吸収される。単位質量当りの物質が吸収する放射線のエネルギー〔J/kg〕を**吸収線量**と呼び，単位としてはグレイ〔Gy〕が使われる。また，単位時間当りの線量を**線量率**という。

放射線の被曝は人体にとって一般に有害とされ，その健康影響を決定する最も大きな要因は，人体の臓器などにおける放射線の吸収量である。被曝経路としては，人体の外部から照射を受ける**外部被曝**と，汚染された食物の摂取や空気の吸気などによる**内部被曝**がある。外部被曝ではおもに透過力の強いγ線や中性子線が，内部被曝では透過力が弱いα線やβ線が問題となる。

吸収線量が同じ場合でも放射線の種類によって生体に与える影響は異なるため，特に少量の吸収線量などによる確率的な健康影響に対する防護の観点からは，被曝吸収線量に補正係数である**放射線加重係数**を掛け合わせた**等価線量**（**表 4.6**）が指標として用いられ，単位はシーベルト〔Sv〕が使われる。1Gy のα粒子の等価線量は 20 Sv となる。さらに，人体の組織・臓器別の等価線量に**組織加重係数**（**表 4.7**）を掛けて足し合わせた全身平均の等価線量を**実効線**

表 4.6　放射線加重係数[21)]

放射線の種類とエネルギー範囲		放射線加重係数
光子（電磁波），電子		1
中性子 En はエネルギー	$En < 1$ MeV	$2.5 + 18.2\,e^{\frac{-[\ln(En)]^2}{6}}$
	$1\ \mathrm{MeV} \leqq En \leqq 50\ \mathrm{MeV}$	$5.0 + 17.0\,e^{\frac{-[\ln(2En)]^2}{6}}$
	$En > 50$ MeV	$2.5 + 3.2\,e^{\frac{-[\ln(0.04En)]^2}{6}}$
陽子		2
α粒子，核分裂片，重原子核		20

表 4.7　組織加重係数[21)]

組　織	組織加重係数
骨髄（赤色），結腸，肺，胃，乳房，残りの組織	各 0.12 で合計 0.72
生殖腺	0.08
膀胱，食道，肝臓，甲状腺	各 0.04 で合計 0.16
骨表面，脳，唾液腺，皮膚	各 0.01 で合計 0.04

量と称し，等価線量とともに単位はシーベルトが使われる。また，体内に入った放射性物質は，人体の代謝排泄機能や放射性崩壊によって放射能が減衰するまでは，体内で放射線を放出し続け，被曝が長い期間に及ぶ場合がある。将来受ける線量を前もって評価するため，放射性物質を摂取した時点に遡り，その放射性物質が体内に残留している間の累積線量を各臓器別に推定したものを**預託等価線量**という。またそれらを組織加重係数で全身平均したものを**預託実効線量**と呼び，単位はやはりシーベルトが使われる。これらの各種の線量は，英国の独立公認慈善事業団体である**国際放射線防護委員会**（**ICRP**：International Commission on Radiological Protection）で定められた人為的な指標であり，各国の法規制や安全基準の根拠となるものであるが，加重係数の値も合わせてしばしば定義が改訂されている。

宇宙線や天然放射性核種の自然放射線によって人体が被曝する実効線量は世界平均で年間2.4 mSvとされるが，地域差は小さくない。ブラジルのガラパリなどの**高自然放射線地域**では年間10 mSvを超えるが，日本での被曝線量は比較的少なく年間1.4 mSv程度とされる。なお，日本の原子力発電所では，放射性物質による発電所周辺の公衆が被曝する線量の目標値として年間0.05 mSvが定められている。

4.4.2 放射線被曝の人体への影響

放射線被曝による障害はおもに，細胞中のDNAになんらかの損傷が生じることに起因する。放射線の影響を受けやすい臓器は，生殖腺，造血機能を営む骨髄，小腸内壁の上皮細胞など，細胞分裂頻度が高い臓器である。

短時間大量の吸収線量による**確定的影響**にはつぎのようなものがある。0.25～0.5 Svの被曝で白血球の一時的減少が始まり，1 Svで吐き気，全身の倦怠感などが見られるようになる。3 Sv以上になると脱毛や皮膚炎なども起きる。6 Sv以上では下痢や脱水などの消化器障害が発生し，さらに30 Svを超えると傾眠や錯乱などの精神症状や循環器障害が出現する。短時間に7 Sv以上を全身被曝すると，ほとんどの人が死亡する。確定的影響のほとんどは**急性**

障害であるが，白内障などの**晩発性障害**を引き起こすこともある。

原子力事故の危害で社会的に影響が大きいのは，上記の確定的影響というよりは，環境の放射能汚染などによる**低線量被曝**による健康や生命への**確率的影響**である。この影響を端的に述べると，それは「細胞内に到達した放射線の電離作用で引き起こされるDNAの二重鎖切断が原因となって，がんや白血病による死亡確率が増えること」といえる。広島・長崎の原爆被爆者の**疫学的調査**では，固形がんについては50～100 mSvから，白血病については200 mSvから，比較的低い線量の被曝でも統計的には無視できない影響があるとされている。ただし，核爆発による短時間での被曝は，線量は少なくても線量率は必ずしも低くはないことに注意が必要である。また，長期にわたる健康調査がなされたが，原爆被爆者の放射線被曝による遺伝的影響は幸い現れていない。

低線量でも被曝線量に比例してがんや遺伝性疾患のリスクが増加すると仮定する数値モデルは**直線しきい値なしモデル**，あるいは**LNT**（linear-non-threshold）**モデル**と呼ばれる。ICRPでは疫学的調査を踏まえて，比例定数として1 000 mSvの被曝でのがんの死亡率は約5％などとする**名目リスク係数**[21]を定めている。LNTモデルは，科学を越えた予防原則に基づくもので，**放射線防護**の判断を目的としている。そのため，実際の放射能漏れ事故などによる微量な被曝がもたらすがん死亡者数の推計にそれを用いることは，不正確な数値が一人歩きする恐れがあり，避けた方がよいとされる。安全なしきい値の存在を示唆する研究結果もあり，最新の分子生物学的知見に基づいて，放射線防護の規制基準を適宜見直すことも必要である。

DNAの二重鎖切断自体は，じつは放射線とは無関係に体内の代謝過程で発生する**活性酸素**によっても各細胞1日当り平均8か所の頻度で起きており，それは1日200 mSv（年間約70 Sv）の被曝による損傷に匹敵する[22]。人間の細胞のDNAは修復機能を有しており，この程度の二重鎖切断には耐えられるようになっている。100 mSvを被曝した原爆被爆者の場合，核爆発の瞬間にDNAには12時間分に相当する二重鎖切断（各細胞平均4か所）が瞬時に発生し，その修復が通常のようにできない状態になったと考えられる。

原子炉で生成される核分裂生成物のうち人体に対する影響が大きいものは，甲状腺に集中して蓄積されるヨウ素の同位体 ^{131}I（半減期 8.02 日），おもに筋肉や骨などに蓄積されるセシウムの同位体 ^{137}Cs（半減期 30.1 年）やストロンチウムの同位体 ^{90}Sr（半減期 28.9 年）などである。特に ^{137}Cs はその化合物は気体として環境中に拡散しやすく，遮蔽しにくい γ 線を長期間にわたり放出するため影響が大きいとされるが，^{137}Cs が原因となる死亡事例は原発事故では確認されていない。なお，1987 年 9 月のブラジルのゴイアニア市の被曝事故では，廃病院に放置されていた放射線治療用の ^{137}Cs（93 g の青白く光る粉）が誤って取り出され，なにも知らない人が身体装飾としてそれを肌に塗布したりしたため，町全体で約 250 名が被曝し，5 Sv 程度を被曝した 4 名が急性障害で死亡した。

4.4.3 放射性廃棄物の処理

原子力発電所から出る**放射性廃棄物**は，原子炉から取り出した使用済燃料や，作業員の衣服やこれらの除染に用いた水など多岐にわたるが，いずれも放

コラム 23

チェルノブイリ原発事故の影響

IAEA 国際原子力機関の報告によると，1986 年のチェルノブイリ原発事故では作業員や消防士の 28 名が放射線被曝による急性障害で死亡した。当初，低線量被曝による白血病やがんの死亡者が数万人単位で増加すると予想されたが，2005 年には 4 000 人程度に下方修正された[23]。そして 2017 年時点では，甲状腺がん以外のがんや白血病が，低線量被曝者に多発した証拠は見つかっていない[24]。また甲状腺がんについては，2005 年までに大規模な検査で約 6 000 人の小児に発見され，そのうち 15 人が死亡したとされる[24]。

ただ，この対象地域の同期間の自然発生の甲状腺がんによる死亡者数がこの数に含まれていないかが気掛かりである。原発事故後の福島でも，小児に甲状腺がんが発見されたが，これは甲状腺がん特有の性質に起因する集団検診の感度による可能性が高いとされ，放射線の影響とは考えられていない[25]。そうなると，チェルノブイリで発見された甲状腺がんについてもこのような集団検診に由来する問題がなかったか，確認が必要と思われる。

射線を出しながら時間経過に従い放射能は減衰する。放射性廃棄物は，**高レベル放射性廃棄物**とそれ以外の**低レベル放射性廃棄物**の大きく二つに分けられる。使用済燃料からウラン，プルトニウムを回収する再処理過程で発生する廃液などが高レベル放射性廃棄物となる。この再処理廃液には ^{137}Cs や ^{90}Sr などの核分裂生成物質が含まれる。廃液は蒸発濃縮して減容した後，ステンレス製容器の中でホウケイ酸ガラスとともに固化処理される。この**ガラス固化体**は，放射能と崩壊熱の減少を待つために地上施設で冷却保管（30〜50 年間）され，最終的には深度 300〜1 000 m の地下の安定した地層に配置し（**地層処分**），1 万年以上の長期間にわたり人間の生活圏から隔離されることが想定されている。再処理廃液から分離される長寿命のネプツニウムなどの超ウラン元素からなる廃棄物は **TRU（trans-uranic）廃棄物**と呼ばれ，法的には低レベル放射性廃棄物に区分されるが，放射能の強さに応じて適切な深度への地層処分が計画されている。高レベル放射性廃棄物や TRU 廃棄物に関しては，問題となる核種を半減期や化学的性質に応じて**群分離**し，中性子照射による**核変換**などで廃棄物そのものを消滅させる革新的技術の研究も進められている。

コラム 24

地層処分のリスク

地層処分は，放射能汚染などの危険性を低減するための最善の技術オプションと考えられている。しかし，地中奥深く埋設されたガラス固化体などから地下水に溶け出した放射性物質が，人間の生活圏へと到達する可能性は小さいがゼロとはいえない。遠い将来，万が一放射性物質が漏えいしたとしても，程度の問題として，深刻な悪影響が出るような事態になるとは考えにくい。仮に影響が出そうな事態となっても，除染や防護など，その現場の状況に応じた適切な処置を施せば，健康影響や経済損失のリスクは無視できるほど小さくできるであろう。このようなリスクを理由に，原子力の利用を厳しく制限すべきとの主張が見られる。しかし，その利用を制限することで，別のリスク（エネルギー不足や環境問題の悪化など）が逆に大きくならないか注意が必要である。社会が直面するさまざまなリスクを総合的に減らすことを目指して，包括的でバランスのとれた議論が必要である。

なお，米国やドイツなどのように，再処理することなく，核分裂性のウランやプルトニウムを含んだままの使用済燃料を地層に**直接処分**することを計画している国もある。この場合，使用済燃料の9割以上を占める ^{238}U も廃棄物として処分することになるため，再処理を施す場合と比べると，直接処分では廃棄物の発生量自体は2倍程度に増える。

低レベル放射性廃棄物は，発生場所や放射能レベルによってさらにいくつかの区分に分けられ，濃縮や焼却などの減容処理を施した後，セメントなどで固化させてドラム缶に密閉して処分される。**中深度処分**，**浅地中ピット処分**，**浅地中トレンチ処分**の三つの処分方法がある（**図4.12**）。

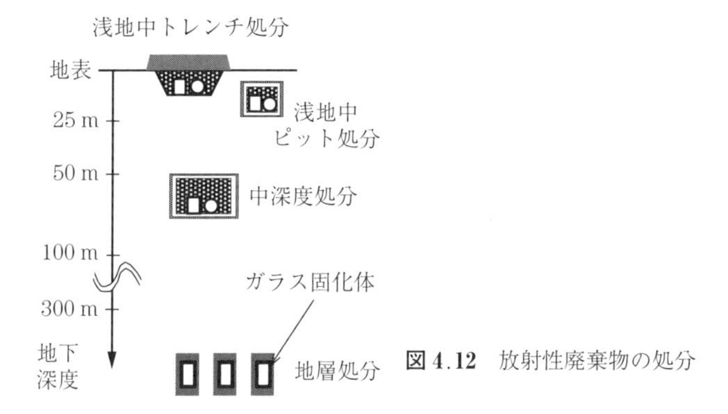

図4.12　放射性廃棄物の処分

5 エネルギー環境と経済

5.1 概　　　要

エネルギー利用にかかわる新技術が，社会で実用化されるか否かは，基本的にはその経済性で評価できる。経済性評価は，燃料などのエネルギー価格や，装置や設備の導入費用を考慮して行う。また，CO_2排出削減対策などのエネルギー政策が，社会全体に及ぼす影響を評価するには，非エネルギー部門も考慮に入れた産業部門間の相互作用の分析が必要となる。さらに，環境破壊や健康影響の経済価値も取り込んだ環境政策評価の重要性も高まっている。

5.2 経済性評価

5.2.1 資金の時間的価値

物価水準の変動を無視できるとき，現在手元にある資金は，それを銀行などに預けた**利子**を考慮すると，将来の同額の資金よりも価値が高い。例えば，年利子率が2% ならば，現在の10 000円は1年後には10 200円となり，1年後の10 000円よりも価値が高い。資金の現在価値である**現価** P と，T 年後の将来価値である**終価** S との間には，年利子率を i とすると以下の関係がある。

$$S = P(1 + i)^T \tag{5.1}$$

$(1 + i)^T$ は**終価係数**と呼ばれ $[P \rightarrow S]_T^i$ などと記す。また，終価係数の逆数である**現価係数**は $[S \rightarrow P]_T^i$ などと記す。一般に利子率は正で現価は終価よりも小さくなることから,「終価を利子率で割引いたものが現価となる」などと表現する。さらに,現価や終価を1年当りの平均値へ変換したものは**年価** M と呼ばれ,現価 P,年価 M,終価 S の間には以下の関係がある。

$$P = \frac{M}{1+i} + \frac{M}{(1+i)^2} + \frac{M}{(1+i)^3} + \cdots + \frac{M}{(1+i)^T}$$

$$= M\frac{(1+i)^T - 1}{i(1+i)^T} \tag{5.2}$$

$$S = P(1+i)^T = M\frac{(1+i)^T - 1}{i} \tag{5.3}$$

M を P に変換する係数 $[M \to P]_T^i$ は**年金現価係数**,P を M に変換する係数 $[P \to M]_T^i$ は**資本回収係数**,M を S に変換する係数 $[M \to S]_T^i$ は**年金終価係数**,S を M に変換する係数 $[S \to M]_T^i$ は**減債基金係数**と呼ばれる。現価100万円の年利子率5%での10年後の終価とその間の年価は**図5.1**のようになる。

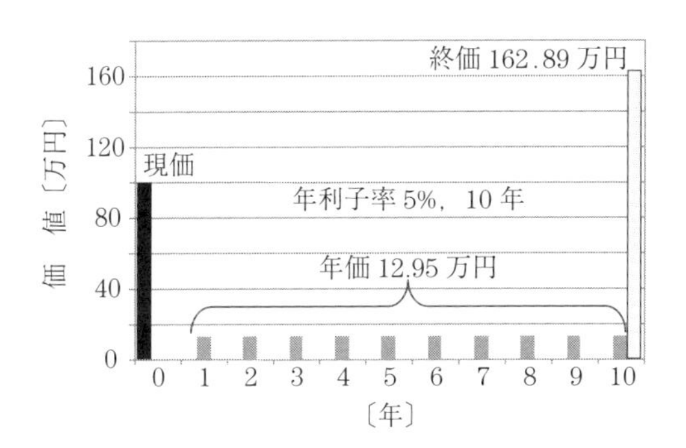

図5.1 現価,年価,終価の関係例

1年間を m 期に等分割し,各期の利子率を i/m として,m を無限大にしたときの t 年分の終価係数を求めると,数学の公式から以下のようになる。

$$\lim_{m\to\infty}\left(1 + \frac{i}{m}\right)^{mt} = e^{it} \tag{5.4}$$

このとき期間 t は整数である必要はなく,上式は式(5.1)を連続系で近似表現した形といえる。同様に連続系で式(5.2)は以下のようになる。

$$P = \int_0^T M\cdot e^{-it}dt = M\,\frac{1 - e^{-iT}}{i} \tag{5.5}$$

5.2.2 投資判断の方法

エネルギー利用のためには，発電所などの設備が必要である。設備投資の判断指標には，**回収期間**，**正味現在価値**そして**内部収益率**などがある。

〔1〕 **単純投資回収期間法**　　この方法では，基本的には年々の収益 Z_t の総額が初期投資額 I_0 に等しくなる**回収期間** PP（payback period）を求める。PP が短いほどよいとされる。

$$PP=\frac{I_0}{\frac{1}{T}\sum_{t=1}^{T}(B_t-C_{\mathrm{O\&M},t})}=\frac{I_0}{\frac{1}{T}\sum_{t=1}^{T}Z_t}=\frac{I_0}{Z} \tag{5.6}$$

ただし，I_0 は初期投資額，B_t は第 t 時点の年間便益，$C_{\mathrm{O\&M},t}$ は第 t 時点の年間の運転維持費，Z_t は第 t 時点の投資収益（$=B_t-C_{\mathrm{O\&M},t}$），Z は年平均収益である。この方法では，短期の資金回収が可能な安全性を重視した投資が優先される。欠点は，資金の時間的価値が考慮されないこと，回収期間後の利益を考慮できないことである。**図 5.2** に見るように，PP の短さでは投資案 A が B よりもよいが，T 年後の累積収益では，B が A よりもよいという逆の結果が得られる。

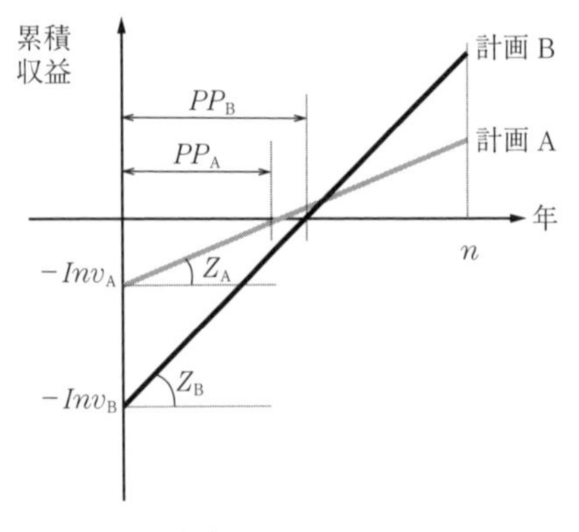

図 5.2　回収期間法による投資案の比較

なお，現実の企業ではこの回収期間としては3〜5年程度が想定される場合が多く，回収期間がそれよりも長くなる投資は見送られる。また家庭でのエネルギー利用機器購入の判断は，企業よりもさらに短い投資回収期間が前提となると推測される。

〔2〕 **現在価値換算法**　　資金の時間的価値は利子率 i で決めたが，実際の投資判断では，投資リスクを利子率の**リスクプレミアム** P_{risk} として反映させた割引率 r を用いる。

$$r=i+P_{\mathrm{risk}} \tag{5.7}$$

企業で用いられる典型的な割引率 r は1年当り15％程度と，資金調達の一般的な利子率よりもかなり大きな値が想定されることが多い。

正味現在価値 NPV（net present value）は，割引率 r で現在価値換算された投資収益 Z_t のプロジェクト期間（投資で建設した設備の耐用年数）中の総和から初期投資額 I_0 を差し引いたものである。この NPV が正であれば，その投資は経済性があると判断される。

$$NPV = \sum_{t=1}^{T} \frac{Z_t}{(1+r)^t} - I_0 \tag{5.8}$$

この方法で投資案を比較すると，収益額の絶対値が大きい投資案が選好される。この方法による投資判断は，調達可能な資金量に上限があり，たがいに排他的な案件を評価する際に有効となる。なお，耐用年数が異なる投資案を比較するには，割引率 r，耐用年数 T 年の資本回収係数を用いて，それぞれの NPV を1年当りの値へ換算した AV を用いればよい。

$$AV = [P \to M]_T^r \times NPV \tag{5.9}$$

〔3〕 内部収益率法　**内部収益率** IRR（internal rate of return）とは，前述の正味現在価値 NPV が，次式に示すようにちょうど0となるような割引率のことである。

$$NPV = 0 = \sum_{t=1}^{T} \frac{Z_t}{(1+IRR)^t} - I_0 \tag{5.10}$$

このようにして定められた割引率 IRR はこの投資に関する一種の収益率と考えられ，これが資金調達の利子率よりも高ければ，この投資案は利子の返済が可能であるという意味で，採算性があると判断される。この方法は，調達可能な資金量が大きく複数の投資を同時並行させる場合などで有効となる。

5.2.3 最 適 化 計 算

対象システムの総コストを最小化するようなシステム構成を求めるために，最適化理論に基づく数理計画法を用いた数値計算がしばしば行われる。

〔1〕 制約条件付きの最適化　n 次元変数ベクトル $\boldsymbol{x}$ に関して，m 本の

不等式制約条件のもとで，**目的関数** $f(\boldsymbol{x})$ の最小値 J を与える最適解 $\boldsymbol{x}^*$ を求める問題を考える。なお，複数の不等式制約を組み合わせることで，等式制約も等価的に考慮できる。また，$f(\boldsymbol{x})$ の符号を反転させれば，目的関数の最大値を与える最適解も求められる。

$$J = \min_x \{f(\boldsymbol{x}) | g_i(\boldsymbol{x}) \leqq b_i\} \qquad (i = 1, 2, \cdots, m) \tag{5.11}$$

この問題の局所的最適解 $\boldsymbol{x}^*$ が満たす必要条件は，**カルーシュ・クーン・タッカー**（**KKT**：**Karush-Kuhn-Tucker**）**条件**と呼ばれ，具体的には以下の条件となる。ただし，$\lambda_i\,(i = 1, 2, \cdots, m)$ は m 個の KKT 未定乗数であり，式 (5.15) は相補性条件と呼ばれる。

$$\left.\frac{\partial f(\boldsymbol{x})}{\partial x_j}\right|_{\boldsymbol{x}=\boldsymbol{x}^*} + \sum_{i=1}^{m} \lambda_i \left.\frac{\partial g_i(\boldsymbol{x})}{\partial x_j}\right|_{\boldsymbol{x}=\boldsymbol{x}^*} = 0 \qquad (j = 1, 2, \cdots, n) \tag{5.12}$$

$$g_i(\boldsymbol{x}^*) \leqq b_i \qquad (i = 1, 2, \cdots, m) \tag{5.13}$$

$$\lambda_i \geqq 0 \qquad (i = 1, 2, \cdots, m) \tag{5.14}$$

$$\lambda_i \cdot \{g_i(\boldsymbol{x}^*) - b_i\} = 0 \qquad (i = 1, 2, \cdots, m) \tag{5.15}$$

第 i 制約条件式の KKT 未定乗数 λ_i は，その右辺定数項 b_i の**潜在価格**と呼ばれ，詳細は割愛するが，以下の数学的な関係が成立する。

$$\frac{\partial J}{\partial b_i} = -\lambda_i \qquad (i = 1, 2, \cdots, m) \tag{5.16}$$

λ_i は b_i を単位量増加させたときの $f(\boldsymbol{x})$ の最小値 J の改善量を表している。

〔2〕 数理計画法　数理計画法とは，コンピュータを用いた繰り返し計算で，与えられた制約条件を満足しつつ，目的関数を最大（あるいは最小）にする変数の値を探索する手法のことである。数理計画法は**線形計画法**と**非線形計画法**に分けられる。

線形計画法では，目的関数も制約条件式も変数の一次式で表現される。ただし，$\boldsymbol{x}$ は n 次元の実数変数ベクトル，A は m 行 n 列の制約条件係数行列，$\boldsymbol{b}$ は m 次元の右辺定数項ベクトル，$\boldsymbol{c}$ は n 次元のコスト係数ベクトルである。

$$J = \min_x \{\boldsymbol{c} \cdot \boldsymbol{x} | A\boldsymbol{x} \leqq \boldsymbol{b},\, \boldsymbol{x} \geqq 0\} \tag{5.17}$$

線形計画法は，**シンプレックス法**や**内点法**などの効率的な数値計算法が確立されており，m や n が 1 億を超える大規模問題も実用的に解ける。

非線形計画法は，線形計画法以外のすべての数理計画法が該当し，**二次計画法**や**混合整数計画法**など多くの種類がある。特に二次計画法は以下の通り，目的関数に二次の項を含むもので，線形計画法と同程度に解法が確立されている。ただし，Q は n 次半正定値対称行列で目的関数の二次係数行列である。

$$J = \min_{x} \left\{ \frac{1}{2} \boldsymbol{x}^T Q \boldsymbol{x} + \boldsymbol{c} \cdot \boldsymbol{x} \middle| A\boldsymbol{x} \leqq \boldsymbol{b},\ \boldsymbol{x} \geqq 0 \right\} \tag{5.18}$$

目的関数に三次以上の項を含む問題や，制約条件式に非線形項を含む問題は，二次計画法を逐次適用した近似計算で効率よく対応できることもある。

一方，整数計画法は，一部あるいはすべての変数に整数条件が課される問題を対象にする数理計画法である。線形緩和問題に基づく**分枝限定法**や**分枝切除法**が代表的な解法であるが，多項式時間アルゴリズムは存在しない。大規模な問題では最適解が得られないことも多く，適用に際しては注意が必要である。

〔3〕 **動学的最適化** システムの時間変化を考慮する場合は**動学的最適化**と呼び，単一時点を対象とする場合は**静学的最適化**という。システムの時間表現には式 (5.19) の離散系と式 (5.20) の連続系があり，動学的最適化の一般的な表現は以下のようになる。時点 t の変数は**状態変数** $\boldsymbol{x}_t$ と**制御変数** $\boldsymbol{u}_t$ の 2 種類に分けられ，システムの時間変化は $\boldsymbol{X}$ を初期値とする $\boldsymbol{x}_t$ に関する**状態方程式**で表される。目的関数 J は，終端の T 時点までの各時点の関数 g_t の値を割引率 r で割り引いたものの総和となる。

$$J = \min_{\boldsymbol{u}_t} \left\{ \sum_{\tau=0}^{T} \frac{g_\tau(\boldsymbol{x}_\tau, \boldsymbol{u}_\tau)}{(1+r)^\tau} \mid \boldsymbol{x}_{t+1} = \boldsymbol{f}_t(\boldsymbol{x}_t, \boldsymbol{u}_t), \boldsymbol{x}_0 = \boldsymbol{X} \right\} \tag{5.19}$$

$$J = \min_{\boldsymbol{u}_t} \left\{ \int_0^T e^{-r\tau} g_\tau(\boldsymbol{x}_\tau, \boldsymbol{u}_\tau) d\tau \mid \frac{d\boldsymbol{x}_t}{dt} = \boldsymbol{f}_t(\boldsymbol{x}_t, \boldsymbol{u}_t), \boldsymbol{x}_0 = \boldsymbol{X} \right\} \tag{5.20}$$

具体的な状態変数としては，各種のエネルギー貯蔵量（タンク中の燃料や揚水発電所の貯水量など）がある。この場合，制御変数は燃料の積み増し量や取り崩し量などを含むシステム各所のエネルギーフローとなる。気候変動対策などの数十年の長期間にわたるエネルギーシステムを対象とする際には，エネルギー変換・貯蔵・輸送に関する各種の設備容量も状態変数となる。また，石油などの枯渇性エネルギー資源の残存埋蔵量，大気中のCO_2濃度，そして温暖化による気温上昇幅なども状態変数となる。

動学的最適化では，対象期間終端のT時点付近で最適解が過渡的挙動を示す**終端効果**には注意が必要である。T時点以降の目的関数を外挿したり，状態変数の境界条件を工夫したり，対象期間を長めに設定したり，いくつかの対応策がある。

動学的最適化の解法はいくつかある。代表的なものは離散系モデルに対する**数理計画法**による数値計算であり，状態方程式を等式制約と見なして静学的な問題へ変換し，全時点の変数を同時に最適化する。また，時点別の部分問題に分割する**動的計画法**もあるが，これは5.6.2項で別途記す。連続系モデルに対する**変分法**による解析的なアプローチ（コラム25を参照）もある。

コラム25

ホテリングルール

資源量Qの枯渇性資源を対象に，時点tの生産量をq_t，市場価格を$p(q_t)$，生産費用を$c(q_t)$として，対象期間中の割引済みの総利益を最大化する問題を考える。この問題は積分型制約条件付きの積分汎関数の変分問題となる。

$$J = \max_{q_t}\left\{\int_0^T e^{-r\tau}(p(q_\tau)\cdot q_\tau - c(q_\tau))d\tau \,\middle|\, \int_0^T q_\tau d\tau \leqq Q\right\}$$

最大化問題のため，目的関数の符号を反転させて，以下の関数Lを導入する。

$$L(q_t, \dot{q}_t) = e^{-rt}(c(q_t) - p(q_t)\cdot q_t) + \lambda\cdot q_t$$

局所的極値を与える必要条件としてのオイラー方程式は以下のようになる。

$$\frac{\partial L}{\partial q_t} - \frac{d}{dt}\frac{\partial L}{\partial \dot{q}_t} = e^{-rt}(c'(q_t) - p(q_t) - p'(q_t)\cdot q_t) + \lambda = 0$$

ここで，$p(q) = \alpha - \beta\cdot q$，$c(q) = \gamma\cdot q$と仮定するとつぎの関係式が得られる。

$$p(q_t) = \alpha - \beta\cdot q_t = c'(q_t) - p'(q_t)\cdot q_t + \lambda e^{rt} = \gamma + \beta q_t + \lambda e^{rt}$$

これらの式を整理するとつぎの最適解が導出される。

$$q_t = \frac{\alpha - \gamma - \lambda e^{rt}}{2\beta},\quad p(q_t) = \frac{\alpha + \gamma + \lambda e^{rt}}{2}$$

pのλe^{rt}の項は資源制約に起因する利権料であり，割引率rで年々上昇する。理論上予想されるこの枯渇性資源に関する価格上昇を**ホテリングルール**と呼ぶ。

5.3 最適電源計画

5.3.1 発電コスト

発電方式の代表的な経済性指標は単位電力量当りの発電コスト（費用）である。**図5.3**に示すように，発電設備容量〔kW〕でおもに決まる**固定費**と，発電電力量〔kWh〕で決まる**可変費**から構成される。

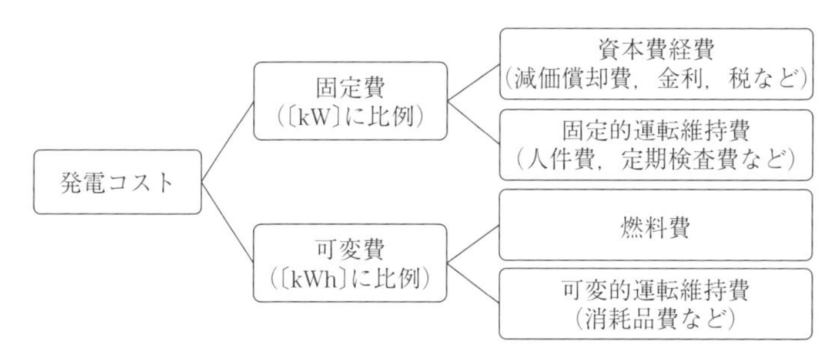

図5.3　発電コストの構成

〔1〕 **減　価　償　却**　　建物や設備などの資産は，一般に時間経過に伴う老朽化などでその価値が減少する。このような資産を減価償却資産という。**減価償却**とは，減価償却資産の取得に要した金額を一定の方法によって，**法定耐用年数**（償却期間）の各年分の必要経費（減価償却費）として配分するとともに，会計帳簿上の資産価値（残存簿価）を減じる手続きである。法定耐用年数経過後の資産の処分額に相当するのが**残存価値**であり，資産の取得原価に残存価値率（10％など）を乗じて定める。減価償却の方法には，毎年一定額を償却する**定額償却法**と，残存簿価の一定率を償却する**定率償却法**がある。資産の取得原価を I_0〔円〕，償却期間を T 年，残存価値率を ω とした場合の残存簿価 V の変化を**図5.4**に示す。

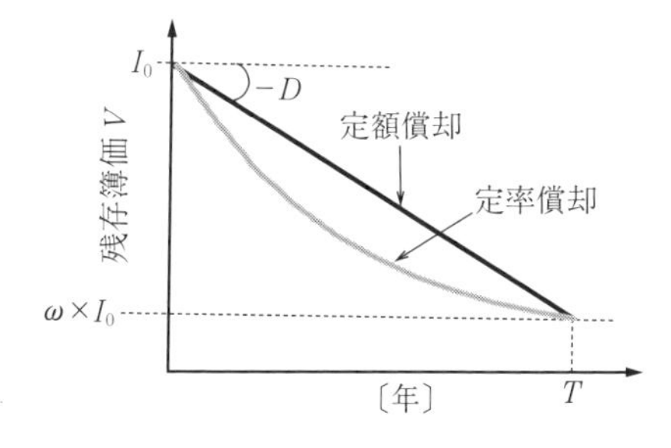

図5.4　減価償却の様子

定額償却法の場合，毎年の減価償却費 D〔円/年〕は以下の式で求められる。

$$D = I_0 \frac{1 - \omega}{T} \tag{5.21}$$

一方，定率償却法の場合は，減価償却費は毎年異なり，特に ω が 0 となるときは複雑な計算手順が法律で定められているが，ここでは省略する。

〔2〕 **償却期間均等化発電原価**　**償却期間均等化発電原価**とは，資産（発電設備）の償却期間内に発生するコストから求められる期間中の平均的な発電単価であり，現在価値換算された総可変費と総固定費，総発電電力量から計算される。

まず，割引率 r〔1/年〕で現在価値換算された総可変費 Cv〔円〕は，第 t 年における発電電力量を Q_t〔kWh/年〕，単位可変費を Pv_t〔円/kWh〕とすると次式のようになる。

$$Cv = \sum_{t=1}^{T} \frac{Pv_t \cdot Q_t}{(1 + r)^t} \tag{5.22}$$

つぎに固定費は，設備の取得時に金融機関などから資金を借り入れたと想定すると，借入資金の元本返済額，借入金残額の利子，固定資産税，固定的運転維持費からなる。固定的運転維持費は，人件費，修繕費，その経費などからなり，設備取得額に発電方式の種類別の固定的運転維持費率を乗じて定める。

具体的には，第 t 時点における元本返済額を R_t〔円/年〕，借入金の残額を L_t〔円〕，年利子率を i〔1/年〕，発電設備の残存簿価を V_t〔円〕，減価償却費を D_t〔円/年〕，固定資産税率を τ〔1/年〕，固定的な運転維持費率を μ〔1/年〕とすると，現在価値換算後の総固定費 Cf〔円〕は次式で表現できる。

$$Cf = \sum_{t=1}^{T} \frac{R_t + L_t \cdot i + V_t \cdot \tau + I_0 \cdot \mu}{(1 + r)^t} \tag{5.23}$$

ただし，上式中の L_t，V_t は，つぎのように時間経過に伴い減少する。

$$L_t = I_0 - \sum_{t'=1}^{t-1} R_{t'}, \quad V_t = I_0 - \sum_{t'=1}^{t-1} D_{t'}$$

償却期間均等化発電原価 P_L〔円/kWh〕は次式から求められる。

$$\sum_{t=1}^{T} \frac{P_L \cdot Q_t}{(1+r)^t} = Cv + Cf \tag{5.24}$$

簡単のため，r が i に等しく，全時点 t で $R_t = D_t = D$，$Q_t = Q$，$Pv_t = Pv$ を仮定すると次式が得られる。なお，日本の電気事業の固定資産税の計算には，実際にはこのような定額償却法ではなく，定率償却法が用いられる。

$$\sum_{t=1}^{T} \frac{P_L \cdot Q}{(1+i)^t} = \sum_{t=1}^{T} \frac{Pv \cdot Q + D + \{I_0 - (t-1) \cdot D\}(i+\tau) + I_0 \cdot \mu}{(1+i)^t} \tag{5.25}$$

この式から，**年経費率**を θ〔1/年〕，建設単価を Pf〔円/kW〕，設備容量を K〔kW〕，年間運転時間を T_A〔h/年〕として，P_L を明示的に解き出すと以下の形となり，T_A の関数となる。

$$P_L = Pv + \theta \cdot \frac{I_0}{Q} = Pv + \theta \cdot \frac{Pf \cdot K}{T_A \cdot K} = Pv + \theta \cdot \frac{Pf}{T_A} \tag{5.26}$$

ただし，θ は式 (5.25) を整理すると以下で表せることがわかる。

$$\theta = \frac{1-\omega}{T} + i + \tau + \mu - \frac{1-\omega}{T}(i+\tau)\left\{\frac{1}{i} - \frac{T}{(1+i)^T - 1}\right\} \tag{5.27}$$

コラム 26

耐用年数と運転寿命

各種火力発電と原子力発電の法定耐用年数は表 5.1 の償却期間に示す通りである。このほかでは，一般水力発電は 40 年，揚水発電は 35 年などと定められている。法定耐用年数は，固定資産税などを算定する際に利用され，実際の運転寿命と比べると短めである。例えば，火力発電の運転寿命は 40 年程度のものが多く，法定耐用年数の 15 年よりも明らかに長い。原子力発電の運転寿命は 40～60 年であるが，米国では 80 年への延長も検討されている。償却期間後の固定費は，基本的には固定的運転維持費のみとなる。

公表されたある年代の電力会社の減価償却費などの会計データから，電源種類別の発電原価を推計する際には注意が必要である。減価償却済みの古い設備は割安に，そうではない比較的新しい設備は割高に評価されるからである。真の経済性を評価するには，法定耐用年数ではなく，実際の運転寿命に基づく固定費の均等化計算が望ましいと思われる。

さらに単位設備容量当りの年間発電費用 ac〔(円/kW)/年〕はつぎで求まる。

$$ac = P_L \cdot T_A = Pv \cdot T_A + \theta \cdot Pf \tag{5.28}$$

ここで，各種発電方式の典型的な数値例を**表 5.1** に示す。年利子率 8％ を想定した場合，例えば石炭火力の年経費率 θ_{coal} はつぎのように約 17％ となる。

$$\theta_{\mathrm{coal}} = \frac{1-0.1}{15} + 0.08 + 0.014 + 0.05 - \frac{1-0.1}{15}(0.08+0.014)\left\{\frac{1}{0.08} - \frac{15}{(1+0.08)^{15}-1}\right\} \approx 0.172\,44$$

その結果，石炭火力の設備容量当りの年間固定費は，年経費率と建設単価の積としてつぎのように約 43 000 円と求められる。

$$\theta_{\mathrm{coal}} \cdot Pf_{\mathrm{coal}} = 0.172\,44 \cdot 250\,000 = 43\,110 \text{〔(円/kW)/年〕}$$

表 5.1　電源種別の経済特性の数値例

	原子力	石炭火力	天然ガス火力	石油火力
建設単価	30 万円/kW	25 万円/kW	20 万円/kW	15 万円/kW
燃料費	1.3 円/kWh	5.0 円/kg	30 円/kg	35 円/L
償却期間	16 年	15 年	15 年	15 年
残存価値率	10.0％	10.0％	10.0％	10.0％
固定資産税率	1.4％	1.4％	1.4％	1.4％
運転費率	4.0％	5.0％	3.0％	4.0％
燃料発熱量	—	6 000 kcal/kg	13 000 kcal/kg	9 750 kcal/L
発電効率	—	36％	39％	38％

残存価値率：2007 年から日本では残存価値が 1 円となるまで減価償却できるようになった。

また，単位可変費 Pv として燃料費のみを考えると，1 kWh ＝ 860 kcal であるから，石炭火力の Pv_{coal} はつぎのように 1 kWh 当り約 2 円となる。

$$Pv_{\mathrm{coal}} = \frac{5 \times 860}{6\,000 \times 0.36} = 1.99 \text{〔円/kWh〕}$$

5.3.2　スクリーニングカーブ法による最適電源構成の導出

〔1〕　スクリーニングカーブ　　表 5.1 から求められる容量当りの年間発電費用を，T_A を横軸にしてグラフで表すと**図 5.5** となり，y 切片が年間固定費

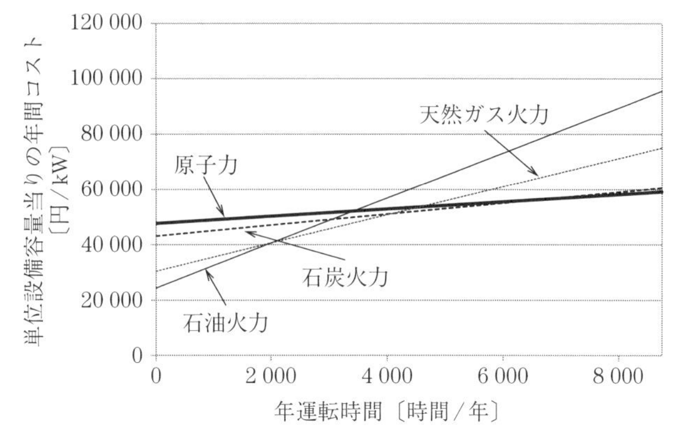

図 5.5 スクリーニングカーブ

$\theta \cdot Pf$，傾きが単位可変費 P_v となる直線になる。横軸の最大値は平年であれば 8 760 時間（24 時間 × 365 日）となる。T_A の長さに応じて，最も安価となる発電方式を判別できることから，この図は**スクリーニングカーブ**と呼ばれる。

固定費が安価なものは運転時間が短いときに，単位可変費が安価なものは運転時間が長いときにそれぞれ有利になる。この数値例では，T_A が 0〜2 017 では石油火力，2 017〜4 074 では天然ガス火力，4 074〜6 655 では石炭火力，そして 6 655〜8 760 では原子力が，それぞれ最経済電源となる。この場合，ベース負荷は原子力，ピーク負荷は石油火力で供給すれば経済的に有利であることがわかる。

〔**2**〕 **負荷持続曲線** 時間変化する電力負荷を時刻順に示した曲線が**負荷曲線**であり，負荷を大きい順に並べ換えたものが**負荷持続曲線**となる。負荷持続曲線を用いると，対象期間中のあるレベル以上の電力負荷の発生時間が簡単にわかる。**図 5.6** は 1 日（24 時間）を対象とした**日負荷持続曲線**の例であるが，1 年間（8 760 時間）を対象にしたものは**年負荷持続曲線**という。

スクリーニングカーブと年負荷持続曲線を利用して，**図 5.7** に示す手順で，最適な電源構成を簡易的に導出できる。t を持続時間として $d(t)$ を年負荷持続曲線とすると，第 n 種電源の最適容量 K_n^{opt}〔kW〕は次式で表現できる。

$$K_n^{\mathrm{opt}} = d(t_n^L) - d(t_n^U) \tag{5.29}$$

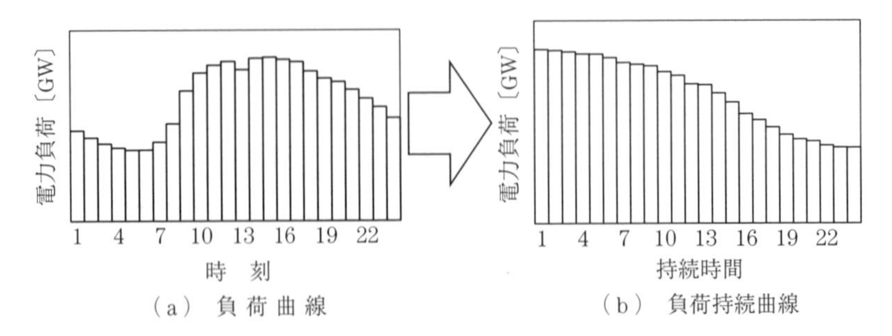

図 5.6　負荷曲線と負荷持続曲線

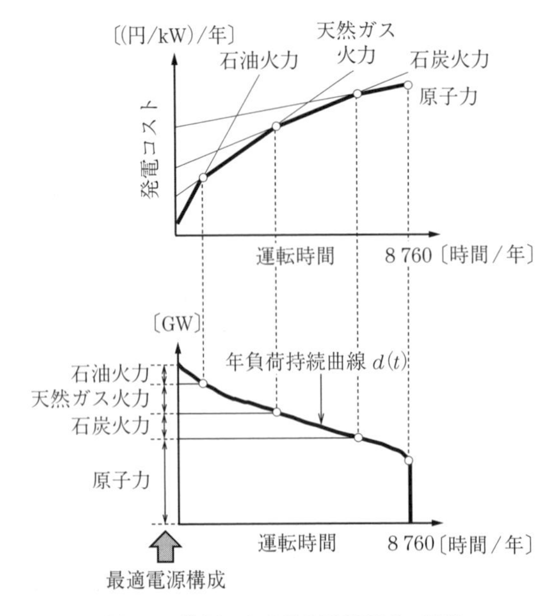

図 5.7　作図による最適電源構成の導出

ここで，t_n^U と t_n^L はそれぞれ，スクリーニングカーブから求められた第 n 種電源が最経済電源となる年間運転時間の最大値と最小値である。石炭火力の例では，それぞれ 4 074 時間と 6 655 時間となる。

この簡易導出法は，問題を直観的に理解するにはよいが，発電設備の負荷追従制約や電力貯蔵を考慮できないなど，実用的には問題がある。この問題を克服するには，次項で説明する数理計画法によるアプローチが必要となる。

5.3.3 数理計画法による最適電源構成の導出

〔1〕 **基本的最適電源構成モデル**　以下の変数を導入し，最適電源構成を線形計画法の問題として定式化した**最適電源構成モデル**の例を示す。

$x_{n,h}$：第 n 種電源の第 h 時刻での発電電力〔kW〕

k_n：第 n 種電源の発電設備容量〔kW〕

電源種類数を N，時点総数を H とすると，最小化されるべき**目的関数**はつぎのようになる。

$$J = \sum_{n=1}^{N}\left(\theta_n \cdot Pf_n \cdot k_n + \Delta H \cdot \sum_{h=1}^{H} Pv_n \cdot x_{n,h}\right) \to \min \tag{5.30}$$

以下の**電力需給バランス**と**設備容量制約**を制約条件式として考慮する。

$$\sum_{n=1}^{N} x_{n,h} = Load_h \qquad (h = 1, 2, \cdots, H) \tag{5.31}$$

$$x_{n,h} \leqq k_n \qquad (n = 1, 2, \cdots, N, \quad h = 1, 2, \cdots, H) \tag{5.32}$$

ただし，θ_n は第 n 種電源の年経費率，Pf_n は第 n 種電源の建設単価〔円/kW〕，Pv_n は第 n 種電源の単位可変費〔円/kWh〕，$Load_h$ は第 h 時刻での電力負荷，ΔH はモデルの時間間隔とする。年間 365 日のモデルであれば $\Delta H = 8\,760/H$ となる。

上記の問題を解くと，スクリーニングカーブ法と同じ最適解を得る。

〔2〕 **より現実的な最適電源構成モデル**　揚水発電，設備稼働率，既設設備容量，負荷追従力制約，CO_2 排出制約を考慮した最適電源構成モデルの例を示す。さらに以下の変数を追加する。

s_h：第 h 時刻での揚水発電所の充電電力〔kW〕

z_h：第 h 時刻での揚水発電所の蓄電量〔kWh〕

$k^{\mathrm{new}}{}_n$：第 n 種電源の新設容量〔kW〕

揚水発電を第 $N+1$ 種の電源とすると目的関数はつぎのようになる。

$$J = \sum_{n=1}^{N+1}\left(\theta_n \cdot Pf_n \cdot k_n + \Delta H \cdot \sum_{h=1}^{H} Pv_n \cdot x_{n,h}\right) \to \min \tag{5.33}$$

揚水発電では，発電機を揚水ポンプとしても利用するため，充電電力に対して発電電力と同じ設備容量制約を想定し，需給バランスにも充電用の電力を加味する。電力需給バランス，設備容量制約はつぎのように修正される。$U_{n,h}$ は第 n 種電源の第 h 時刻での**設備稼働率**（$0 \leqq U_{n,h} \leqq 1$）で所与とする。

$$\sum_{n=1}^{N+1} x_{n,h} - s_h = Load_h \qquad (h = 1, 2, \cdots, H) \tag{5.34}$$

$$x_{n,h} \leqq U_{n,h} \cdot k_n \qquad (n = 1, 2, \cdots, N+1, \quad h = 1, 2, \cdots, H) \tag{5.35}$$

$$s_h \leqq U_{p,h} \cdot k_p \qquad (h = 1, 2, \cdots, H) \tag{5.36}$$

第 n 種電源の出力の増加率と減少率の上限をそれぞれ Inc_n と Dec_n とすると，発電設備の**負荷追従力制約**はつぎのように表現できる。

$$x_{n,h} \leqq (1 + \Delta H \cdot Inc_n) \cdot x_{n,h-1} \qquad (n = 1, 2, \cdots, N, \quad h = 1, 2, \cdots, H) \tag{5.37}$$

$$x_{n,h} \geqq (1 - \Delta H \cdot Dec_n) \cdot x_{n,h-1} \qquad (n = 1, 2, \cdots, N, \quad h = 1, 2, \cdots, H) \tag{5.38}$$

ピーク負荷時の**供給力制約**は**供給予備率** δ を用いて以下のようになる。

$$\sum_{n=1}^{N+1} U_{n,h} \cdot k_n \geqq (1 + \delta) \cdot Load_h \qquad (h = 1, 2, \cdots, H) \tag{5.39}$$

貯蔵電力量は**充放電効率** η を用いてつぎの状態方程式で表現できる。

$$z_{h+1} = z_h + \Delta H \cdot (\eta \cdot s_h - x_{N+1,h}) \qquad (h = 1, 2, \cdots, H) \tag{5.40}$$

そして，第 n 種電源の排出原単位を $Carbon_n$ とし，排出上限値を $CO2_{\mathrm{upper}}$ とすると，**CO_2 排出量制約**は次式となる。

$$\Delta H \cdot \sum_{n=1}^{N} \left(Carbon_n \cdot \sum_{h=1}^{H} x_{n,h} \right) \leqq CO2_{\mathrm{upper}} \tag{5.41}$$

K_{0n} を第 n 種電源の既設容量とすると，k_n は次式で表現される。

コラム 27

供給予備率

発電所の事故や故障，天候の急激な変動などを原因とする供給力低下や需要増に備え，つねに電力供給力に余裕を持たせておく必要がある。供給予備率はLOLP（loss of load probability）などの供給信頼度指標に基づいて設定される。2011 年の東日本大震災以前は，日本では最大需要月において 0.3 日の見込み不足日を目標値として，7～10 % の供給予備率を確保するのが普通であった。震災後は原子力発電所の稼働停止もあり，3 % にまで低下し停電リスクが高まったこともあった。

$$k_n = k_n^{\mathrm{new}} + K_{0n} \qquad (n = 1, 2, \cdots, N+1) \tag{5.42}$$

上記の制約条件以外に，送電容量制約，電力貯蔵量制約などのさまざまな制約を考慮する必要がある。モデルの時間間隔 ΔH は1時間とは限らず，10分間など精緻な場合もあれば，8時間などと粗い場合もある。また，季節別，平休日別に数日分の代表日の日負荷曲線を想定して，それらの代表日のみを定式化し，発生頻度も考慮しつつ年間の可変費を近似する方法もある。さらに，個々のプラントの起動費や部分負荷運転時の効率低下を明示的に考慮する混合整数計画で定式化されたモデルもある。

式 (5.34) の制約条件式の潜在価格は時刻別の発電単価となる。式 (5.41) のそれは CO_2 排出量制約の実現に必要となる等価的な炭素税率となる。

5.3.4 最適電源計画モデル

前述の最適電源構成モデルはある単一時点（年度）の発電費用の最小化を目的としたが，設備容量の拡張計画を分析するには，複数年度にわたる発電費用を考慮する必要がある。そのための道具が**最適電源計画モデル**である。

最適電源計画モデルの目的関数としては，対象年の時点総数を T とし，各時点 $t(t = 1, 2, \cdots, T)$ の発電費用を TC_t とすると，以下に示すように割引率 r で現在価値換算された期間中の発電費用の総和を用いる。

$$J = \sum_{t=1}^{T} \frac{TC_t}{(1+r)^t} \to \min \tag{5.43}$$

前述の最適電源構成モデルの各変数に時点の添え字 t を追加し，TC_t は式 (5.33) の目的関数を利用して以下のように表せる。

$$TC_t = \sum_{n=1}^{N+1} \left(\theta_n \cdot Pf_{n,t} \cdot k_{n,t} + \Delta H \cdot \sum_{h=1}^{H} Pv_{n,t} \cdot x_{n,h,t} \right) \qquad (t = 1, 2, \cdots, T) \tag{5.44}$$

建設単価や燃料単価の変化が対象期間中に予想される場合は，上式中の $Pf_{n,t}$ や $Pv_{n,t}$ の値を将来シナリオに基づいて時点 t 別に設定する。

式 (5.34)～(5.42) などの時点別の制約条件式は，変数，係数，定数項に添え字 t を追加し，必要があれば係数（η_t などの効率）や定数項（$Load_{h,t}$ など）

の値を時点 t に応じて適宜調整することで，基本的にそのまま流用できる。

最適電源計画モデルでは，式 (5.42) の代わりに，以下の設備容量に関する状態方程式を用いる。ただし，Λ_n は第 n 種電源の運転寿命であり，$K_{0n,t}$ は時点 t における残存既設容量である。

$$k_{n,t} = \sum_{t'=\max(1,t-\Lambda_n)}^{t} k_{n,t'}^{\text{new}} + K_{0n,t} \qquad (n = 1, 2, \cdots, N, \quad t = 1, 2, \cdots, T) \qquad (5.45)$$

モデルの規模を小さくするために，時点 t としては，必ずしも毎年ではな

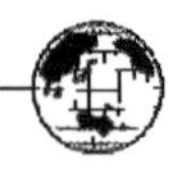

コラム 28

スケール効果と習熟効果

最適電源計画モデルでは，建設費は設備容量 $k_{n,t}$ に比例すると想定した。しかし実際のエネルギー関連施設の建設費は，規模が大きくなると単位出力当りの建設費が安価になる傾向がある。これは**スケール効果**や規模の経済などと呼ばれ，次式でモデル化される。

$$I = I_0 \times \left(\frac{K}{K_0}\right)^s$$

ここで，I は対象プラントの建設費，I_0 は基準プラントの建設費，K は対象プラント容量，K_0 は基準プラント容量である。スケール指数 s は 2/3 程度とされる。化学プラントや熱機関などでは，定格出力がその体積（長さの 3 乗）に比例する一方で，建設資材はその表面積（長さの 2 乗）におおむね比例する傾向があることが背景にある。出力が電極などの面積に比例する太陽電池や燃料電池などには，s は 1 となりスケール効果は普通見られない。

スケール効果とは別に，エネルギー供給コストの低減要因として，生産プロセスの**習熟効果**もある。工場で量産される機器は生産台数が増加するほど工程の合理化などで単価が低下する傾向を指す。累積生産量を q，単価を p として次式でモデル化される。

$$p = aq^{-b}$$

a は最初の 1 台目（あるいは 1 単位容量）の単価，b は習熟効果の程度を表すパラメータである。b の値は，風力発電や太陽光発電に関する過去の実績では 0.3 程度と推計され，この場合，累積生産量が 2 倍になるごとに，単価は約 2 割ずつ低減される。

習熟効果を考慮すると，式 (5.44) の $Pf_{n,t}$ の値も変数（t 時点までの建設容量の関数）となる。じつはスケール効果や習熟効果は，二次計画法でも対応できない非凸性という厄介な非線形性を有し，これらを明示的に考慮した最適解の導出は一般には難しい。

く，5年や10年間隔の時点が設定されることが多い。

詳細は割愛するが，最適電源計画モデルに，石油製品や都市ガスの需給バランス式や各種エネルギー変換プラントの設備容量制約式などを追加すると**最適化型エネルギーシステムモデル**となる。エネルギーシステムモデルにおいて，一般に最適電源計画モデルに対応する部分が最も複雑な構造を有し，その記述には相対的に多くの変数や制約条件式が必要となる。

5.4 エネルギー市場のモデル

5.4.1 エネルギー供給の費用曲線

石油生産や発電などの経済性評価は，**エネルギー供給費用**が指標となる。エネルギー供給の総費用 C が，その供給量 q の関数 $C(q)$ として表せる単純な状況を考える。$C(q)$ の q に関する微分は**限界費用** MC（marginal cost）と定義される。**図5.8**（a）に示すように，MC は総費用曲線の接線の傾きとなる。

$$MC(q) = \frac{dC(q)}{dq} \tag{5.46}$$

q が0のときの供給費用を C_0 とすると次式が得られる。

$$C(q_S) = \int_0^{q_S} MC(q)dq + C_0 \tag{5.47}$$

$MC(q)$ は q の増加に伴い上昇（逓増）すると想定されることが一般的であ

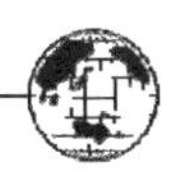

コラム 29

負の限界費用

石炭火力や原子力などの負荷追従能力が限られ，起動停止費用が大きい発電所は，短時間の出力抑制や停止に伴って発生する費用の方が，運転をそのまま継続するよりも高い。この場合，出力を下げると正の費用が発生するから，これらの発電所の限界費用は0を下回り負の値となる。メリットオーダーでは限界費用が安価な発電所が優先されるが，運転中の石炭火力は短時間であれば，限界費用が0の太陽光発電などよりも優先して運転される方が合理的となる。米国やドイツの一部で電力市場価格が負値となる事例が発生しているが，このような石炭火力などの限界費用特性と関係があるのかもしれない。

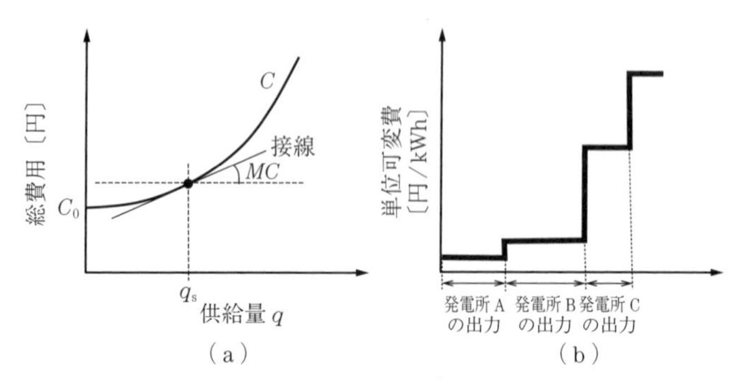

図 5.8　エネルギー生産の総費用曲線とメリットオーダー曲線

る。石油などの枯渇性資源の生産の限界費用はある時点以降の累積生産量の関数として，バイオマスなどの再生可能資源は年間生産量の関数として，それぞれ定式化されることが多い。

図(b)は，ある電力システム内に存在する発電所を対象に，個々の発電所ごとに，単位可変費と発電出力をそれぞれ縦と横にとった長方形の短冊を作成し，その短冊を高さが低いものから順に左から並べた模式図である。これらの短冊列の上端部をつないだもの（図中の太線）は，**メリットオーダー曲線**と呼ばれ，電力システムの電力供給に関する限界費用曲線となる。

5.4.2　エネルギー需要関数

〔1〕 効用関数　エネルギーを消費することで，家庭やオフィスでの空調や照明など，さまざまな用途でわれわれは**効用**を享受している。効用は消費者の主観的なものであるが，効用の対価として支払ってよいと消費者が考える金額（**支払意思額**）がわかれば，効用をその金額の大きさとして客観的に捉えられる。ここで，個々の用途別に，消費量を横幅に，単位エネルギー当りの支払意思額を高さにした短冊を考える。短冊の面積は各用途のエネルギー消費による効用となる。社会におけるエネルギー消費（需要）の用途は無数に存在するが，**図 5.9** に示すように，それぞれの用途に対応する短冊を支払意思額の大きいものから順に左から並べる。これらの短冊列の上端部をつないだもの

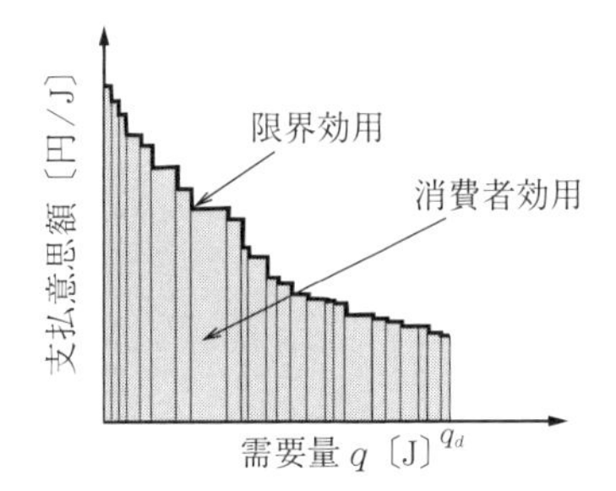

図 5.9　エネルギー消費の効用と限界効用曲線

が**限界効用** MU（marginal utility）であり，社会における消費量 q_d と支払意思額 p の関係が得られる。

この限界効用関数 $MU(q)$ を積分したものが厚生経済学における**消費者効用** $U(q_d)$ となる。ただし，q_d が 0 のときの効用を U_0 とする。

$$U(q_d) = \int_0^{q_d} MU(q)dq + U_0 \tag{5.48}$$

エネルギー消費量（需要量）q を価格 p の関数として表現したのが**エネルギー需要関数** $D(p)$ である。これは限界効用 $MU(q)$ の逆関数となる。

$$q = D(p) = MU^{-1}(p) \tag{5.49}$$

エネルギー需要関数の数学的な定式化方法には，マクロ経済的な知見に基づく**トップダウン方式**と，工学的な知見に基づく**ボトムアップ方式**とがある。

〔**2**〕 **トップダウン方式の需要関数**　　トップダウン方式では，次式に示すように，エネルギー需要 q をエネルギー価格 p のべき乗の関数として定式化することが多い。

$$q = Q_0\left(\frac{p}{P_0}\right)^{\varepsilon} \tag{5.50}$$

P_0 は基準価格，Q_0 は基準需要，ε は**価格弾性値**である。一般に ε は負値であり，絶対値は産業部門で大きく，民生部門や運輸部門では小さくなる傾向がある。ε は以下の式でも定義される。

$$\varepsilon = \frac{d\ln q}{d\ln p} = \frac{\dfrac{dq}{q}}{\dfrac{dp}{p}} = \frac{p}{q}\,\frac{dq}{dp} = \frac{\dfrac{MU}{q}}{\dfrac{dMU}{dq}} \tag{5.51}$$

なお，価格pだけでなく所得水準yも合わせた次式のエネルギー需要関数もある。Y_0は基準所得，αは**所得弾性値**である。所得水準は，エネルギーを消費する耐久消費財や自家用車などの普及率と高い相関があるため，αは正値で民生・運輸部門で大きくなる傾向がある。

$$q = Q_0\left(\frac{y}{Y_0}\right)^{\alpha}\left(\frac{p}{P_0}\right)^{\varepsilon} \tag{5.52}$$

αやεの具体的な推計は，式(5.52)の両辺の対数をとった式(5.53)の一次式の係数について，過去のq_t，y_t，p_tの統計データを用いた**最小二乗法**などで推定する。添え字tは時点を表し，η_Sは定数項，ξ_Sは誤差である。

$$\ln q_t = \eta_S + \alpha_S \ln y_t + \varepsilon_S \ln p_t + \delta \ln q_{t-1} + \xi_S \tag{5.53}$$

右辺は**ラグ項**q_{t-1}を含むが，この項が存在する式で推計されたα_Sとε_Sは，それぞれ**短期所得弾性値**，**短期価格弾性値**と呼ばれる。一方，**長期所得弾性値**をα_L，**長期価格弾性値**をε_Lとして，長期的な需要の期待値を$\hat{q}_t$とすると，これらの間にはつぎの関係式が考えられる。η_Lは定数項，ξ_Lは誤差である。

$$\ln \hat{q}_t = \eta_L + \alpha_L \ln y_t + \varepsilon_L \ln p_t + \xi_L \tag{5.54}$$

q_{t-1}から$\hat{q}_t$への長期変化の過渡的状態としてq_tが観測されたと仮定し，その長期変化への追従割合を$\phi(0 < \phi < 1)$とすると，以下の式で表せる。

$$\ln q_t - \ln q_{t-1} = \phi(\ln \hat{q}_t - \ln q_{t-1}) \tag{5.55}$$

ここで式(5.54)を式(5.55)に代入し整理すると以下の式を得る。

$$\ln q_t = \phi\cdot(\eta_L + \alpha_L \ln y_t + \varepsilon_L \ln p_t + \xi_L) + (1 - \phi)\cdot\ln q_{t-1} \tag{5.56}$$

式(5.56)と式(5.53)の係数を比較すると以下の関係式が得られる。

$$\alpha_L = \frac{\alpha_S}{1-\delta} \tag{5.57}$$

$$\varepsilon_L = \frac{\varepsilon_S}{1-\delta} \tag{5.58}$$

式(5.53)で推計された係数からα_Lとε_Lを導出できる。

〔3〕 ボトムアップ方式の需要関数　　ボトムアップ方式は，次式で表現されるように，個々のエネルギー利用機器を明示的に考慮して，それらを一つ一つ積み上げて対象システムのエネルギー需要qを求める方法である。

$$q = \sum_{i=1}^{M} \eta_i \cdot T_i \cdot N_i \qquad (5.59)$$

ここで，i は利用機器の種類，M は機器種類数，η_i は機器 1 台の単位時間当りのエネルギー消費量，T_i は稼働時間，N_i は普及台数である。この種の需要関数を実際に構成するためには，膨大な量のデータが必要なため，家庭やビルなどの限定された対象のエネルギー需要を表す際に用いられる。この式にはエネルギー価格や設備単価などは明示されていないが，稼働時間 T_i や普及台数 N_i がそれらに依存して決まる。これらの依存関係は，機器相互の代替関係も考慮に入れた非常に複雑で自由度が大きなものとなる。そのため，消費者が経済合理的な行動をとるものと仮定して，エネルギー価格や設備単価を目的関数の係数として含む数理計画問題の最適解として，エネルギー需要ならびに稼働時間や普及台数などを求めることが多い。今後，インターネットなどを介した大規模で詳細なデータの収集整理が進むと，ボトムアップ方式の需要関数の精度は質的な変化を遂げるかもしれない。

5.4.3　社　会　厚　生

社会全体のエネルギー需給を考慮に入れた経済性の評価指標として，**社会厚生**（SW : social welfare）がある。社会厚生 SW は，消費者効用 U から供給コスト C を差し引いたものとして定義される。このとき，需要量と供給量は均衡しなくてはならないから，$q = q_d = q_s$ とすると，SW は q の関数となる。

$$SW(q) = U(q) - C(q) \qquad (5.60)$$

社会厚生という指標は，電気事業やガス供給事業のように公益性の高いエネルギーシステムを分析評価する際に用いられ，社会厚生を大きくするエネルギーシステムほど社会全体として望ましいものと判断される。

ここで横軸にエネルギー供給量ならびに需要量をとり，そして縦軸にエネルギー価格をとって限界費用ならびに限界効用の曲線を描くと**図 5.10** のようになる。簡単のため，限界費用曲線や限界効用曲線を直線で表現する。

前述したように台形 OQSC と台形 OQDE の面積が，それぞれ供給コスト

$C(q)$ と消費者効用 $U(q)$ となる（簡単のため，式 (5.47)，(5.48) の C_0 と U_0 は 0 とする）。社会厚生 $SW(q)$ は，台形 OQDE の面積から台形 OQSC の面積を差し引いた台形 CSDE の面積となる。

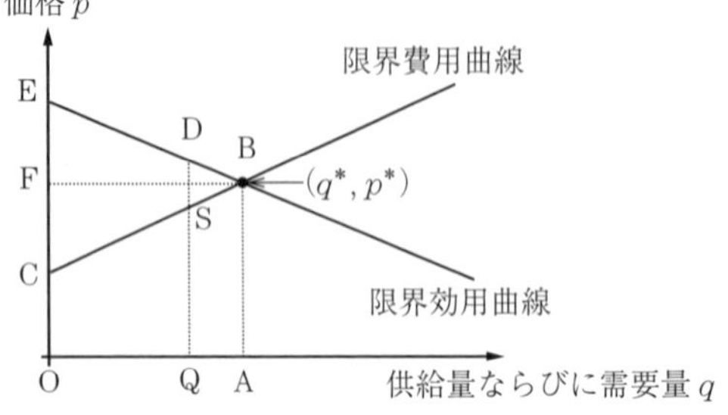

図 5.10　限界効用曲線と限界費用曲線

$SW(q)$ が最大となるのは，限界効用と限界費用とが等しくなるときであり，その値は三角形 CBE の面積となる。交点 B の座標を (q^*, p^*) とすると，p^* は社会厚生を最大にするエネルギー価格となる。長方形 OABF の面積は，価格 p^* で量 q^* のエネルギーを購入するために消費者から供給者へ支払われた代金に対応する。消費者効用（台形 OABE の面積）からこの支払代金を引いた三角形 FBE の面積を**消費者余剰**と呼び，供給者の受取代金から実際に要した供給コスト（台形 OABC の面積）を引いた三角形 CBF を**生産者余剰**という。消費者余剰と生産者余剰の和が社会厚生となる。

コラム 30

電力の小口需要家の限界効用曲線

市場の需給均衡は限界効用曲線と限界費用曲線の交点で決まるとしたが，家庭などの小口需要家の電力の限界効用曲線は，実際はよくわかっていない。これまでの電気料金が，供給側の総括原価に基づいて算定されていたため，需要家の支払意思額を知る機会がほとんどなかったからである。電気料金を変化させて，需要を制御する試みがなされているが，期待した成果が得られているとは思えない。これは需要家の支払意思額の方が電気料金よりも大幅に高く，数割程度の料金変動では需要家の行動に影響を及ぼせないためと思われる。乾電池の 1 kWh 当りの費用は 5 000 円程度にもなるのに対し，電気料金は 30 円/kWh 程度である。2011 年の東日本大震災の折，関東地方では計画停電が実施されたが，懐中電灯用の乾電池が不足して品切れとなった。多くの家庭で，照明用の電気に対する支払意思額は 5 000 円/kWh よりも高いと推測される。

5.4.4　独占・寡占市場

〔1〕 **独　占　市　場**　**売手独占市場**では，生産者は生産量を操作して，自身の生産者余剰を増やせる。例えば**図 5.11** において，生産量を削減することで，市場の均衡点は B から D へ移動し，生産者余剰である台形 CSDG の面積が，三角形 CBF の面積よりも大きくできる。三角形 SBD の面積は，独占により失われた社会厚生と考えられ，**死荷重損失**と呼ばれる。

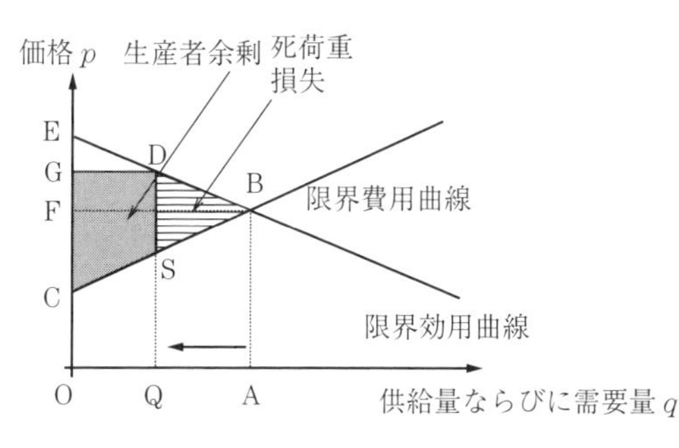

図 5.11　独 占 市 場

生産者独占市場で，生産者が解くべき最適化問題はつぎの生産者余剰の最大化を目的とする最適化問題であり，最適性の必要条件は式 (5.62) となる。

$$PS = \max_q [q \cdot MU(q) - C(q)] \tag{5.61}$$

$$\frac{dPS}{dq} = MU(q) + q \cdot \frac{dMU(q)}{dq} - MC(q) = 0 \tag{5.62}$$

上式の両辺を $MU(q)$ で除し，式 (5.51) の関係を用いると次式が得られる。

$$1 + \frac{1}{\varepsilon} = \frac{MC(q)}{MU(q)} \tag{5.63}$$

ここで，限界費用 MC からの市場価格 p の乖離度を示す指標である**マークアップ率** m を導入する。

$$m = \frac{p - MC(q)}{p} = 1 - \frac{MC(q)}{p} = 1 - \frac{MC(q)}{MU(q)} \tag{5.64}$$

式 (5.63) と式 (5.64) から，$m = -1/\varepsilon$ が導出される。これは需要関数の価格弾性値 ε の絶対値が小さいときほど，マークアップ率 m が大きくなり，生産者に有利となることを示している。

説明は割愛するが，逆に**買手独占市場**では，消費者が消費量を操作して，消費者余剰が最大となるように価格付けがなされる。

〔2〕 寡占市場　N 人の**売手寡占市場**で，第 i 生産者は，その生産量 q_i を操作して，自らの生産者余剰 PS_i を最大化するものとする。C_i を第 i 生産者の総費用とすると，q_i はつぎの最適化問題の解として得られる。

$$PS_i = \max_{q_i}\left[q_i \cdot MU\left(\sum_{j=1}^{N} q_j\right) - C_i(q_i)\right] \tag{5.65}$$

この問題の最適性の必要条件はつぎのようになる。

$$\frac{dPS_i}{dq_i} = MU\left(\sum_{j=1}^{N} q_j\right) + q_i \frac{d}{dq_i} MU\left(\sum_{j=1}^{N} q_j\right) - MC_i(q_i) = 0 \tag{5.66}$$

以下の $cv_{i,j}$ を**推測的変動**と呼び，第 i 生産者が推測した，自戦略 q_i の微小変化が第 j 生産者の戦略 q_j に与える影響を表す。

$$cv_{i,j} = \frac{\partial q_j}{\partial q_i} \tag{5.67}$$

ここで，$i \neq j$ で $cv_{i,j} = 0$ となる**クールノー・ナッシュ均衡**を仮定して，独占市場と同様に整理をすると，第 i 生産者のマークアップ率 m_i は次式となる。ただし，s_i は第 i 生産者の市場シェアである。

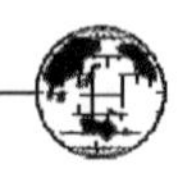

コラム 31

ミッシングマネー問題

ピーク負荷時の電力市場は，市場参加者数が多くても，単位可変費の安価なベース負荷電源は設備容量一杯の一定出力運転を行うため，単位可変費の高いピーク負荷電源のみで構成される寡占市場と似た状況となり，市場価格が高騰する可能性がある。しかし，この価格高騰は，ピーク負荷電源に投資するインセンティブを与え，いわゆるミッシングマネー問題（完全自由化された電力市場では，市場価格が発電所の単位可変費程度にしか上昇せず，固定費を回収できないという問題）の解決に寄与できるかもしれない。ただ，価格高騰の程度や発生頻度は不確実なため，ハイリスク・ハイリターンの投資となる。価格高騰は，電源への設備投資だけでなく省エネルギー投資も促進すると考えられる。

$$m_i = \frac{-q_i}{\varepsilon \sum_{j=1}^{N} q_j} = -\frac{s_i}{\varepsilon} \tag{5.68}$$

市場参加者数が増えると，各参加者の市場シェア s_i は小さくなり，一般には m_i は低下し，$m_i = 0$ のいわゆる**完全競争状態**へ近付く。このことは，世界的に電力やガスの自由化とその市場取引の導入が進められているが，十分な数の市場参加者がいない状況では，発電量の操作により市場価格が高騰する可能性があることを示している。

5.5 エネルギー経済モデル

5.5.1 部分均衡と一般均衡

エネルギー市場モデルのように，特定の財のみの需給均衡を考慮するモデルは，**部分均衡モデル**と呼ばれる。それに対し，社会で取引されるすべての財を考慮するモデルを**一般均衡モデル**という。部分均衡モデルは一般均衡モデルの一部を近似的に切り出したものといえる。ところですべての財を考慮しようとしても，社会で取引される財の全種類を厳密には扱えない。実用的な一般均衡モデルでは，類似する財を金額ベースで足し合わせて集約し，限られた数（多くて 100 種類程度）の財の需給均衡を考える。最も簡略な場合で，財が 1 種類しかない一般均衡モデルもある。

5.5.2 産 業 連 関 表

一般均衡モデルの理解には，**産業連関表**の考え方が参考となる。産業連関表とは，一国の経済における産業部門別の生産量と投入量，財別の消費量を金額ベースで整理した表である。第 i 産業は第 i 財を生産するものとし，産業部門と財の数を n とした産業連関表を**表 5.2** に示す。ただし，p_i は第 i 財の価格，y_i は第 i 財の生産量，$x_{i,j}$ は第 j 産業での第 i 財の**中間投入量**，d_i は第 i 財の**消費量**，v_j は第 j 産業の**付加価値率**である。

表 5.2　n 部門産業連関表

		生産活動						消　費	生　産
		第1産業	第2産業		第 j 産業		第 n 産業		
財バランス	第1財	$p_1 \cdot x_{1,1}$	$p_1 \cdot x_{1,2}$	$\cdots$	$p_1 \cdot x_{1,i}$	$\cdots$	$p_1 \cdot x_{1,n}$	$p_1 \cdot d_1$	$p_1 \cdot y_1$
	第2財	$p_2 \cdot x_{2,1}$	$p_2 \cdot x_{2,2}$	$\cdots$	$p_2 \cdot x_{2,j}$	$\cdots$	$p_2 \cdot x_{2,n}$	$p_2 \cdot d_2$	$p_2 \cdot y_2$
	$\vdots$	$\vdots$	$\vdots$		$\vdots$		$\vdots$	$\vdots$	$\vdots$
	第 i 財	$p_i \cdot x_{i,1}$	$p_i \cdot x_{i,2}$	$\cdots$	$p_i \cdot x_{i,j}$	$\cdots$	$p_i \cdot x_{i,n}$	$p_i \cdot d_i$	$p_i \cdot y_i$
	$\vdots$	$\vdots$	$\vdots$		$\vdots$		$\vdots$	$\vdots$	$\vdots$
	第 n 財	$p_n \cdot x_{n,1}$	$p_n \cdot x_{n,2}$	$\cdots$	$p_n \cdot x_{n,j}$	$\cdots$	$p_n \cdot x_{n,n}$	$p_n \cdot d_n$	$p_n \cdot y_n$
付加価値		$v_1 \cdot y_1$	$v_2 \cdot y_2$	$\cdots$	$v_j \cdot y_j$	$\cdots$	$v_n \cdot y_n$		
生　産		$p_1 \cdot y_1$	$p_2 \cdot y_2$	$\cdots$	$p_j \cdot y_j$	$\cdots$	$p_n \cdot y_n$		

第 i 財の社会におけるバランス式は，表を横方向に見て以下のようになる。

$$\sum_{j=1}^{n} x_{i,j} + d_i = y_i \qquad (i = 1, 2, \cdots, n) \tag{5.69}$$

また，第 j 産業の生産活動の収支は，表を縦方向に見て以下のようになる。

$$\sum_{i=1}^{n} p_i \cdot x_{i,j} + v_j \cdot y_j = p_j \cdot y_j \qquad (j = 1, 2, \cdots, n) \tag{5.70}$$

次式で定義される $a_{i,j}$ を要素とする投入係数行列 A を考える。

$$a_{i,j} = \frac{x_{i,j}}{y_j} \qquad (i = 1, 2, \cdots, n, \quad j = 1, 2, \cdots, n) \tag{5.71}$$

この A を用いて，式 (5.69) から生産と消費の間の関係が導出できる。ただし，$\boldsymbol{y}$，$\boldsymbol{d}$ はそれぞれ y_i，d_i を成分とする縦ベクトルである。

$$\boldsymbol{y} = (\boldsymbol{I} - \boldsymbol{A})^{-1} \cdot \boldsymbol{d} \tag{5.72}$$

なお，$(\boldsymbol{I} - \boldsymbol{A})^{-1}$ は特に**レオンチェフ逆行列**と呼ばれる。さらに同様に，式 (5.70) から，つぎのように価格と付加価値率の間の関係が導出できる。ただし，$\boldsymbol{p}$，$\boldsymbol{v}$ はそれぞれ，p_j，v_j を成分とする横ベクトルである。

$$\boldsymbol{p} = \boldsymbol{v} \cdot (\boldsymbol{I} - \boldsymbol{A})^{-1} \tag{5.73}$$

これらの式から，付加価値額の総和である GDP と消費額の総和である**国内総支出** GDE（gross domestic expenditure）がつねに等しいことが示される。

$$GDP = \sum_{j=1}^{n} v_j \cdot y_j = \boldsymbol{v} \cdot (\boldsymbol{I} - \boldsymbol{A})^{-1} \cdot \boldsymbol{d} = \sum_{i=1}^{n} p_i \cdot d_i = GDE \tag{5.74}$$

産業連関表やレオンチェフ逆行列は，エネルギー環境関連技術の **LCA**（life cycle assessment）などにも使用され，重要な分析ツールとなっている。

5.5.3 生産関数と効用関数

〔**1**〕 **生　産　関　数**　**生産関数**は企業などの生産活動の数学モデルである。n 個の生産要素（労働，設備，原材料など）の投入量 $\boldsymbol{x}=(x_1,\cdots,x_i,\cdots,x_n)$ の関数として生産関数 f を表す。よく利用される具体的な関数は以下のものである（ただし，$\boldsymbol{x}>0$）。

$$f(\boldsymbol{x};\sigma)=\left\{\sum_{i=1}^{n}\alpha_i\cdot\left(\frac{x_i}{X_i}\right)^{\frac{\sigma-1}{\sigma}}\right\}^{\frac{\sigma}{\sigma-1}} \tag{5.75}$$

この $f(\boldsymbol{x};\sigma)$ は任意の正の実数 λ で次式が成立する**一次同次**の関数である。

$$f(\lambda\boldsymbol{x};\sigma)=\lambda f(\boldsymbol{x};\sigma)$$

生産要素の相対価格の変化が投入量の相対比に与える影響を表す指標が**代替弾力性**である。代替弾力性が高いほど相対比は変化しやすく代替は容易となる。特に n が 2 の場合の代替弾力性 $\varepsilon_{\mathrm{SUB}}$ は次式で定義される。

$$\varepsilon_{\mathrm{SUB}}=\frac{\dfrac{f_1}{f_2}}{\dfrac{x_2}{x_1}}\cdot\frac{d\left(\dfrac{x_2}{x_1}\right)}{d\left(\dfrac{f_1}{f_2}\right)}\quad \text{ただし，} f_1=\frac{\partial f}{\partial x_1},\quad f_2=\frac{\partial f}{\partial x_2} \tag{5.76}$$

$f(\boldsymbol{x};\sigma)$ の代替弾力性 $\varepsilon_{\mathrm{SUB}}$ を式 (5.76) から求めると，導出過程は省くが，$\boldsymbol{x}$ の値によらずに定数 σ となる。このため $f(\boldsymbol{x};\sigma)$ は，**CES**（constant elasticity of substitution）**型関数**と呼ばれる。なお，n が 3 以上では，アレン・宇沢の代替の偏弾力性など，数通りの代替弾力性の定義が提案されている。ただし，CES 型関数であれば，いずれの定義でも代替弾力性は σ となる。

係数 α_i，X_i については，直近の統計などに基づいて生産量 f_0，第 i 要素の価格 p_{0i} と投入量 x_{0i} の各値を設定し，次式を用いて定められる。

$$\alpha_i=\frac{p_{0i}\cdot x_{0i}}{\sum_{j=1}^{n}p_{0j}\cdot x_{0j}},\quad X_i=\frac{x_{0i}}{f_0}$$

一方，σ の値については，時系列分析を通して別途推計することもあるが，実用的には類似の既存モデルの設定値を踏襲することが多い。

なお σ が 0，1，∞のときは，$f(\boldsymbol{x};\sigma)$ はつぎの関数にそれぞれ収束する。

$$\lim_{\sigma\to 0} f(\boldsymbol{x};\sigma) = \min_{i\in\{1,\cdots,n\}} \frac{x_i}{X_i} \tag{5.77}$$

$$\lim_{\sigma\to 1} f(\boldsymbol{x};\sigma) = \prod_{i=1}^{n}\left(\frac{x_i}{X_i}\right)^{\alpha_i} \tag{5.78}$$

$$\lim_{\sigma\to \infty} f(\boldsymbol{x};\sigma) = \sum_{i=1}^{n}\alpha_i\cdot\frac{x_i}{X_i} \tag{5.79}$$

$f(\boldsymbol{x};\sigma)$ を一定とする $\boldsymbol{x}$ の組み合わせで形成される曲面を**等産出曲面**という。**図 5.12** には，$n=2$ のときの等産出曲線を例示する。

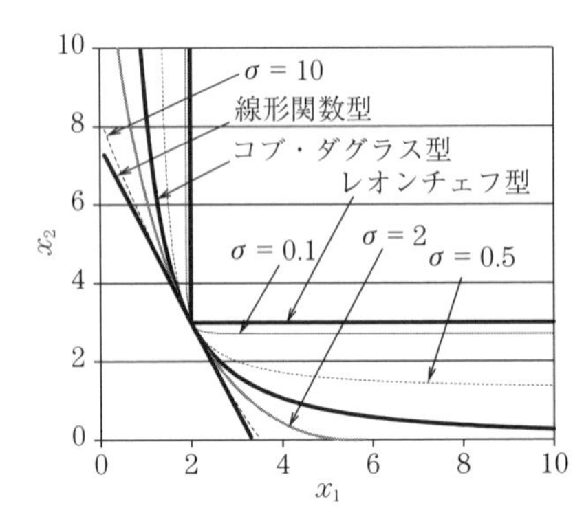

図 5.12　生産関数の等産出曲線

$\sigma=0$ の式 (5.77) は**レオンチェフ型関数**と呼ばれ，等産出曲線は L 字形となる。σ が大きくなると，L 字内側の角が開くとともに，頂点部分もなめらかな曲線になる。$\sigma=1$ の式 (5.78) は**コブ・ダグラス型関数**と呼ばれる。そして，$\sigma=\infty$ の式 (5.79) は，L 字は完全に開き，直線状の**線形関数**となる。

つぎに生産量 Y を下限とする生産費用の最小化問題を考える。第 i 要素の価格を p_i とすると，生産費用の最小値 c は $\boldsymbol{p}=(p_1,\cdots,p_i,\cdots,p_n)$ と Y の関数となる。

$$c(\boldsymbol{p},Y) = \min_{\boldsymbol{x}}\left\{\sum_{i=1}^{n} p_i\cdot x_i \mid Y \leqq f(\boldsymbol{x};\sigma), \boldsymbol{x}\geqq 0\right\} \tag{5.80}$$

x_i の最適値を x_i^* とすると，$c(\boldsymbol{p}\,;\sigma)$ は具体的にはつぎのようになる。

$$c(\boldsymbol{p},Y)=\sum_{i=1}^{n}p_i\cdot x_i^*=g(\boldsymbol{p}\,;\sigma)\cdot Y \tag{5.81}$$

$f(\boldsymbol{x}\,;\sigma)$ が CES 型なら，**単位生産費用** $g(\boldsymbol{p}\,;\sigma)$ もつぎの CES 型関数となる。

$$g(\boldsymbol{p}\,;\sigma)=\left\{\sum_{i=1}^{n}\alpha_i\cdot\left(\frac{p_i}{P_i}\right)^{1-\sigma}\right\}^{\frac{1}{1-\sigma}}\quad ただし，P_i=\frac{\alpha_i}{X_i} \tag{5.82}$$

なお σ が 0，1，∞ のときは，$g(\boldsymbol{p}\,;\sigma)$ はつぎの関数にそれぞれ収束する。

$$\lim_{\sigma\to 0}g(\boldsymbol{p}\,;\sigma)=\sum_{i=1}^{n}\alpha_i\cdot\frac{p_i}{P_i} \tag{5.83}$$

$$\lim_{\sigma\to 1}g(\boldsymbol{p}\,;\sigma)=\prod_{i=1}^{n}\left(\frac{p_i}{P_i}\right)^{\alpha_i} \tag{5.84}$$

$$\lim_{\sigma\to\infty}g(\boldsymbol{p}\,;\sigma)=\min_{i\in\{1,\cdots,n\}}\frac{p_i}{P_i} \tag{5.85}$$

詳細は割愛するが，包絡線定理などからつぎの**シェパードの補題**が導出される。

$$x_i^*=\frac{\partial c}{\partial p_i}=Y\frac{\partial g}{\partial p_i} \tag{5.86}$$

この補題を用いると第 i 要素の**コストシェア** $s_{c,i}$ は次式で表される。

$$s_{c,i}=\frac{p_i\cdot x_i^*}{c}=\frac{p_i}{c}\frac{\partial c}{\partial p_i}=\frac{p_i}{g}\frac{\partial g}{\partial p_i} \tag{5.87}$$

価格 p_j に対する x_i^* の価格弾力性 ε_{ij} はつぎのようになる。

$$\varepsilon_{ij}=\frac{p_j}{x_i^*}\frac{\partial x_i^*}{\partial p_j}=\frac{p_j}{\dfrac{\partial g}{\partial p_i}}\cdot\frac{\partial^2 g}{\partial p_i\partial p_j}=\sigma(s_{c,j}-\delta_{ij}) \tag{5.88}$$

ただし，δ_{ij} は**クロネッカーのデルタ**である。$i=j$ のときは $\delta_{ij}=1$ で ε_{ij} は**自己価格弾力性**と呼ばれ，$i\neq j$ のときは $\delta_{ij}=0$ で ε_{ij} は**交差価格弾力性**と呼ばれる。

ところで，$g(\boldsymbol{p}\,;\sigma)$ が式 (5.84) のコブ・ダグラス型となる場合は，つぎのように $\ln c$ を $\ln p_i$ の一次の近似式で表現することに対応する。

$$\ln c=const+\ln Y+\sum_{i=1}^{n}\alpha_i\ln p_i \tag{5.89}$$

これを二次の近似式に拡張したのが，つぎの**トランスログ型関数**である。

$$\ln c = const + \ln Y + \sum_{i=1}^{n} \alpha_i \ln p_i + \frac{1}{2} \sum_{i=1}^{n} \sum_{j=1}^{n} \beta_{ij} \ln p_i \cdot \ln p_j \tag{5.90}$$

ただし，二次の係数 β_{ij} には以下の条件が課される。

$$\sum_{i=1}^{n} \beta_{ij} = \sum_{i=1}^{n} \beta_{ji} = 0 \qquad (j = 1, 2, \cdots, n)$$

$$\beta_{ij} = \beta_{ji} \qquad (i = 1, 2, \cdots, n,\quad j = 1, 2, \cdots, n)$$

トランスログ型関数は，シミュレーションモデルではあまり利用されないが，計量経済の実証分析での使用例は多い。これは，つぎのように $s_{c,i}$ が $\ln p_j$ の一次式となり，α_i や β_{ij} の最小二乗推計が比較的容易にできるからである。

$$s_{c,i} = \frac{p_i}{c} \frac{\partial c}{\partial p_i} = \frac{\partial \ln c}{\partial \ln p_i} = \alpha_i + \sum_{j=1}^{n} \beta_{ij} (\ln p_j) \tag{5.91}$$

導出過程は省略するが，この場合の価格弾力性はつぎのようになる。

$$\varepsilon_{ij} = \frac{\beta_{ij}}{s_{c,i}} + s_{c,j} - \delta_{ij} \tag{5.92}$$

i と j は交差価格弾力性が正であれば**代替関係**，負であれば**補完関係**となる。

〔2〕　効　用　関　数　　消費者の**効用関数**も，式（5.75）と同じ CES 型関数を用いることが多い。n 個の財の消費量 $\boldsymbol{x} = (x_1, \cdots, x_i, \cdots, x_n)$ の関数として効用関数 f が表せるとする。

$$f(\boldsymbol{x}\,; \sigma) = \left\{ \sum_{i=1}^{n} \alpha_i \cdot \left(\frac{x_i}{X_i} \right)^{\frac{\sigma-1}{\sigma}} \right\}^{\frac{\sigma}{\sigma-1}} \tag{5.93}$$

係数 α_i，X_i は，直近の統計などに基づいて第 i 要素の価格 p_{0i} と消費量 x_{0i} の各基準値を設定し，次式を用いて定める。f_0 は任意の正数でよい。効用の絶対値には意味がないため，複数の消費者の効用の値は直接比較できない。

$$\alpha_i = \frac{p_{0i} \cdot x_{0i}}{f_0}, \quad X_i = \frac{x_{0i}}{f_0}$$

$f(\boldsymbol{x}\,; \sigma)$ を一定とする $\boldsymbol{x}$ の組み合わせで形成される曲面を**無差別曲面**という。

消費者モデルは，効用関数 f を用いて，以下の 2 通りの定式化がある。一つは所与の効用を最低支出で実現するもので，もう一つは最大効用を所与の所得（予算）で実現するものである。ここで e は**支出関数**，U は効用下限値，u は

間接効用関数，E は所得上限値である。

$$e(\boldsymbol{p}, U) = \min_{\boldsymbol{x}} \left\{ \sum_{i=1}^{n} p_i \cdot x_i \mid U \leqq f(\boldsymbol{x}\,;\sigma) \right\} = g(\boldsymbol{p}\,;\sigma) \cdot U \tag{5.94}$$

$$u(\boldsymbol{p}, E) = \max_{\boldsymbol{x}} \left\{ f(\boldsymbol{x}\,;\sigma) \mid \sum_{i=1}^{n} p_i \cdot x_i \leqq E \right\} = \frac{E}{g(\boldsymbol{p}\,;\sigma)} \tag{5.95}$$

上記の $g(\boldsymbol{p}\,;\sigma)$ は式 (5.82)～(5.85) と同じ関数である。シェパードの補題を用いて，$e(\boldsymbol{p}, U)$ から**ヒックスの需要関数**（**補償需要関数**）$x_i^{(H)}$ が導出され，$u(\boldsymbol{p}, E)$ と**ロイの恒等式**から**マーシャルの需要関数** $x_i^{(M)}$ が導出される。

$$x_i^{(H)}(\boldsymbol{p}, U) = \frac{\partial e(\boldsymbol{p}, U)}{\partial p_i} = U \frac{\partial g(\boldsymbol{p}\,;\sigma)}{\partial p_i} \tag{5.96}$$

$$x_i^{(M)}(\boldsymbol{p}, E) = -\frac{\dfrac{\partial v(\boldsymbol{p}, E)}{\partial p_i}}{\dfrac{\partial v(\boldsymbol{p}, E)}{\partial E}} = \frac{E}{g(\boldsymbol{p}\,;\sigma)} \frac{\partial g(\boldsymbol{p}\,;\sigma)}{\partial p_i} \tag{5.97}$$

$x_i^{(M)}$ と $x_i^{(H)}$ の間には，$u_0 = u(\boldsymbol{p}, E)$ として以下の**スツルスキー方程式**が成立する。

$$\frac{\partial x_i^{(M)}(\boldsymbol{p}, E)}{\partial p_j} = \frac{\partial x_i^{(H)}(\boldsymbol{p}, u_0)}{\partial p_j} - x_j^{(M)}(\boldsymbol{p}, E) \cdot \frac{\partial x_i^{(M)}(\boldsymbol{p}, E)}{\partial E} \tag{5.98}$$

この式は，p_j の変化が $x_i^{(M)}$ へ及ぼす影響は，他財による**代替効果**（右辺第一項の $x_i^{(H)}$ の変化）と**所得効果**（右辺第二項）の和となることを示している。

ヒックスの需要関数の価格弾力性 $\varepsilon_{ij}{}^{(H)}$ は式 (5.88) と同形になるが，マーシャルの需要関数の価格弾力性 $\varepsilon_{ij}{}^{(M)}$ は以下のようになる。

$$\varepsilon_{ij}{}^{(M)} = \frac{p_j}{x_i^{(M)}} \frac{\partial x_i^{(M)}}{\partial p_j} = \sigma(s_{c,j} - \delta_{ij}) - s_{c,j} = \varepsilon_{ij}{}^{(H)} - s_{c,j} \tag{5.99}$$

所得上限が E のとき，財価格が $\boldsymbol{p}_0$ から $\boldsymbol{p}$ へ変化したときの消費者効用の変化 Δu を考える。効用は計測できないため，支出額の変化で Δu の貨幣価値を推計する。このとき，**等価変分** V_E と**補償変分** V_C の二つの考え方があり，それぞれ以下の式で定義される。V_E は $\boldsymbol{p}_0$ のもとで $u(\boldsymbol{p}, E)$ と同じ効用を与える最低支出額と E の差であり，V_C は p のもとで $u(\boldsymbol{p}_0, E)$ と同じ効用を与える最低支出額と E の差である。

$$V_E = e(\boldsymbol{p}_0, u(\boldsymbol{p}, E)) - E = \frac{g(\boldsymbol{p}_0, \sigma)}{g(\boldsymbol{p}, \sigma) - 1} \cdot E \tag{5.100}$$

$$V_C = E - e(\boldsymbol{p}, u(\boldsymbol{p}_0, E)) = \frac{1 - g(\boldsymbol{p}, \sigma)}{g(\boldsymbol{p}_0, \sigma)} \cdot E \tag{5.101}$$

貨幣価値換算された Δu は，$V_C \leqq \Delta u \leqq V_E$ の範囲にある。なお，式 (5.93) の係数 $\alpha_i\,(i = 1, 2, \cdots, n)$ の和が 1 となるように f_0 を決めれば，$g(\boldsymbol{p}_0, \sigma) = 1$ となり，$V_E = u(\boldsymbol{p}, E) - u(\boldsymbol{p}_0, E)$ が成立し，V_E は比較的容易に算出できる。**図 5.13** に 2 財の効用関数で，x_2 の価格 p_2 が 1 で，x_1 の価格が p_1 から $p_1 + \delta p_1$ に変化した際の各財の需要変化，等価変分と補償変分の関係を示す。

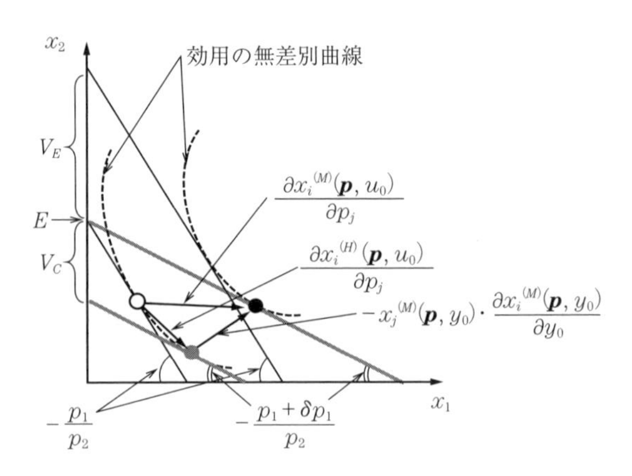

図 5.13　各財の需要変化，等価変分と補償変分

5.5.4　一般均衡モデル

〔1〕 **一時点多部門モデル**　　一つの経済主体に集計化された消費者と，n 種の産業，そして，それぞれの産業が生産する n 種の財を考える。また，**生産要素**（資本，労働，土地，資源など）として m 種の要素を考える。そして簡単のため，一時点一地域を対象としたモデルとする。まず，第 i 財の需給均衡制約を以下に示す。c_i，i_i，e_i の三項は，それぞれ第 i 財の最終消費，投資向け需要，純輸出である。ここでは一時点一地域を対象とするため，i_i，e_i は定数とする。**多時点動学的モデル**であれば i_i は変数となり，**多地域国際貿易モ**

デルであれば e_i も変数となる。

$$\sum_{j=1}^{n} x_{i,j} + c_i + i_i + e_i \leqq y_i \qquad (i = 1, 2, \cdots, n) \tag{5.102}$$

このバランス式は産業連関表の式 (5.69) を拡張したものに相当し，消費の項 d_i が上記の c_i，i_i，e_i の三項に細分化された形となる。

つぎに，第 j 産業による第 j 財の生産量 y_j の生産関数を以下に示す。ここで，第 j 産業での財の中間投入量ベクトルを $\boldsymbol{x}_j = (x_{1,j}, \cdots, x_{i,j}, \cdots, x_{n,j})$，生産要素の投入量ベクトルを $\boldsymbol{z}_j = (z_{1,j}, \cdots, z_{k,j}, \cdots, z_{m,j})$ とする。

$$y_j = f_j(\boldsymbol{x}_j, \boldsymbol{z}_j) \qquad (j = 1, 2, \cdots, n) \tag{5.103}$$

f_j は式 (5.75) の CES 型関数などで具体化される。ここで，第 i 財の価格を $p_{x,i}$，第 k 生産要素の価格を $p_{z,k}$ とすると，式 (5.81) より以下が成立する。

$$p_{x,j} \cdot y_j = \sum_{i=1}^{n} p_{x,i} \cdot x_{i,j} + \sum_{k=1}^{m} p_{z,k} \cdot z_{k,j} \qquad (j = 1, 2, \cdots, n) \tag{5.104}$$

この式は，産業連関表での式 (5.70) に相当し，付加価値の項 $v_j \cdot y_j$ が生産要素の購入費用 $p_{z,k} \cdot z_{k,j}$ の和として表されている。

そして，以下に生産要素の供給制約を示す。Z_k は第 k 生産要素の供給可能量とする。なお，すべての生産要素が流動的に取引できると仮定する。

$$\sum_{j=1}^{n} z_{k,j} \leqq Z_k \qquad (k = 1, 2, \cdots, m) \tag{5.105}$$

ここでの一般均衡モデルは，式 (5.105) の生産要素の供給制約と，式 (5.102)，

コラム 32

社会を循環する貨幣

CO_2 排出削減のために電力会社などのエネルギー事業者が支払った費用は，機器メーカや建設会社の売上となる。貨幣は社会の中を循環し，使ってもなくならない。エネルギーシステム総コストが増加しても，増加分のお金は必ずしも無駄になるわけではない。部分均衡モデルでは，このような貨幣の循環効果を考慮できないため，費用増加による悪影響を過大評価する傾向がある。また，一般均衡の枠組みでは，ある特定の財の値上げは残りの財の相対的な値下げを意味することから，一部の財の値上げによって社会全体の財の配分が改善されれば，消費者効用がかえって増加することもある。

(5.103) で表現される経済構造のもとで，社会が享受できる次式の効用を最大化する最適化問題として定式化される。

$$J = u(c_1, c_2, \cdots, c_n) \rightarrow \max \tag{5.106}$$

効用を最大化する点は，マーシャルの需要関数を導出した際の消費者モデルと同じである。この効用関数 u も，式 (5.93) の CES 型関数などで具体化される。ここでは簡単のため，消費者全体を一つの経済主体とし，式 (5.105) を一種の予算制約とする効用最大化問題として定式化した。しかし，一般には地域別や収入階層別など消費者を複数の類型に分けて，各類型の消費者の予算制約を追加的に考慮することが多い。最適化型モデルでは，以下に示すように第 h 類型の消費者効用 $u_h(\boldsymbol{c}_h)$ を加重係数 w_h で重み付けした総和を目的関数 J とし，反復計算などによりこの w_h を適宜調整することで，各類型の消費者の予算制約を満たす一般均衡解を導出する。この加重係数 w_h は**根岸加重**と呼ばれる。

$$J = \sum_h w_h \cdot u_h(\boldsymbol{c}_h) \rightarrow \max \tag{5.107}$$

ただし，消費者間での所得移転や異時点間での資産貸借を考慮すると，予算制約をどこまで厳格に考えるかは議論の余地がある。なお，消費者としての経済主体が一つの場合，予算制約はつねに満たされる。

部分均衡モデルを最適化問題として定式化すると，式 (5.60) に示したように，目的関数には効用から費用を引いた社会厚生 SW を想定することが多い。他方，一般均衡モデルでは目的関数は効用だけで構成される。一般均衡の枠組みでは，だれかの支出はほかのだれかの収入となり，社会全体を考えると支出と収入は完全に相殺される。また各種の財価格は，部分均衡モデルでは燃料価格や設備単価などの入力データとして与えられるのに対し，一般均衡モデルでは逆に計算の出力結果として得られる。具体的には式 (5.102)，(5.105) の**潜在価格**の値として，財の価格 $p_{x,i}$ や生産要素の価格 $p_{z,k}$ がそれぞれ得られる。これらの価格の絶対値は効用関数 u の定義に依存する。一般均衡モデルの分野では，**ニューメレール**と呼ばれる価値尺度の**基準財**を一つ定めてその単価を 1 とし，ほかの財の価格はその相対値で表すことが多い。

ここでは一般均衡モデルを制約条件付きの最適化問題として定式化したが，相補性問題として定式化する方法もある。

〔2〕 **動学的一部門モデル**　集計化された一つの経済部門を想定した動学的一般均衡モデルの定式化の例を紹介する。**ラムゼーモデル**と呼ばれる経済成長モデルに枯渇性資源の消費量を表す変数と累積消費量に関する制約条件を加えたものである。このモデルも最適化問題として定式化される。

目的関数は割引済みの効用の期間中の総和とし，その最大化を考える。

$$J = \sum_{t=0}^{T} \frac{N_t \cdot u(c_t)}{(1+\rho)^t} \rightarrow \max \tag{5.108}$$

T は終端時点，t は時点を表す添え字，N_t は人口，c_t は 1 人当りの消費，ρ は**効用の割引率**（**純粋時間選好率**）である。$u(c_t)$ は以下の効用関数で，η は限界効用の弾性値である。

$$u(c_t) = \begin{cases} \dfrac{1}{1-\eta}({c_t}^{1-\eta} - 1) & (\eta \neq 1) \\ \ln c_t & (\eta = 1) \end{cases} \tag{5.109}$$

$u(c_t)$ は上に凸の関数で c_t が増えても限界効用は逓減する形となる。

つぎに，財の生産量はつぎの生産関数で求められるものとする。

$$y_t = y_0 \cdot \left(\frac{z_{K,t}}{z_{K,0}}\right)^{\alpha_K} \left((1+\beta)^t \frac{z_{L,t}}{z_{L,0}}\right)^{\alpha_\mathrm{L}} \left((1+\gamma)^t \frac{z_{E,t}}{z_{E,0}}\right)^{\alpha_\mathrm{E}} \quad (t = 1, 2, \cdots, T) \tag{5.110}$$

ただし，$z_{K,t}$ は資本蓄積，$z_{L,t}$ は労働力，$z_{E,t}$ は枯渇性資源投入量，α_K，α_L，α_E はコブ・ダグラス生産関数のパラメータで $\alpha_K + \alpha_L + \alpha_E = 1$ を満たし，β は労働生産性改善率，γ は資源利用効率改善率である。なお，$z_{L,t}$ の値は人口 N_t で代用され，最適化の対象とはせずシナリオとして外生的に与える。0 の添え字が付された変数は，$t=0$ における所与の初期値である。また，次式は生産 y_t と消費のバランス式であり，i_t は投資である。

$$y_t = N_t \cdot c_t + i_t \quad (t = 1, 2, \cdots, T) \tag{5.111}$$

そして動学的モデルの特徴であるのが，以下の資本蓄積に関する状態方程式である。δ は**資本減耗率**である。生産の一部を投資することで，将来の生産に必要な資本蓄積を増大できる。時間を横断した最適化が必要となる。

$$z_{K,t+1} = i_t + (1-\delta)\cdot z_{K,t} \qquad (t = 1, 2, \cdots, T) \tag{5.112}$$

枯渇性資源に関する制約条件を以下に示す。Z_E は利用可能量である。

$$\sum_{t=0}^{T} z_{E,t} \leqq Z_E \tag{5.113}$$

式 (5.110)～(5.113) の制約条件のもとで，式 (5.108) の目的関数の最大化を行う最適化問題を解くことで，**最適成長経路**などが求められる。ただし，式 (5.110) は非線形制約条件式となるため，反復計算が必要となる。この最適化問題の式 (5.12) に対応する最適性の必要条件などを整理すると次式を得る。

$$(1+\rho)\frac{u'(c_{t-1})}{u'(c_t)} = 1 + \frac{\partial y_t}{\partial z_{K,t}} - \delta = \frac{\dfrac{\partial y_t}{\partial z_{E,t}}}{\dfrac{\partial y_{t-1}}{\partial z_{E,t-1}}}$$

利子率（**資本報酬率**）r_t，c_t の増加率 g_t，枯渇性資源の限界生産性（生産物価格を基準とした資源価格）の上昇率 θ_t を以下のように定義すると

$$r_t \equiv \frac{\partial y_t}{\partial z_{K,t}} - \delta, \quad g_t \equiv \frac{c_t}{c_{t-1}} - 1, \quad \theta_t \equiv \frac{\dfrac{\partial y_t}{\partial z_{E,t}} - \dfrac{\partial y_{t-1}}{\partial z_{E,t-1}}}{\dfrac{\partial y_{t-1}}{\partial z_{E,t-1}}}$$

これらの式を整理すると $\Delta x \ll 1$ のとき $\ln(1+\Delta x) \approx \Delta x$ となる近似を用いて，つぎの**ラムゼー方程式**を得る。

$$r_t = \rho + \eta\, g_t$$

また，$r_t = \theta_t$ という**ホテリングルール**（コラム 25 を参照）も確認できる。

5.6　不確実性のモデル化

5.6.1　レジリエンス向上施策と不確実性

レジリエンスは，生態学，心理学，工学（防災工学など）の分野で発展してきた概念であり，復元力や回復力などを意味する。環境の大きな変化に対して，一時的に機能を失ったとしても，適応能力を維持し柔軟に回復できる能力を指し，変化に直面した際の機能の継続性と回復に基礎を置いている。

レジリエンスを高めるために，災害時の停電対策として高価な設備（蓄電池や自家発電設備など）を導入しても，その設備の寿命中に一度もその設備を利用する機会は訪れないかもしれない。対策で得られる便益は，外乱の発生確率で重み付けされた期待値での評価がより適切である。ただし，注意すべき点は，外乱の種類によっては具体的な発生確率が厳密には求められないことである。また，外乱を受けたエネルギーシステムの復旧過程にも，政府や事業者などによる復旧作業の進め方に起因する不確実性があることである。自然科学や統計データに基づく客観的な確率分布だけでなく，多くの場合で対象システムのレジリエンスを高めたいと考える責任者（為政者や経営者）が想定している主観的な確率分布も用いらざるをえない。逆に将来の不確実性に対する人間の主観的な懸念を確率分布という形で明示的に定量化して，積極的にレジリエンス向上施策へ反映させるべきとも考えられる。

〔1〕 **確率的状態遷移モデル**　災害からの社会インフラの復旧過程などでは，時間経過に伴ってさまざまな事象が確率的に生起する。一つの状態（全域的停電など）からほかの状態（部分的停電など）へとつぎつぎと確率的に遷移するともいえる。これらの事象の**発生確率**や**状態遷移確率**は，過去の履歴に依存する**条件付きの確率**で表現される。

時間経過を含む確率的な現象は**確率過程**と呼ばれる。複数の状態（正常状態，停電状態，燃料途絶状態など）の間の確率的遷移は以下の数学モデルで表現できる。ここでは，M 個の状態間の遷移を考え，時点 t で状態 m となる確率を $p_m(t)$ とし，$\lambda_{mm'}$ を状態 m から m' への単位時間当りの遷移率（事故発生率や事故復旧率など）とする。$\boldsymbol{p}(t)$ を各状態が起きる確率を並べた確率ベクトルとすると，$\boldsymbol{p}(t)$ はつぎの式 (5.114) の連立微分方程式に従う。**図 5.14** には微小時間 dt の間の**状態遷移図**と遷移確率を例示する。

$$\frac{d\boldsymbol{p}(t)}{dt} = \boldsymbol{p}(t)\cdot\begin{pmatrix} \lambda_{11} & \lambda_{12} & \cdots & \lambda_{1M} \\ \lambda_{21} & \lambda_{22} & \cdots & \lambda_{2M} \\ \vdots & \vdots & \ddots & \vdots \\ \lambda_{M1} & \lambda_{M2} & \cdots & \lambda_{MM} \end{pmatrix} \tag{5.114}$$

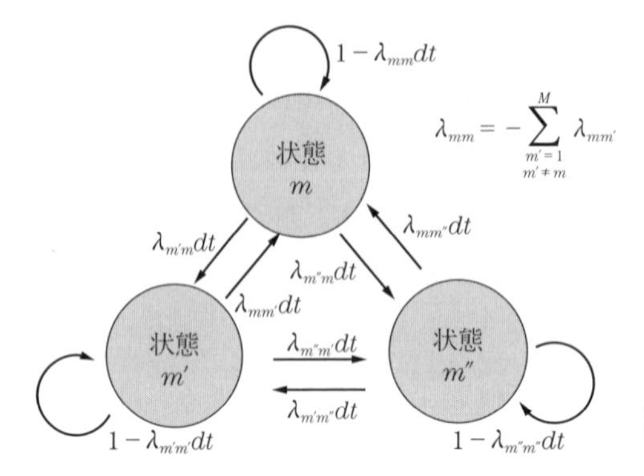

図 5.14　状態遷移図と遷移確率

このような確率的な状態遷移を用いた信頼性評価は，電力システムや大規模発電所などではすでに行われている。

〔**2**〕 **確率微分方程式モデル**　　不規則に変動するさまざまな財の価格を表現する数学的方法に**確率微分方程式**があり，株式などの金融商品の価値評価などを目的に，金融工学の一分野でその応用研究が進められている。財の価格に相当する確率変数 q に関する確率微分方程式の一般的な表現を次式に示す。

$$dq = a(q,t)dt + b(q,t)dz \tag{5.115}$$

ここで，t は時間であり，z は**ブラウン運動**のように不規則に変化する**ウィーナー過程**である。微小時間 dt におけるウィーナー過程の微小変化 $dz = z(t + dt) - z(t)$ は，平均値が 0 で標準偏差が $\sqrt{dt}$ の正規分布に従うものとされる。平均値 0，標準偏差 1 の標準正規分布に従う確率変数 ε を導入すると，ウィーナー過程の微小変化 dz はつぎの式で表される。

$$dz = \sqrt{dt}\,\varepsilon \tag{5.116}$$

dz は以下のような性質がある。ただし，$E[\ *\ ]$ と $V[\ *\ ]$ はそれぞれ「$*$」の期待値と分散を表すものとする。式 (5.118) に示された $(dz)^2$ の期待値が dt となることは重要な性質である。

$$E[dz] = E[dz \cdot dt] = 0 \tag{5.117}$$

$$E[(dz)^2] = V[dz] = dt \tag{5.118}$$

図 5.15 に dz を Δz で離散化したウィーナー過程の数値例を示す。Δz の線

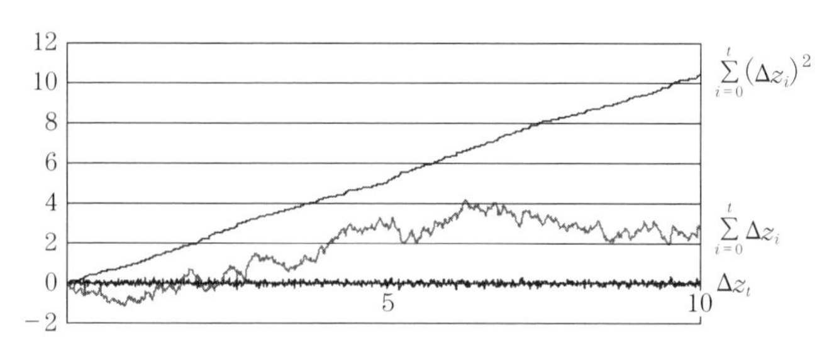

図 5.15 ウィーナー過程の数値例

形和は**酔歩**（**ランダムウォーク**）となるが，二乗和はほぼ時間に比例する。

表 5.3 に代表的な確率微分方程式の形式と，q_0 を q の初期値とした時点 t におけるそれぞれの解 $q(t)$ の期待値と分散の理論値を示す。係数 σ は**ボラティリティ**と呼ばれる変動の激しさを表すパラメータである。**平均回帰過程**の $\bar{q}$ は q の長期的平均値であり，η は**回帰速度**である。

表 5.3 代表的な確率微分方程式の形式とそれぞれの期待値と分散

方程式の形式	期待値	分　散
ドリフト付きブラウン運動過程 $dq = \alpha \cdot dt + \sigma \cdot dz$	$E[q(t)] = \alpha t + q_0$	$V[q(t)] = \sigma^2 t$
ドリフト付き幾何ブラウン運動過程 $dq = \alpha q \cdot dt + \sigma x \cdot dz$	$E[q(t)] = q_0 e^{\alpha t}$	$V[q(t)] = q_0^2 e^{2\alpha t}(e^{\sigma^2 t} - 1)$
平均回帰過程 $dq = \eta(\bar{q} - q)dt + \sigma \cdot dz$	$E[q(t) - \bar{q}] = (q_0 - \bar{q})e^{-\eta t}$	$V[q(t) - \bar{q}] = \frac{\sigma^2}{2\eta}(1 - e^{-2\eta t})$

5.6.2 確率動的計画法

〔1〕 多段階確率計画　エネルギーシステムにおけるレジリエンス向上施策の評価は，不確実性下における費用便益の最適化問題として定式化される。このような問題の解法としては，**確率計画法**と呼ばれる数理計画法の一種が利用される。この問題の特徴は，地震などの外乱発生の時点から供給障害が復旧する時点までのある期間中に起こりうる一連の確率過程をすべて考慮することである。これは時間軸方向に多段階の構造を有する確率計画問題となる。

多段階の確率計画問題の一般形は以下のように記述できる。式 (5.119) の目的関数 J は，割引率 r で現在価値換算された $t=0$ から $t=T$（終端時点）までの $g_t(\boldsymbol{x}_t, \boldsymbol{u}_t : \omega_t)$ の総和の期待値である。

$$J(\boldsymbol{x}_0) = E\left[\sum_{\tau=0}^{T} \frac{g_\tau(\boldsymbol{x}_\tau, \boldsymbol{u}_\tau : \omega_\tau)}{(1+r)^\tau}\right] \rightarrow \min \tag{5.119}$$

ただし，ω_t は時点 t での**確率事象**（地震の発生や原油価格など）を抽象的に表している。$\boldsymbol{x}_0$ は $t=0$ 時点の**状態変数** $\boldsymbol{x}_t$ の初期値である。ここで，状態変数 $\boldsymbol{x}_t$ は，**制御変数** $\boldsymbol{u}_t$ と確率事象 ω_t で定まる以下の**状態方程式**に従って推移する。

$$\boldsymbol{x}_{t+1} = \boldsymbol{f}_t(\boldsymbol{x}_t, \boldsymbol{u}_t : \omega_t) \qquad (t = 0, 1, \cdots, T) \tag{5.120}$$

$\boldsymbol{x}_t$ と $\boldsymbol{u}_t$ は，一般には式 (5.120) だけでなく，次式に示す各時点 t で閉じた制約条件（エネルギーの需給バランス式など）も満たす必要がある。

$$\boldsymbol{h}_t(\boldsymbol{x}_t, \boldsymbol{u}_t : \omega_t) \geqq \boldsymbol{0} \qquad (t = 0, 1, \cdots, T) \tag{5.121}$$

上記の多段階確率計画には大きく分けて二つの解法がある。一つは，生起事象の**イベントツリー**を明示的に作成し，確定的で静学的な数理計画問題に変換する方法である。もう一つは**確率動的計画法**と呼ばれ，段階別の部分問題に分解して解く方法である。それぞれ長所と短所がある。

〔**2**〕 **確定的で静学的な数理計画問題へ変換する方法**　　この方法では各時点の事象 ω_t を時系列に並べた**シナリオ**という概念を用いる。**図 5.16** に簡単な

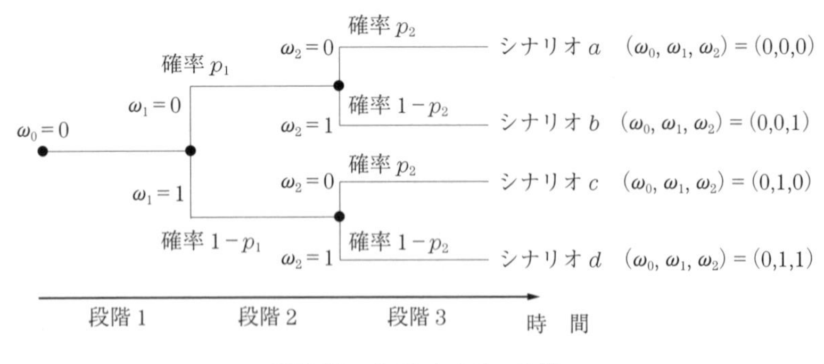

図 5.16　イベントツリーの例

3段階の4分岐シナリオの例を示す。

ここで，時点 t，シナリオ s の変数を $\boldsymbol{x}_t^s$ と $\boldsymbol{u}_t^s$ とし，またそのときに発生する確率事象を ω_t^s とする。式(5.120)の状態方程式も等式制約として考慮し，確定的で静学的な数理計画問題としてすべての変数の値を同時に求める。ただし，p_s はシナリオ s の**生起確率**であり，シナリオ s で生起が見込まれる各時点の事象 ω_t^s の生起確率からあらかじめ求められる。

$$J(\boldsymbol{x}_0) = \sum_{s \in S} p_s \cdot \left[\sum_{\tau=0}^{T} \frac{g_\tau(\boldsymbol{x}_\tau^s, \boldsymbol{u}_\tau^s : \omega_\tau^s)}{(1+r)^\tau} \right] \to \min \tag{5.122}$$

$$\boldsymbol{x}_{t+1}^s = \boldsymbol{f}_t(\boldsymbol{x}_t^s, \boldsymbol{u}_t^s : \omega_t^s) \qquad \text{(for all } t \text{ and } s) \tag{5.123}$$

$$\boldsymbol{h}_t(\boldsymbol{x}_t^s, \boldsymbol{u}_t^s : \omega_t^s) \geqq \boldsymbol{0} \qquad \text{(for all } t \text{ and } s) \tag{5.124}$$

上記の制約条件式に加え，イベントツリーで表現されるシナリオ間の因果関係の整合性を確保するために，シナリオ s と s' が第 t 段階で未分岐であれば，

コラム33

確率論的リスク評価

あるイベントの生起に寄与する原因を遡るように辿り，そのイベントの生起条件となる基事象の論理的組み合わせと発生確率を求めることを**フォールトツリー**解析（FTA : fault tree analysis）という（**図3**）。FTAとイベントツリー解析（ETA : event tree analysis）を複合的に組み合わせたものが**確率論的リスク評価**（PRA : probabilistic risk assessment）である。PRAは原子力施設などでの事故の発生頻度と発生時の影響を定量評価する際に利用される。

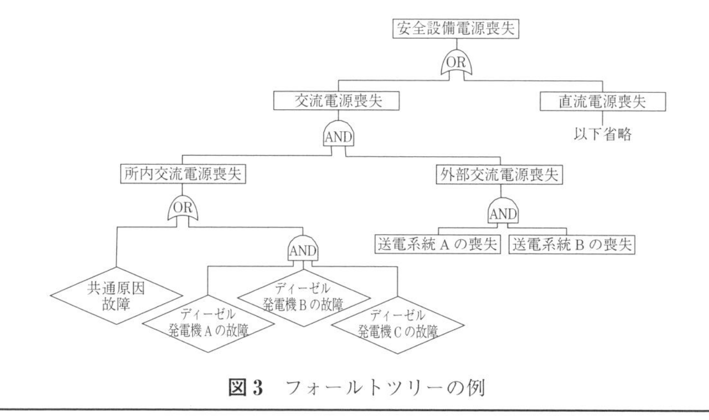

図3 フォールトツリーの例

たがいの変数の値が等しくなるように以下の制約を課す必要がある。

$$\boldsymbol{u}_t^s = \boldsymbol{u}_t^{s'} \tag{5.125}$$

図5.16のイベントツリーの例では，式(5.125)に対応する制約は，$\boldsymbol{u}_0^a = \boldsymbol{u}_0^b = \boldsymbol{u}_0^c = \boldsymbol{u}_0^d$，$\boldsymbol{u}_1^a = \boldsymbol{u}_1^b$，$\boldsymbol{u}_1^c = \boldsymbol{u}_1^d$となる。また，例えばシナリオ$b$の生起確率$p_b$は，$p_b = p_2(1 - p_3)$となる。この方法では，シナリオ数が増えると，変数も制約条件式も比例かそれ以上の割合で増える。イベントツリーの段階数をT，各段階での分岐数をbとすると，シナリオ総数はb^{T-1}となり，Tが長くなると指数関数的に増加する問題がある。

〔3〕 **段階別の部分問題に分解する確率動的計画による方法**　確率動的計画法では，第t時点から終端時点Tまでの目的関数の最小値で定義されるつぎの**価値関数**$V_t(\boldsymbol{x}_t : \omega_t)$を導入する。

$$V_t(\boldsymbol{x}_t : \omega_t) = E_t\left[\sum_{\tau=t}^{T} \frac{g_\tau(\boldsymbol{x}_\tau, \boldsymbol{u}_\tau : \omega_\tau)}{(1+r)^\tau}\right] \to \min \tag{5.126}$$

ただし，式(5.120)，(5.121)の制約条件も満たすものとする。

$V_t(\boldsymbol{x} : \omega)$と$V_{t+1}(\boldsymbol{x}' : \omega')$の間には，**最適性原理**より，式(5.120)を代入すると，条件付き確率$P_t(\omega' : \omega)$を介してつぎの**ベルマン方程式**が成立する。これは時点tにおける部分的な確率計画問題となっている。

$$V_t(\boldsymbol{x} : \omega) = \min_{\substack{\boldsymbol{u} \\ \boldsymbol{h}_t(\boldsymbol{x}, \boldsymbol{u} : \omega) \geqq \boldsymbol{0}}} \left\{ g_t(\boldsymbol{x}, \boldsymbol{u} : \omega) + \sum_{\omega'} P_t(\omega' : \omega) \cdot \frac{V_{t+1}(\boldsymbol{f}_t(\boldsymbol{x}, \boldsymbol{u} : \omega) : \omega')}{1+r} \right\} \tag{5.127}$$

ただし，最終時点Tの価値関数のみは以下の式で定義される。

$$V_T(\boldsymbol{x} : \omega) = \min_{\substack{\boldsymbol{u} \\ \boldsymbol{h}_T(\boldsymbol{x}, \boldsymbol{u} : \omega) \geqq \boldsymbol{0}}} g_T(\boldsymbol{x}, \boldsymbol{u} : \omega) \tag{5.128}$$

式(5.127)より，$V_{t+1}(\boldsymbol{x} : \omega)$の値がすべての$\boldsymbol{x}$と$\omega$に関して既知であれば，制御変数$\boldsymbol{u}$に関する最適化問題を解けば，$V_t(\boldsymbol{x} : \omega)$の値が求められる。式(5.128)で$V_T(\boldsymbol{x} : \omega)$を求め，つぎに式(5.127)で$V_{T-1}(\boldsymbol{x} : \omega)$を求める。同様に$V_{T-2}(\boldsymbol{x} : \omega)$を求めるなどし，$V_t(\boldsymbol{x} : \omega)$を最終時点$t = T$から初期時点$t = 0$に向かって，段階別の部分問題を逐次計算していく。そして，初期時点

では $V_0(\boldsymbol{x}:\omega_0)=J(\boldsymbol{x})$ となり，元の多段階確率計画の最適解が得られる。

微小時間 dt を導入して，式 (5.127) を連続時間にしたものが次式である。

$$V_t(\boldsymbol{x}:\omega)=\min_{\substack{\boldsymbol{u}\\ h_t(\boldsymbol{x},\boldsymbol{u}:\omega)\geqq 0}}\{g_t(\boldsymbol{x},\boldsymbol{u}:\omega)dt+e^{-rdt}E_t[V_{t+dt}(\boldsymbol{x}+\boldsymbol{f}_t(\boldsymbol{x},\boldsymbol{u}:\omega)\,dt:\omega_{t+dt})]\} \tag{5.129}$$

ω として，具体的に式 (5.114) の状態 m の確率的遷移と式 (5.115) の確率変数 q を想定すると，上式の右辺第二項は，$V_t^m(\boldsymbol{x},q)$ を状態 m の価値関数とし，式 (5.118) の $(dz)^2$ の期待値が dt となる特性を用いて次式が導出できる。

$$\begin{aligned}&E_t[V_{t+dt}^m(\boldsymbol{x}+\boldsymbol{f}_t(\boldsymbol{x},\boldsymbol{u}:q)\,dt,q_{t+dt})]-V_t^m(\boldsymbol{x}:q)\\&\quad\approx\left\{\frac{\partial V_t^m}{\partial t}+\frac{\partial V_t^m}{\partial \boldsymbol{x}}\cdot\boldsymbol{f}_t+\frac{\partial V_t^m}{\partial q}a+\frac{1}{2}\frac{\partial^2 V_t^m}{\partial q^2}b^2+\sum_{m'\in M}V_t^{m'}\lambda_{m,m'}\right\}dt\end{aligned} \tag{5.130}$$

これを式 (5.129) に代入し整理すると，つぎの偏微分方程式が得られる。

$$\begin{aligned}-\frac{\partial V_t^m(\boldsymbol{x}:q)}{\partial t}=&\min_{\substack{\boldsymbol{u}\\ h_t^m(\boldsymbol{x},\boldsymbol{u}:q)\geqq 0}}\left[g_t^m(\boldsymbol{x},\boldsymbol{u}:q)+\frac{\partial V_t^m(\boldsymbol{x}:q)}{\partial \boldsymbol{x}}\cdot\boldsymbol{f}_t^m(\boldsymbol{x},\boldsymbol{u}:q)\right]\\&-V_t^m(\boldsymbol{x}:q)\cdot r+\frac{\partial V_t^m(\boldsymbol{x}:q)}{\partial q}a+\frac{1}{2}\frac{\partial^2 V_t^m(\boldsymbol{x}:q)}{\partial q^2}b^2\\&+\sum_{m'\in M}V_t^{m'}(\boldsymbol{x}:q)\lambda_{m,m'}\end{aligned} \tag{5.131}$$

ここでは q は一次元としたが，多次元へも拡張できる。式 (5.127) のベルマン方程式を解く代わりに，この偏微分方程式を数値計算する場合もある。

確率動的計画法ではイベントツリーを明示的に考慮しなくてもよいが，価値関数 $V_t(\boldsymbol{x}:\omega)$ の値の管理が状態変数 $\boldsymbol{x}$ の次元が高くなると困難となる問題がある。例えば，各状態変数のとりうる範囲に L 個のサンプル点を設けて，その点における価値関数の値を保存することを考える。このとき状態変数の次元が d であれば，サンプル点の個数は L^d 個となり，次元が増えると指数関数的にその数は増える。この問題は**次元の呪い**と呼ばれる。

しかし，この次元の問題に関しては，状態変数の最適解近傍の限られた個数のサンプル点での**切除平面**やそれらを頂点とする**凸包**による価値関数の逐次近似計算でかなりの程度回避でき，計算時間を費やせば実用的な大規模問題でも，最適解の様子がある程度わかる。**図 5.17** に近似の様子を示す。最小化問題の場合，切除平面近似では価値関数の下限値，凸包近似では上限値をそれぞれ得られるため，近似解の収束判定も比較的行いやすい。

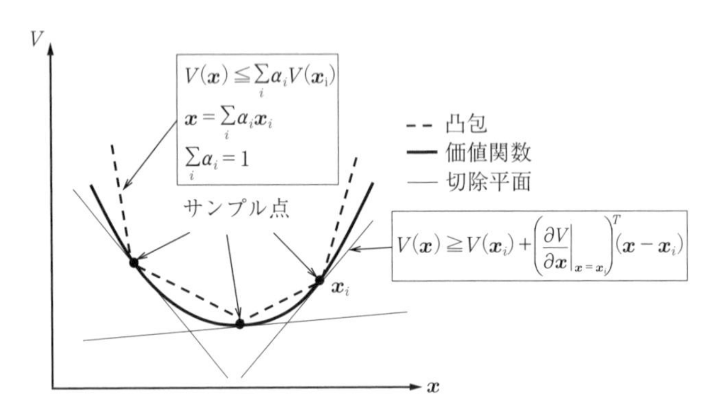

図 5.17　切除平面と凸包による価値関数の近似

5.7 環境と経済

5.7.1 外部不経済

環境適合性の追求と経済合理性の追求とはたがいに相容れない場合がある。これは経済性評価の際に，環境破壊などによって発生する不利益を適切に考慮できないことに起因している。ある経済主体の意思決定がほかの経済主体のそれに無視できない影響を及ぼすことを**外部性**という。さらに，利益や不利益が市場を介さずに直接もたらされる場合を**技術的外部性**，市場価格を通してもたらされる場合を**金銭的外部性**という。技術的外部性による不利益を**外部不経済**（負の外部性）と呼ぶ。工場などからの汚染物質の排出による環境破壊は，住民が被る典型的な外部不経済である。

このような外部不経済を通常の供給費用である**私的費用**に加えた費用を**社会的費用**と呼ぶ。生産活動に伴う外部不経済を無視した企業の生産量は，**図 5.18**

に図示されるように，私的限界費用に基づく点Aで決まり，社会的限界費用による点Bの生産量よりも過剰となる。この過剰生産は社会厚生の損失をもたらす。この問題は，政府による課税などによって，私的費用を社会的費用まで引き上げることで解決できると考えられる。また，生産量を社会的に適切な量に規制することでも対処できる。

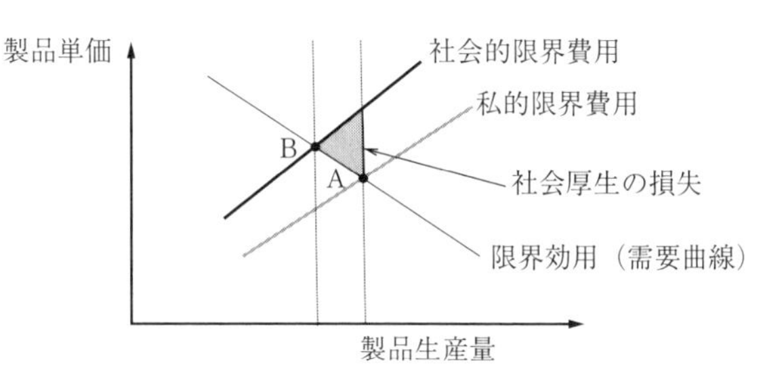

図 5.18　外部性を無視することによる社会厚生の損失

外部不経済を内部化する方法として，**汚染者負担原則**（**PPP**：polluter-pays principle）に従った対策実施がある。もともとPPPは汚染者支払原則として，国際貿易上の公正な自由競争の枠組みを作るための原則として経済協力開発機構（OECD：Organization for Economic Cooperation and Development）によって導入された。日本では，企業の汚染防止費用だけではなく，環境修復や被害者救済の費用も汚染者が負担することを基本とする考え方が定着している。

コラム 34

経済効率性と PPP

コースの定理によれば，取引費用が無視できるとき，加害者が被害者に賠償金を払う場合でも，逆に被害者が加害者に補償金を払って汚染を抑制してもらう場合でも，両者は同じ最適な汚染水準に到達する。経済効率性の観点からはPPPの意義は特に見出せないことになる。ただし，この定理は負担や所得配分の公平性についてはなにも触れていない。公平性の観点から汚染者が支払うことは当然としても，汚染者が工場であれば，工場の生産品の価格に支払費用が上乗せされて，結局は消費者が負担することになる。

5.7.2 環境価値の評価

環境課税や生産量規制を具体的に実施するには，外部不経済の大きさを特定する必要がある。しかし，環境破壊による外部不経済の場合，環境には価格が付されていないことが一般的なため，多くの場合で環境の経済価値（環境価値）を改めて推計する必要がある。環境価値の推計方法には，人々の経済活動から得られるデータをもとに環境価値を推計する**顕示選好法**と，環境価値をアンケート調査などで個人に尋ねることで推計する**表明選好法**などがある。詳細は省略するが，顕示選好法には**代替法**，**トラベルコスト法**，**ヘドニック法**などが，表明選好法には，**仮想的市場評価法**（CVM : contingent valuation method），**コンジョイント分析**などがある。

環境価値には，大気汚染などの環境破壊によって損なわれる生命の価値も含まれることがある。環境価値評価の重要性は高まっているが，推定結果には多くの不確実性があるため，その解釈や利用には十分な注意が必要である。

5.7.3 環境政策の分類

環境政策にはさまざまな種類があり，**表5.4**のように整理される。

効率的であることから，多くの場合で推奨されるのが**経済的手法**である。環境改善のための対策費用や，対策によって避けられる外部費用（外部不経済）

表5.4 環境政策の分類

政策手法	概　要	具体例
経済的手法	行為者に補助金を提供するか，税金や課徴金を課す手法，また市場の創設やデポジットの導入	補助金，課税，排出権取引
直接規制的手法 枠組み規制的手法	具体的な行為や基準を義務付けるもの 手続きなどのルールを義務付けるもの	汚染物質の排出量規制 汚染物質移動量届出制度
自主的取組み手法	事業者などが自ら目標を設けて対策を実施する手法	日本経済団体連合会の低炭素社会実行計画
教育・情報的手法	環境負荷などの情報の開示と提供を進める手法	環境報告書，省エネラベル
手続き的手法	意思決定の過程に，環境に配慮した判断を行う手続きを組み込んでいく手法	環境アセスメント

の不確実性の程度に応じて適用可能な政策が決まる。一般に，対策費用の不確実性は外部費用のそれよりも小さい。

対策費用ならびに外部費用の不確実性がともに小さいときは，**費用便益分析**を通して対策限界費用と外部限界費用が均衡する最適システム構成を導出できる。さらに最適システムを実現するための排出量などの規制値，そして必要となる環境税や補助金そのものを決められる。なお，環境経済学の分野では，費用便益分析で得られる最適税率は**ピグー税**と呼ばれる。

つぎに，対策費用の不確実性は小さいものの外部費用のそれが大きいときは，排出量などの規制値をあらかじめ決めることで，**費用効果分析**を通して，

コラム 35

生命の価値の金銭的評価

大きく分けて2種類の推計方法がある。一つは，交通事故などによる死亡事故の人身損失額の概念に基づくもので，被害者が働けなくなることによる逸失利益や，治療費ならびに慰謝料などを積み上げたものである。これは顕示選好法といえる。もう一つは，ある対策によって死亡確率をわずかに削減することができるとして，アンケートなどで調べたその対策への支払意思額から推計する方法であり，表明選好法といえる。後者の方法によるものは，特に**統計的生命価値**（VSL : value of statistical life）と呼ばれ，生命そのものの貨幣価値ではないことが強調される。なお，日本人1名の統計的生命価値の推計値は数億円のオーダーである。

コラム 36

コベネフィット

環境対策に伴って発生する**副次的便益**をコベネフィット（co-benefit）と呼ぶ。例として，主目的の地球温暖化対策としてCO_2排出量削減を進めると，化石燃料の消費削減を通して，大気汚染の防止や国家としてのエネルギー安全保障の向上という便益も副次的に得られることなどがある。注意点は，主目的達成のための多額の費用を相殺するために，見栄えのよい副次的便益が不適切に利用される恐れがあることである。もし，副次的便益を単独で追及する対策費用が主目的の対策費用よりも大幅に安価となるならば，主目的とは独立に副次的便益を優先してすみやかに追求する方が合理的と考えられる。

規制値を達成するための最適システム構成や必要となる環境税や補助金などを導出できる。この政策は，外部費用の不確実性の影響は受けないが，最も重要なパラメータである規制値そのものの検討が別途必要となる。予防原則に基づく環境政策の場合，規制値は，科学的根拠を持って決められないため，世論などを背景に政治的な判断で設定される。気候変動問題では，国連などの国際会議で温室効果ガスの排出目標や気温上昇幅の目標などが政治的に設定された。これは，気候変動による経済損失が不確実なため，科学的根拠に基づく費用便益分析の実施が困難であったためと考えられる。所与の規制値のもとでの費用効果分析で得られる税率は**ボーモル・オーツ税**と呼ばれる。

コラム 37

共有地の悲劇

「共有地に対して各経済主体（牧夫など）が自由にアクセスすることができる場合，その共有地の資源（牧草など）は社会的に最適な水準よりも過剰に利用され，極端な場合には枯渇してしまう」という法則はハーディンによって発表された共有資源の利用に関する経済学的法則である。

2人の牧夫について，それぞれの行動と利得を**表1**に例示する。カッコ内は（Aの利得，Bの利得）とする。各牧夫の最適戦略は，相手の戦略にかかわらず，それぞれの家畜を増加させることになる。ゲーム理論では，**囚人のジレンマ**と呼ばれる状況となる。

表1

		牧夫B	
		家畜の削減	家畜の増加
牧夫A	家畜の削減	(6, 6)	(−2, 9)
	家畜の増加	(9, −2)	(0, 0)

気候変動問題では，地球大気がここでの共有地に相当する。残念ながら，各国は自国の温室効果ガス削減は行わずに，化石燃料消費による便益を増やすことが最適戦略となる。共有地の悲劇を回避する方法としては，自制・我慢，技術革新，良心への訴え，長期的な合理的判断，公的権力による規制，当事者の相互的規制などがあるが決め手はない。共有地を区分けして私有地化することも有効な方策であるが，この方策は地球大気には適用できない。

このほかの経済的手法に，空き容器などの回収を目的に，製品の価格に預り金を上乗せし，空き容器などの返還時にそれを払い戻す**デポジット制**がある。

さらに，外部費用だけでなく，対策費用の不確実性も大きい場合は，税・課徴金や補助金などの経済的手法をもはや適切に設定できないため，原因物質の排出量などを許容レベル以下に統制的に**直接規制**することになる。社会全体での物量を規制する際の課題は，社会を構成する個々の経済主体への排出量などの上限値（**規制枠**，**キャップ**）をどのように割当てるかである。実用的な方法の一つは，**既得権**を認めて，過去の実績に応じて初期割当を決める方法であり，これは**グランドファザリング**と呼ばれる。既得権を認めず，割当量を政府などが**オークション**（競争入札）で与える方法もある。

事業者間などにおいて割当量の過不足を金銭で取引する制度は**キャップ・アンド・トレード方式の排出権取引**と呼ばれる。この制度を導入すると，**排出権価格**は理論的にはボーモル・オーツ税に相当する額に一致する。このほかに，対策が仮に実施されなかった場合の基準量である**ベースライン**からの削減分に相当する**クレジット**を取引する**ベースライン・アンド・クレジット方式の排出権取引**もある。ただ，ベースラインは仮想的に定まるため，恣意性を排除できず適切に設定することが難しい場合が多い。排出権取引自体は経済的手法に分類される。

枠組み規制的手法は，一定の手順や手続きを踏むことを義務付けることなどで，規制目標を達成しようとする手法であり，予防的措置などを行う場合に効果があるとされる。**自主的取組み手法**とは，政府などによる課税や規制という関与を避け，事業者などが自ら努力目標を設けて環境対策を実施する取組みである。このほかに**教育・情報的手法**や**手続き的手法**などの環境政策もあるが説明は割愛する。

6 エネルギーの長期シナリオ

6.1 エネルギーモデル

エネルギーシステムにおける諸量の定量的関係を数式として表現したものが**エネルギーモデル**である。このモデルを用いると，変換効率，資源量制約，各種コストなどのパラメータを包括的に考慮した合理的なシステムに関する長期シナリオを描ける。そして，エネルギーモデルに**環境モデル**と**経済モデル**を加えたものが，**エネルギー環境経済システムモデル**である。特に気候変動問題を対象にしたものは**統合評価モデル**として世界的にもさまざまな研究所や大学で開発されている。本章の後半では，一般均衡経済モデルと簡易気候変動モデルを統合したエネルギーモデルの例も紹介する。

6.1.1 定式化によるエネルギーモデルの分類

エネルギーモデルは，**図6.1**に模式的に示すように，数学的な定式化の方法によって**トップダウン型**と**ボトムアップ型**の大きく2種類に分けられる。

〔1〕 **トップダウン型モデル**　　**トップダウン型モデル**は，集計化されたマクロ経済変数を対象とするもので，エネルギー需要の**価格弾性値**などの概念に基づく需要関数や生産関数を用いて定式化される。トップダウン型のアプローチの最もシンプルなケースが，図6.1(a)に示すような回帰直線である。モデルのパラメータの多くは，過去の**統計データ**などに基づいて**帰納法的**に設定されるため，トップダウン型モデルの計算結果は見掛け上は現実の統計値に比較

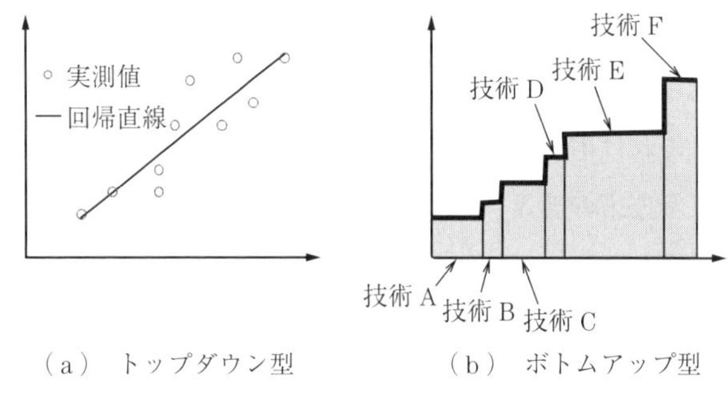

図 6.1 トップダウン型とボトムアップ型

的適合しやすく，また集計量に基づくためモデルの前提条件の変化に対する感度も低く安定している。しかしながら，CO_2 回収貯留などの新技術に関しては，関連する過去の統計データが存在しないため，モデルのパラメータの設定には多くの仮定を導入せざるをえないという問題点がある。CO_2 排出削減対策の評価という観点からは，トップダウン型モデルは対策コストを過大に評価する傾向がある。これは，トップダウン型モデルでは，無対策の均衡状態を経済的には最適な状態であるとし，その状態からの任意の変化には必ず追加コストがかかるという想定で，モデルが構築されるからである。

〔2〕 **ボトムアップ型モデル**　一方，**ボトムアップ型モデル**は，**工学的プロセス**を積み上げてシステム全体を表現するものである。図 6.1(b)において，例えば CO_2 排出削減技術が A から F まであり，それぞれの長方形の横幅が削減量，高さが削減単価を表しているものとする。これらの技術を削減単価が安価な順に左から並べると，図中に太線で示した折れ線状の費用曲線が得られるが，このようにして構成される費用曲線などに基づくモデルがボトムアップ型モデルである。モデルのパラメータの多くは，エネルギー変換効率などの工学的に定義されるものであり，対象システム内のエネルギー需給は，それらに基づいて**演繹法的**に導出される。計算結果の工学的な解釈は容易であり，工学的な制約条件がエネルギーシステムの形成に与える影響などを評価できる。しかし，社会的制約，不特定多数の消費者の選択行為，新技術の社会受容な

ど，物理的・工学的な原理に基づかない事象は，各種の制約条件を恣意的に追加するなどの，アドホックな方法で考慮せざるをえない。ボトムアップ型モデルは，CO_2 排出削減対策の評価という観点からは，対策コストを過小評価する傾向にある。これは前述したように，社会的制約などを考慮することが難しいため，例えば新技術の普及に対する社会的な導入障壁を軽視した計算を行うことになるからである。

エネルギーの供給サイドはボトムアップ型で，需要サイドはトップダウン型でモデル化することが多い。コンピュータ能力の向上で，どちらかといえばボトムアップ型でモデル化する範囲が拡大する傾向にある。

6.1.2 目的によるエネルギーモデルの分類

エネルギーモデルは，その目的に応じて，**予測型**と**規範型**の2種類に分けられる。予測型は，価値評価は明示的には含まずに，トレンドやダイナミクスを延長することで，未来を見る望遠鏡として，将来の起こりうるシナリオを作成することが目的である。規範型は，コストや CO_2 排出量の最小化などの価値評価を含む最適化計算を行い，羅針盤のようにわれわれが進むべき方向を示すことが目的となる。予測型と規範型を折衷したものもある。トップダウンとボトムアップを縦軸に，予測型と規範型を横軸に領域を示すと，エネルギーモデルの代表的な形式は**図6.2**に示すように整理される。

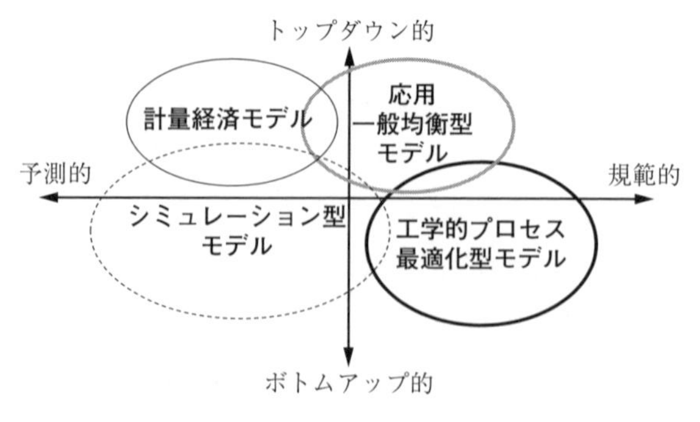

図6.2 エネルギーモデルの分類

6.2　エネルギー消費の長期シナリオ

6.2.1　GDPとエネルギー

一国の歴史的な変化を時系列で見た場合でも，あるいは特定の時点における さまざまな国を横断的に見た場合でも，GDPとエネルギー消費との間には正の相関関係があることが知られている。**図6.3**に，日本の一次エネルギー消費量と**国民総生産**（**GNP**: gross national product）の長期的データを示す。日本の場合はGNPとGDPはほぼ等しい。また実質GNPと名目GNPとがあるが，実質GNPは物価の経年的な変化分を補正したものである。

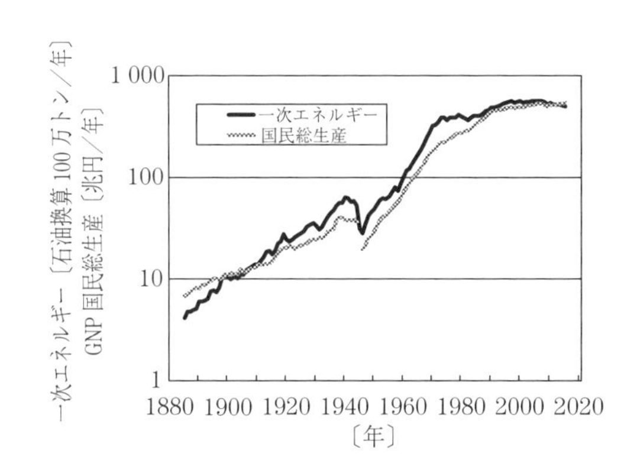

図6.3　日本の一次エネルギー消費量と実質GNP[9)]

工業化が進むと産業部門のエネルギー消費が立ち上がり，産業活動の拡大で貨物を中心とした運輸部門のエネルギー消費が増大する。そして，工業化による生活水準の向上で家庭を中心とした民生部門のエネルギー消費が増加し，さらに旅客を中心としたエネルギー消費が増大する。所得が増えると，薪，稲わらなどの非商業的エネルギー消費から石油などの商業的エネルギーへの燃料転換が起き，商業的エネルギーの消費量をさらに押し上げることになる。

つぎの**図6.4**から想像できるように，裕福な国ほど一般にエネルギー消費量が多いため，エネルギーの消費は特定の国，すなわち欧米や日本のような先進

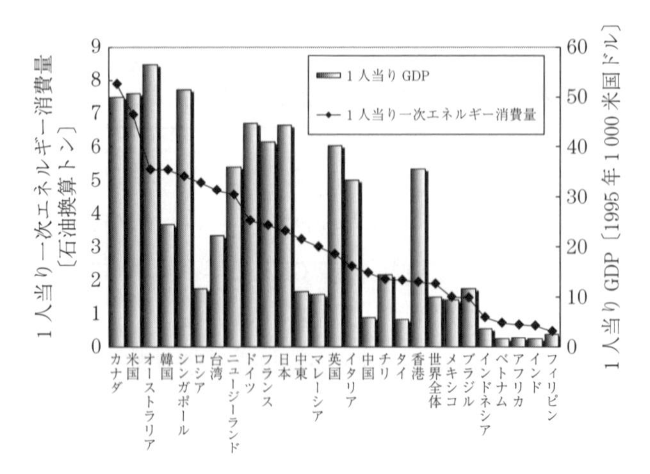

図 6.4　2014年の1人当りの一次エネルギー消費量と GDP[9)]

諸国に集中している。エネルギー消費に起因する地球環境問題を考える場合，このような国ごとの格差をどのように取り扱うかが大きな問題となる。

時点 t におけるエネルギー消費量 E_t と国内総生産 GDP_t との関係を表現する指標として，以下の式で定義される**エネルギーの GDP 弾性値** γ_t と**エネルギー原単位** η_t がしばしば使用される。式中のエネルギー消費量 E_t には，一次エネルギー消費量，あるいは最終エネルギー消費のいずれかを使用する。

$$\gamma_t = \frac{E_t - E_{t-1}}{E_{t-1}} \cdot \frac{GDP_{t-1}}{GDP_t - GDP_{t-1}} \approx \frac{\ln E_t - \ln E_{t-1}}{\ln GDP_t - \ln GDP_{t-1}} \qquad (6.1)$$

$$\eta_t = \frac{E_t}{GDP_t} \qquad (6.2)$$

経済発展の過程で，素材産業を中心とするエネルギー多消費産業が GDP 中の割合を増大させる段階では，エネルギー原単位 η_t は増加しエネルギーの弾性値 γ_t は1を上回る。しかし，工業化がある程度進展し，サービス産業などの第三次産業が GDP 中に占める割合が増大し始めると，η_t は減少に転じ，γ_t は1を下回る場合がしだいに増える。また，エネルギー価格が高騰すると，エネルギー消費が抑制されるため一時的に γ_t も小さくなる。一般に，貧しい国ほど η_t が大きく，単位 GDP を生み出すために投入するエネルギー量は大きくなる。貧しい国では，エネルギー集約的な産業が多く，さらにエネルギーの利用効率も低いからである。η_t を時系列で見ると，およそ毎年1%程度で減少する傾向があることが知られている。これは**自律的エネルギー効率改善**（AEEI : autonomous energy efficiency improvement）と呼ばれている。**図6.5**に日本のエネルギーのGDP弾性値 γ_t とエネルギー原単位 η_t の推移を示す。図(a)に見るように，γ_t は変動が激しいため，有用な情報を得るには平滑化などのデータ処理が必要となる。図(b)では，AEEIは1973年以降の η_t に見られる。それ以前の時点に関しては，式(6.2)の分子の E_t として薪などの非商業的エネルギー資源の利用も含めると，長期的なAEEIが見られるようになるが，ここでは省略する。

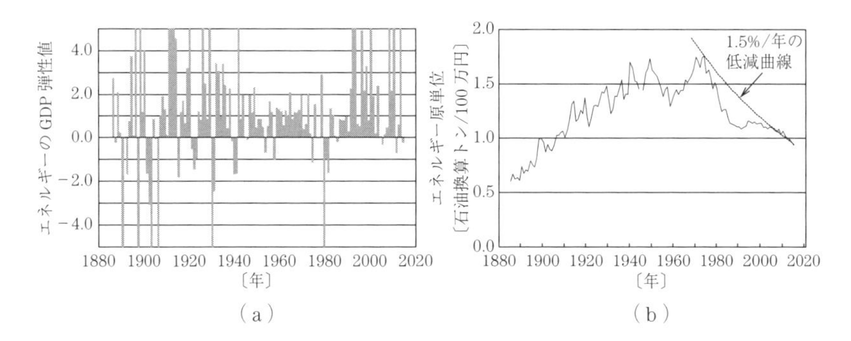

図6.5 日本のエネルギーのGDP弾性値と原単位[9]

ある国や地域の時点 t におけるエネルギー消費量を E_t とすると，その長期的な見通しを算出する式の例[26)~28)]を以下に示す。ここで P_t は，時点 t における平均化された最終エネルギー価格とする。α_t は時点 t でのエネルギー消費量の所得弾性値であり，ε は価格弾性値である。

$$E_{t+1} = (1 - AEEI) \times E_t \times \left(\frac{GDP_{t+1}}{GDP_t}\right)^{\alpha_t} \times \left(\frac{P_{t+1}}{P_t}\right)^{\varepsilon} \tag{6.3}$$

$$\log \alpha_t = k_1 - k_2 \times PCY_t \tag{6.4}$$

$$PCY_t = \frac{GDP_t}{POP_t} \tag{6.5}$$

ここで，k_1 と k_2 は調整パラメータで，POP_t は時点 t の人口である。1人当り

GDPである PCY_t が大きくなると，所得弾性値 α_t は小さくなるとされる。

6.2.2 最終需要のエネルギー種別シェア

ここでは最終需要における固体燃料，液体燃料，気体燃料，電力の4種類の二次エネルギー種別のシェアの設定例[26)~28)]を紹介する。これらの種別シェアは相対価格の影響もあるが，ここでは経済の発展段階の指標として，1人当りのGDPである PCY_t を用いる。経済発展が進むと，薪などの伝統的なバイオマス燃料から，利便性の高い灯油やLPG，そして電力などの商業的エネルギー利用の割合が増える。すなわち，燃料の**流体化**ならびに**電化**が進展する。電化の進展には，所得の増加による家電などの普及も関係する。また，液体燃料と気体燃料については，経済発展により都市ガスインフラなどの整備が進み，気体燃料の割合が高まるものと考えられている。

これらの関係の概略を数式で示すと以下のようになる。SS_t は固体燃料シェア，LS_t は液体燃料シェア，GS_t は気体燃料シェア，ES_t は電力のシェアとする。添え字 t は時点を表す。そして，以下の式で現れる A_1，A_2，A_3 と H_1，H_2，H_3 は統計データから推計される正値のパラメータである。

$$SS_t = A_1 - H_1 \times PCY_t \tag{6.6}$$

$$\log ES_t = A_2 + H_2 \times PCY_t \tag{6.7}$$

$$\frac{GS_t}{GS_{nt} + LS_{nt}} = A_3 + H_3 \times PCY_t \tag{6.8}$$

このように求めた種別シェアに基づいて，5.5.3項で述べた効用関数の係数などを定める。

6.3 DNE21モデルによる長期シナリオ

6.3.1 DNE21モデルの概要

筆者の研究室で開発したエネルギーモデル**DNE21**（dynamic new earth 21）を用いた長期エネルギーシナリオについて述べる[29)]。このモデルは，世界各地域の特性を考慮に入れるため，**図 6.6** に示すように，世界を 10 地域（OECD が 4 地域，非 OECD が 6 地域）に分割して計算を進めている。

図 6.6 DNE21 モデルにおける世界地域分割

これらの地域間には，天然ガス，石油，石炭という在来型燃料に加え，メタノール，水素という新燃料と，発電所などで回収された CO_2 の輸送が考慮されている。エネルギーシステム総コストには，一次エネルギー供給コスト，エネルギー輸送コスト，CO_2 回収貯留コスト，各種エネルギープラントの設備費・運転保守費，省エネルギーコストなどが含まれる。このようなエネルギーモデルに，一部門の動学的一般均衡型経済モデルと簡易気候変動モデルが統合されている。本モデルの計算対象期間は，2000 年から 2100 年までの 100 年間であり，この期間中の現在価値換算（割引率は 5 %/年）された消費効用が最大となるエネルギーシステム構成を算出する。エネルギーシステムの供給サイドはボトムアップ型で，需要サイドはトップダウン型でモデル化された典型的な最適化型エネルギーモデルである。このモデルは，非線形計画問題として定式化され，制約条件式の本数は約 1.5 万本である。

また，**図 6.7** に DNE21 モデルで想定された地点別のエネルギーシステム構成の想定図を示す。将来技術として，水の電気分解による水素製造や，水素や一酸化炭素からの燃料合成プロセスも含まれている。これらの地域別エネルギーシステムが相互に世界的なエネルギー輸送ネットワークで結ばれている。発電部門は 3 段階の階段状の年負荷持続曲線を用いて定式化されている。

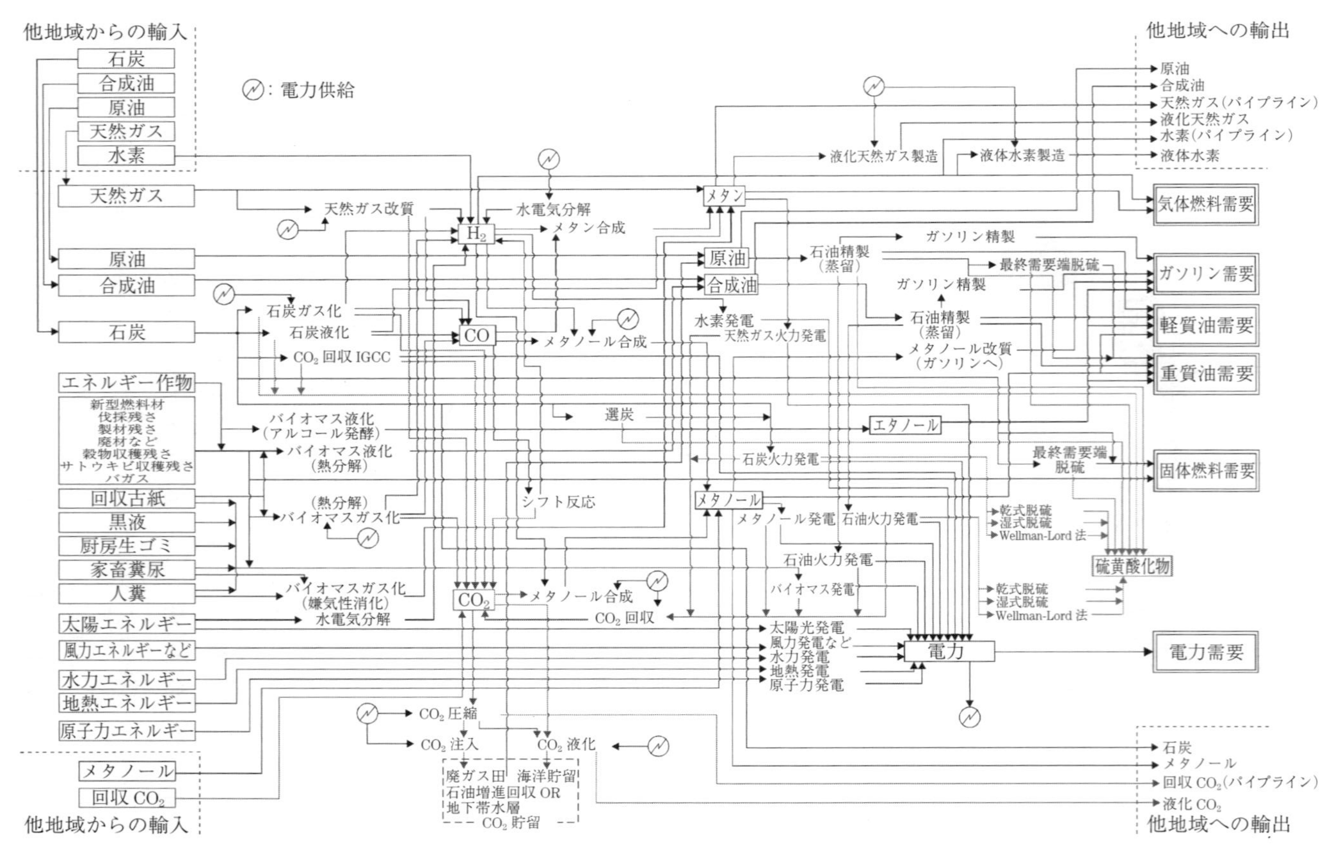

図 6.7　地域別エネルギーシステム構成の想定図

一部門に集計化された一般均衡型のマクロ経済モデルでは，その集計化された財の**生産量** Y の計算には，コブ・ダグラス型とCES型の関数が入れ子になった生産関数が想定されている。

$$Y = \left\{ a(K^{\alpha}L^{1-\alpha})^{\rho} + \left(\sum_{i=1}^{4} b_i E_i{}^{\mu}\right)^{\frac{\rho}{\mu}} \right\}^{\frac{1}{\rho}} \tag{6.9}$$

$$Y = EC + C + I \tag{6.10}$$

$$\frac{dK}{dt} = I - \delta \times K \tag{6.11}$$

ただし，K は資本蓄積，L は人口（労働力），I は投資，C は消費，EC はエネルギーシステム費用，E_i は第 i 種のエネルギー需要量，δ は資本減耗率とする。μ と ρ は弾性値のパラメータであり，$\mu = 3.0$，$\rho = 0.4$ と想定した。時点別地域別に基準GDPを与えるため，各地域の効用関数の係数の設定には根岸加重は用いない。これらの式は，前述の式 (5.110)～(5.112) に対応する。

詳細は省略するが，簡易気候変動モデル[30]は**炭素循環モデル**，**気温変動モデル**，**海面上昇モデル**から構成される。炭素循環モデルでは，海洋による CO_2 吸収は五つの時定数を持つ線形応答関数で近似され，植生の光合成による CO_2 吸収は大気中 CO_2 濃度の増加による施肥効果も考慮している。気温変動モデルでは，全球を四つの地域（南北半球の陸域と海域）に分けて，その間での熱の移動を計算している。海域は40の層で表現され，拡散と対流による深さ方向の熱の伝達過程も考慮している。**気候感度** λ は不確実性が大きく問題の多いパラメータであるが，ここで示す計算では，CO_2 濃度倍増時に全球平均気温が2.5℃上昇する値とした。海面上昇モデルは，南極の氷雪の増加量，グリーンランドのそれの減少量，陸域小氷河の減少量，海水の温度上昇による熱膨張を計算する。エネルギーモデルの中では，簡易気候変動モデルは二次計画問題の線形制約条件式としてテーラー展開で近似された形で表現され，得られた最適解を中心にテーラー展開を繰り返しつつ，逐次計算で収束解を得る。

6.3.2 基準シナリオ

世界各地域の将来のGDP，人口，エネルギー需要の基準シナリオを与える。ここでのシナリオは，CO_2問題を議論する際に標準シナリオとしてしばしば引用されるIPCCによる**SRES**（special report on emissions scenarios）[31]の**B2**シナリオに準拠している。**図6.8**には，OECD（先進国）と非OECD（新興国）のGDP，人口シナリオと，エネルギー種別の世界の基準エネルギー需要シナリオ（2000～2100年）を示す。ここでのOECD諸国には新参の韓国，メキシコは含まれていない。社会における電化の進展により，電力需要が各種の燃料需要よりも相対的に大きく伸びる想定となっている。また，自動車用燃料や航空機燃料を中心とする液体燃料の需要も今世紀中は大きな減少はなく，それなりの大きさで推移すると想定されている。CO_2排出削減対策のためにエネルギー価格が上昇すると，5.5.3項で述べた**代替効果**と**所得効果**により，

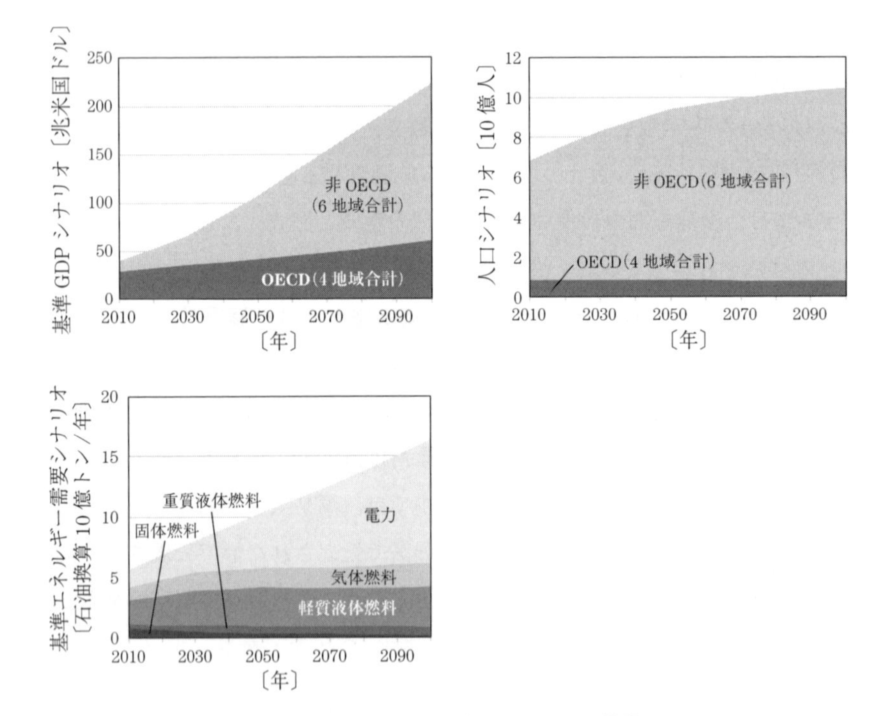

図6.8　世界のGDP，人口，エネルギー需要の基準シナリオ

それぞれの消費量が基準シナリオから変化する構造となっている。

6.3.3 気温制約を考慮に入れた最適エネルギーシステム構成

気温制約下での対策技術の評価を目的に，DNE21モデルを用いて，「無制約ケース」「2℃制約ケース」「1.5℃制約ケース」の3通りのケースを想定した最適化計算を行った結果を示す。

「無制約ケース」では，CO_2排出量削減へのインセンティブはまったく存在せず，消費効用が単純に最大となるエネルギーシステムが導出される。「2℃制約ケース」と「1.5℃制約ケース」では，2015年のUNFCCCのパリ協定の目標を反映させて，全球平均気温の上昇幅（産業革命以降）をそれぞれ2℃と1.5℃以下に抑える制約下で，消費効用の最大化を実現するエネルギーシステムを求める。

まず**図6.9**には，3ケースにおける2100年までの世界全体の一次エネルギー生産の推移を示す。「無制約ケース」（図(a)）では石炭生産量を大幅に増加させ，21世紀は再び「石炭の世紀」とした方が，効用を最大化できる。一方，「2℃制約ケース」や「1.5℃制約ケース」では，石炭による発電と合成燃料の製造は抑制し，石炭生産を厳しく減少させている。天然ガスの生産量の推移についてはあまり大きな変化はなく，気温の制約があっても，21世紀中は化石燃料への依存度が高い状態が続く可能性が高いことが見てとれる。なお，これらの化石燃料の資源量に関しては，未確認の推定埋蔵量や予測埋蔵量も含めている。

気温制約ケースでは，非化石エネルギーの中では特に，バイオマスの生産量が増加する結果を得た。ただし，バイオマスエネルギーの大規模利用に関しては，これまでの実績が限られており，まだ認識されていない技術的・社会経済的な障壁があるかもしれない点には注意が必要である。

一方，太陽光発電や風力発電に関しては，技術進歩によるそれらの発電単価の低減を見込んでも，それらの発電規模を電力系統容量のある一定割合以下に抑える必要があるため，その貢献度は限定される結果となった。しかし，電力

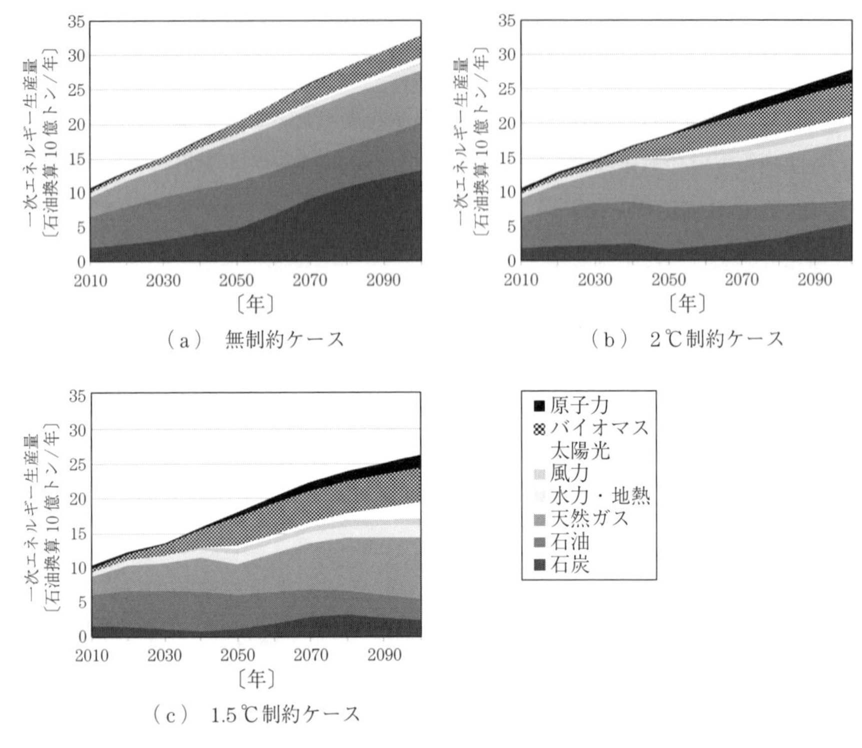

（a）無制約ケース

（b）2℃制約ケース

（c）1.5℃制約ケース

図6.9　世界全体の一次エネルギー生産量の推移

貯蔵技術や電力系統連系技術の進歩などにより，出力の不安定性に関する問題が解消されれば，この制約は将来的には緩和される可能性が十分ある。太陽光発電の場合，エネルギーの変換効率は高いため，バイオマスエネルギーと比較すると，土地面積に関する制約は小さいものと考えられる。

原子力発電に関しては，社会受容の問題を考慮して，ここでは地域別，時点別に設備容量に上限（世界全体で1 500 GW）を設けているため，気温制約のケースでも大幅な拡大を見せていない。ただし，この程度の発電を行うだけでも，原子炉の方式として現在主力である軽水炉の利用を前提とすると，ウラン鉱石資源のほとんどを使い切ってしまう見通しとなる。

図6.10には2100年までの世界全体の発電電力量の推移を示す。「無制約ケース」（図(a)）では石炭火力発電が最も安価なため，半分以上の電力がそ

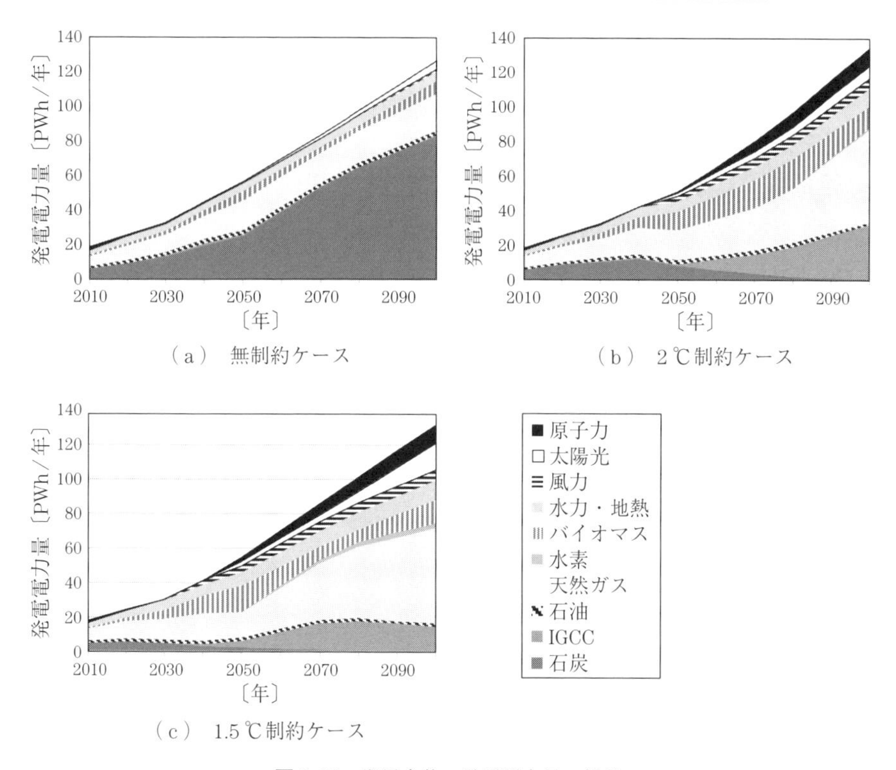

図6.10 世界全体の発電電力量の推移

れによって発電される結果となった。一方，気温制約のある2ケース（図（b），（c））では石炭火力発電は21世紀前半にはほとんど行われなくなり，その代わりバイオマスなどの再生可能エネルギーや原子力を利用した非化石エネルギーによる発電が増えている。前述したように，太陽光や風力という自然変動電源の導入可能量については，このような世界エネルギーモデルでは時間的空間的解像度が低いため，適切な評価は難しい。そのため，総発電電力に占めるそれぞれの割合が15％以下となるような上限を設けている。ただし，電力貯蔵や水電気分解での水素製造を行えば，この上限は超えられるとした。

化石燃料を用いた天然ガス火力やIGCCも21世紀末まで使われ，この図には明示されていないが，これらの排ガスからのCO_2の分離回収が行われる結果となっている。IGCCにはCO_2回収設備の併設を前提とした。「2℃制約ケース」や「1.5℃制約ケース」の発電電力量の一部は，CO_2 回収貯留のためのエネルギーとして消費されるため，最終需要へ供給される電力量は図6.10のグラフの値よりも1割程度小さくなる。

図6.11 にはDNE21の計算結果として得られた2100年までの世界全体の二次エネルギー消費量の推移を示す。「無制約ケース」（図(a)）では，液体燃料は石油製品で，気体燃料は天然ガスでおもに賄われている。気温制約のある2ケース（図(b)，(c)）では，エネルギー価格の高騰により省エネルギーが促進され，液体燃料や気体燃料の消費量が顕著に減少している。21世紀終盤では気体燃料の大半が水素で賄われる結果となっている。ただし，この計算では簡単のため，天然ガス用の都市ガス導管がそのまま水素の送配にも利用可能と想定している。現状の都市ガス導管では，水素を大量に含むガスの送配は技術

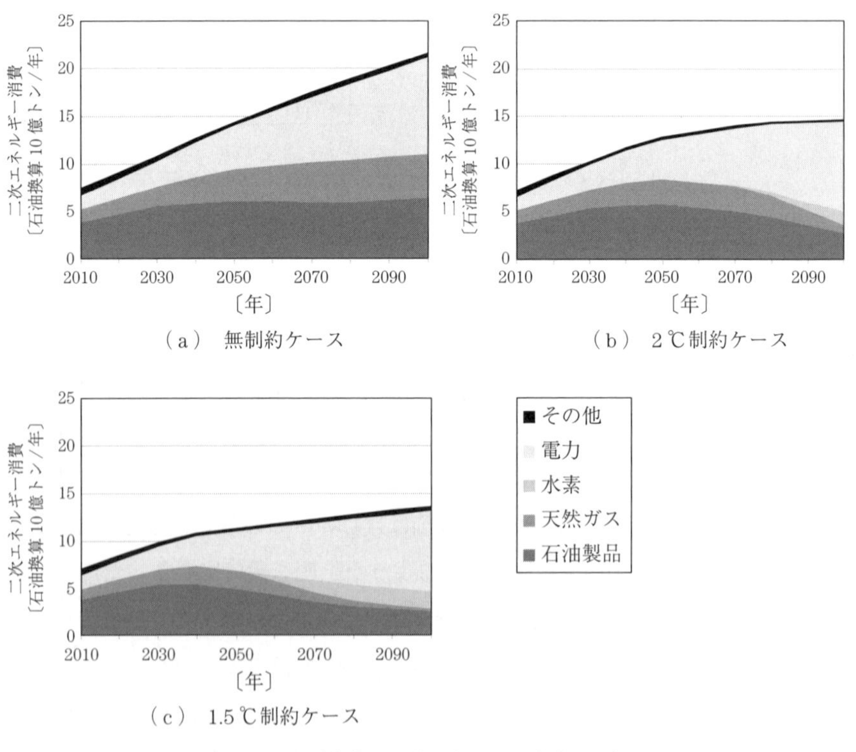

図6.11　世界全体の二次エネルギー消費量の推移

的な課題があるとされている。

図 6.12 に 2100 年までの世界全体の CO_2 排出量と回収貯留量の推移を示す。なおここでは，現状ではロンドン条約で禁止されている CO_2 海洋貯留が可能と想定している。「無制約ケース」（図(a)）では，CO_2 排出量は単調に増加して 2100 年には炭素換算トンで毎年 250 億トンを超えると予想される。「無制約ケース」でも CO_2 回収貯留が少し行われているのは，石油増進回収のためであり，温暖化対策のためではない。「2℃制約ケース」（図(b)）では，2100 年時点でのエネルギーシステムの総排出量は毎年 150 億トン程度となるが，CO_2 回収貯留の大規模な実施により，大気中への正味排出量は 10 億トン程度に抑制されている。「1.5℃制約ケース」（図(c)）では 2100 年の正味排出量は負となっている。これらの計算結果が示唆する毎年 100 億～150 億トンの

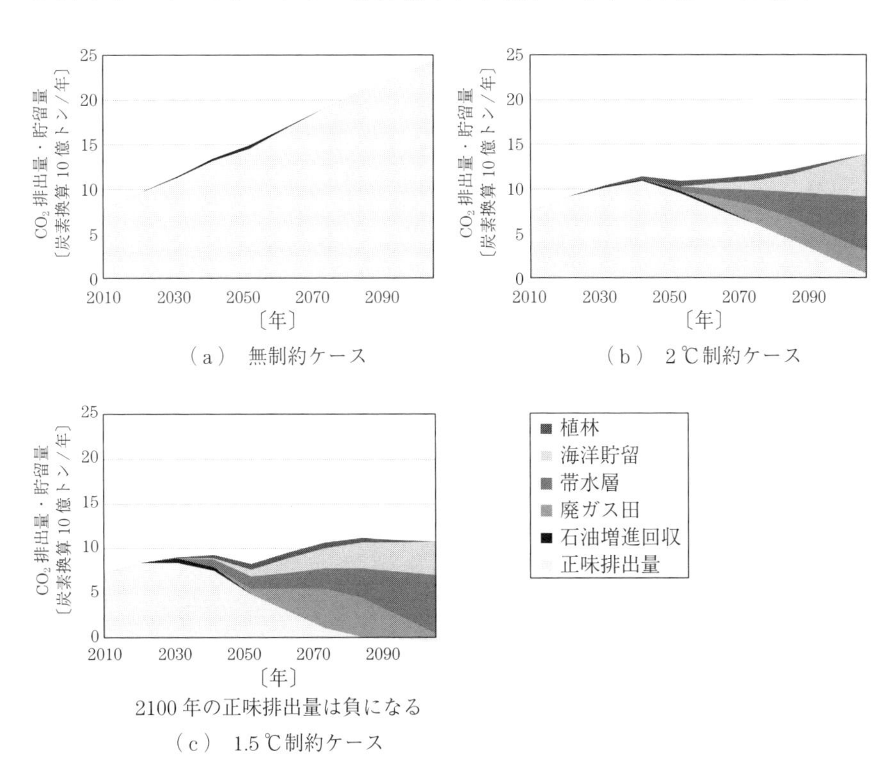

（a）　無制約ケース

（b）　2℃制約ケース

（c）　1.5℃制約ケース

図 6.12　世界全体の CO_2 排出量と回収貯留量の推移

CO_2回収貯留が実現できるかはわからない。もしできないとすると，太陽光や原子力などの非化石エネルギーの導入量をもっと増大させなくてはならない。しかしながら，これらのエネルギーについても，技術的社会的な課題があるため，導入可能量の不確実性は大きい。

図6.13には，潜在価格として得られたCO_2限界削減費用，エネルギーシステム総費用（エネルギー価格高騰による集計化された財の生産額の減少分も含む）の絶対額と，その基準GDPに対する相対値を示す。気温制約が厳しくなると，エネルギーシステム総費用も上昇するが，今世紀後半には基準GDPの3～4％に相当する追加費用が発生すると推計される。「1.5℃制約ケース」では，21世紀末には限界削減費用が2000ドル/炭素トンを超えるが，このような状況となれば，CO_2の大気直接回収などの革新技術も意味を持つかもしれ

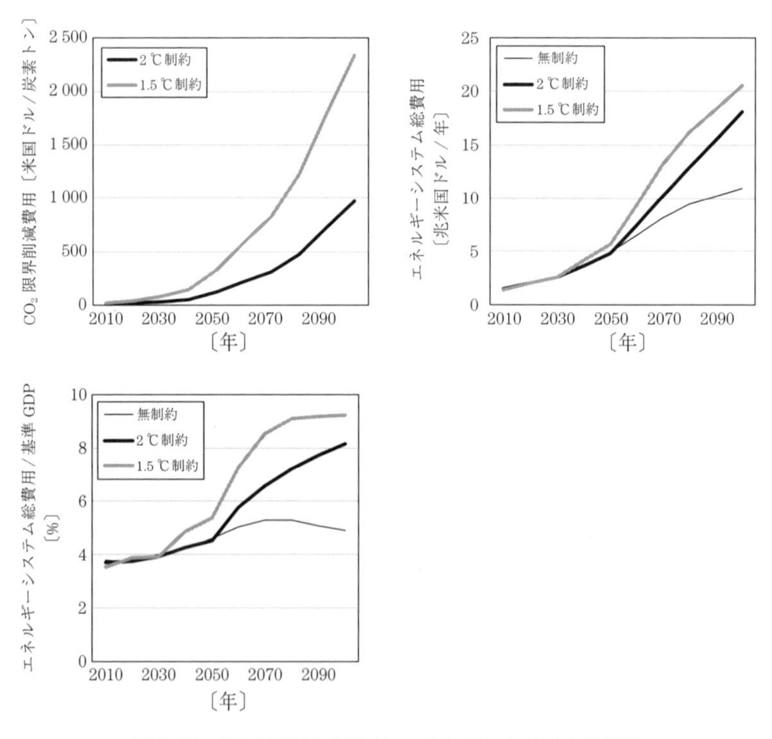

図6.13　CO_2限界削減費用とエネルギーシステム総費用

ない。

図6.14には，簡易気候変動モデルで計算された各ケースの大気中CO_2濃度，全球平均気温の上昇幅，海面上昇幅を示す。「無制約ケース」では，21世紀末にはCO_2は750 ppmvへ増加し，気温は3.5℃，海面は50 cm以上，それぞれ上昇する。「2℃制約ケース」では，CO_2濃度は500 ppmvあたりで頭打ちし，海面上昇幅は40 cm程度となる。さらに「1.5℃制約ケース」では，CO_2は2050年頃に450 ppmvでピークを迎え，海面上昇幅も30 cm程度と予想される。

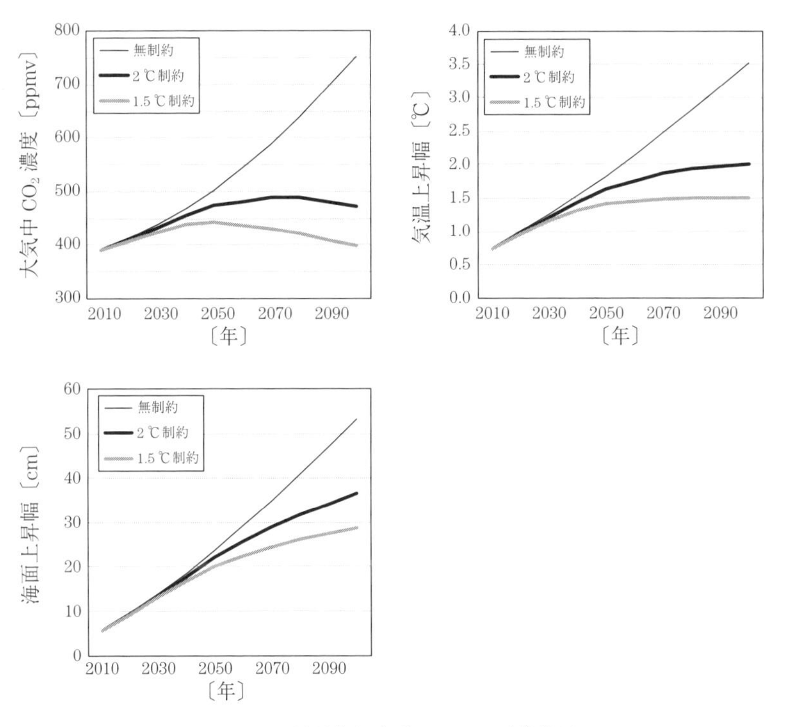

図6.14 簡易気候変動モデルの計算結果

エネルギーシステムにおける気候変動対策には特効薬はなく，**省エネルギーの推進**，**燃料転換**，**CO_2回収貯留**のすべての方策を考慮に入れた複合的なアプローチをとることが，効用最大化の観点からは望ましいことが示唆される。

日本に関しては，バイオマスの国内資源量が限られることや，回収 CO_2 の地層処分の実施が困難なことから，このような気温制約に向けたエネルギー戦略はとても厳しいものとなると予想される。そのため，社会受容性に課題がある原子力発電の利用拡大や，エネルギー安全保障上の懸念が残る極東ロシアなどの海外からの水素輸入なども選択肢とせざるをえないと考えられる。太陽光や風力という自然変動電源の導入拡大も望まれるが，電力貯蔵と送配電補強のための費用が高いことから，現実的な利用可能量は限られると考えられる。

7 バランスのとれたエネルギーの利用を目指して

7.1 エネルギーベストミックス

身体の健康を維持するためには，栄養バランスのとれた食事をとることが重要とされる。それと同様に，健全なエネルギーシステムを構築するには，石油などの化石燃料や，水力や太陽光などの再生可能エネルギー，そして原子力エネルギーなど，さまざまなエネルギーをバランスよく組み合わせることが求められる。各エネルギーにはそれぞれ長所や短所があり，複数のエネルギーをうまく組み合わせることで，あるエネルギーの短所をほかのエネルギーの長所で補うことが望まれる。**表 7.1** に，特に各種エネルギーのおもな問題点を示すが，現時点では特効薬的なエネルギー資源や供給方式はないといってもよい。

表 7.1 各種のエネルギー資源や供給方式のおもな問題点

エネルギー資源や供給方式	おもな問題点など
石　炭	豊富で安価だが環境面で問題が多い
石　油	使い勝手がよいが，資源量が限られ高価
天然ガス	比較的環境に優しいが，輸送や備蓄が難しい
水力・地熱	安定しているが，開発余地が限られる
バイオマス	生態系に依存し，利用可能量は限られる
風　力	多くが遠隔地にあり，出力も不安定
太陽光	夜間・曇天時には利用できず，季節変動もある
核分裂（原子力）	事故時の社会的な影響が大きい
核融合	技術的にまだ困難
水　素	生産するために一次エネルギーが必要

日本では特に，エネルギー政策を立案する際には，各種のエネルギーをどのように組み合わせるのがよいかを判断するために，**経済性**，**環境性**，**供給安定性**，そして**安全性**の四つの観点から検討されている。そして，最もバランスのとれたエネルギーの組み合わせを**エネルギーベストミックス**と呼んでいる。

経済性については，発電単価や燃料価格などが具体的な指標となる。発電単価は，燃料価格やプラントの年間平均稼働率，そして技術進歩などに大きく依存し，将来の不確実性も大きい。CO_2などの排出量が少ない環境によいエネルギーであっても，価格が高いと社会での利活用は進まないであろう。政府による税金や補助金などの経済的環境政策で，エネルギー間の相対価格は人為的に変えることはできる。エネルギー価格の上昇は，家計や企業の光熱費の支出を増やすことから問題視されることが多いが，これまでは事業性を有しなかった省・新エネルギー技術を用いた新規ビジネスを生み出す可能性があり，必ずしも悪いことばかりではないと考えられる。

つぎに環境性については，おもに単位エネルギー当りの CO_2 排出量が指標となる。CO_2 は代表的な温室効果ガスであり，長期的には大幅な排出削減が必要とされている。天然ガス複合発電の単位発電電力量当りの CO_2 排出量は，石炭火力発電の約半分ですむ。水力，地熱，バイオマス，風力，太陽光などの再生可能エネルギーや原子力の活用によっても CO_2 排出量を削減できる。しかしながら，温暖化対策をとることによって得られる便益は，現時点では必ずしも明確ではない。そのため，厳密な費用便益分析は困難であり，温室効果ガスの排出目標は実際には予防原則に基づいて政治的に設定されている。

そして供給安定性を脅かす最大の要因は，日本の場合，海外での紛争などの不測の事態によって引き起こされるエネルギー資源の供給途絶である。そのため，おもに一次エネルギー資源の調達における国内自給率の引き上げ，輸入先の分散，海上輸送ルートの安全確保，国内備蓄の充実などが，供給安定性の向上のための具体的な施策となる。しかし，供給途絶時の経済損失や人的被害に関する定量的な検討がほとんど行われておらず，供給安定性向上で得られる便益の期待値は大きいと思われるが，必ずしも明確ではない。

安全性という指標は，東京電力福島第一原子力発電所の過酷事故が起きたことを受けて，追加された観点である。ただ，**表 7.2** に示すエネルギー供給量当りの過酷事故による死亡者数という世界的な統計データで比較すると，直感とは異なり，じつは原子力発電が比較的安全な発電方式とされる。

表 7.2　エネルギー別の死亡者 5 名以上の過酷事故（1969〜2000 年）[32)]

エネルギー	OECD 加盟国		OECD 非加盟国	
	死亡者数	GW 年当りの死亡者数	死亡者数	GW 年当りの死亡者数
石炭	2 259	0.157	4 831	0.597
石油	3 713	0.132	16 505	0.897
天然ガス	1 043	0.085	1 000	0.111
LPG	1 905	1.957	2 016	14.896
水力	14	0.003	29 924	10.285
原子力	0	なし	31	0.048

この表では，チェルノブイリ原発事故については，事故直後の死亡者のみが考慮されている点には注意が必要である。ただし前述したように，同事故では，15 名の小児の甲状腺がん死亡者が報告されたものの，甲状腺がん以外のがんや白血病が多発した証拠は見つかっていない。また，原発事故後の福島でも放射線被曝の健康影響は幸い見出されていない。後者についてはしばらく経過を見守る必要があるが，表 7.2 の数値の傾向は現在でも大きくは変わらないと考えられる。なお，火力発電に関しては，過酷事故の被害よりも，排ガスによる公衆の呼吸器系などに対する健康影響の方がはるかに大きいとされる。太陽光や風力については，大きな過酷事故の心配はないが，転落や感電，破損物の脱落や飛散などの事故による死亡者数は，その普及が進むと無視できなくなると考えられる。原子力利用の単なる抑制だけでは，エネルギーシステム全体の安全性を必ずしも高められないのは明らかである。

7.2　今後のおもな課題

まず太陽光発電などの自然変動電源については，その導入拡大に伴う系統安定化対策のための費用増大が懸念される。将来的には，これらの出力の季節変動による余剰電力対策には，桁違いに安価で大容量のエネルギー貯蔵装置が必要となると考えられ，最も困難な技術経済的な課題となると考えられる。電気や水素だけでなく，熱エネルギーや合成燃料としての貯蔵も必要と考えられる。また，自然エネルギー資源の地理的偏在に対処するためには，エネルギーの安価な長距離大量輸送技術も必要となる。筆者の研究室では，制約条件式が1億本を超える詳細な最適電源構成モデルを用いた経済性評価などを行っているが，再生可能エネルギーの利用割合を増やすことは合理的な面もあるものの，その結果からは，再生可能エネルギー100％の電力システムを構築することは絶望的に難しいと感じる。

石炭，石油，天然ガスという化石燃料の利用については，気候変動問題に関する環境政策の不確実性が，その将来の見通しを悪くしている。地球温暖化だけでなく資源枯渇も考慮すると，化石燃料への依存度はいずれ下げざるをえないのは確かであろう。自然変動電源の大量導入が実際に進展している国や地域では，CO_2 排出量が少ない最新鋭の天然ガス火力発電さえも廃止へ追い込まれ，火力発電全般への投資が躊躇される状況となっている。しかし，航空機などの移動体用のエネルギーとして，常温常圧で液体となる炭化水素燃料は長期的にも必要と考えられ，脱炭素社会の実現は容易ではない。

原子力については，低線量（率）被曝の健康影響に対する不安や，その不安を背景にした脱原発を志向する世論がその前途に暗い影を落としている。東京電力福島第一原子力発電所の事故では，事故を起こした原発周辺の住民への放射線被曝による明らかな健康影響は甲状腺がんも含めて現時点では見出されていないが，その一方で住民避難の過程で高齢者や入院患者を中心に少なからずの人命が，ストレスや持病の悪化などが原因で失われてしまった。この事故の結果として，実際になにが起きたかを冷静に確かめる必要がある。

現時点では，特効薬的なエネルギー資源や供給方式は見出されておらず，「経済性」「環境性」「供給安定性」そして「安全性」の四つの指標を念頭に置きつつ，バランスのとれたエネルギー利用を目指してわれわれは努力するしかない。

引用・参考文献

1） Meadows, D.H., Meadows, D.L., Randers, J., and Behrens III, W.W.：The Limits to Growth：a report for the Club of Rome's project on the predicament of mankind, Universe Books（1972）
日本語翻訳版は，大来佐武郎 監訳：成長の限界―ローマ・クラブ「人類の危機」レポート，ダイヤモンド社（1972）

2） Malthus, T.R.：An essay on the principle of population, as it affects the future improvement of society. With remarks on the speculations of Mr. Godwin, M. Condorcet and other writers, London, J. Johnson（1798）
日本語翻訳版は，高野岩三郎，大内兵衛 訳：初版 人口の原理，岩波文庫（1962）など

3） E. Daly, Herman.：Toward Some Operational Principles of Sustainable Development, Ecological Economics, 2, pp. 1-6（1990）

4） World Commission on Environment and Development：Our Common Future, The Brundtland Report, Oxford University Press（1987）

5） United Nations：Department of Economic and Social Affairs, Population Division, World Population Prospects：The 2017 Revision, Key Findings and Advance Tables., Working Paper, ESA/P/WP/248（2017）

6） 日本原子力研究開発機構核データ研究グループ Web サイト：
http://wwwndc.jaea.go.jp/ENDF_Graph（2017 年 12 月現在）

7） 一般財団法人総合工学研究所 編：新エネルギーの展望「燃料電池―再改定版」，一般財団法人エネルギー総合工学研究所（2006 年）

8） 国立研究開発法人新エネルギー・産業技術総合開発機構技術戦略研究センターレポート Vol. 20：電力貯蔵分野の技術戦略策定に向けて（2017 年）

9） 日本エネルギー経済研究所計量分析ユニット 編：エネルギー・経済統計要覧，一般財団法人省エネルギーセンター（2017）

10） Rogner, H-H.：An Assessment of World Hydrocarbon Rerources, Annual Review of Energy and the Environment **22**：pp. 217-262（1997）

11） エネルギー・資源学会 編：エネルギー・資源ハンドブック，オーム社（1996）

12） Ottmar Edenhofer et al.：Renewable Energy Sources and Climate Change Mitigation, Special Report of the IPCC, Working Group III, Intergovernmental

Panel on Climate Change, Cambridge University Press（2011）
13） 独立行政法人新エネルギー・産業技術総合開発機構：太陽光発電開発戦略（2014）
14） IEA Bioenergy : Bioenergy-A Sustainable and Reliable Energy Source-Main report（2009）
15） Myhre, G. et al. : Anthropogenic and Natural Radiative Forcing, Working Group I, AR5 of the IPCC, Cambridge University Press（2013）
16） Scripps CO_2 Program :
http://scrippsco2.ucsd.edu/data/atmospheric_co2/mlo（2017 年 12 月現在）
17） CDIAC :
http://cdiac.ess-dive.lbl.gov/ftp/ndp030/global.1751_2014.ems（2017 年 12 月現在）
18） Ciais, P. et al. : Carbon and Other Biogeochemical Cycles, Working Group I, AR5 of the IPCC, Cambridge University Press（2013）
19） 今村栄一，長野浩司：日本の発電技術のライフサイクル CO_2 排出量評価―2009 年に得られたデータを用いた再推計―，電力中央研究所報告書，Y09027（2009）
20） Howard Herzog et al. : Special Report on Carbon Dioxide Capture and Storage, IPCC, Chapter 8, Cambridge University Press（2006）
21） 日本アイソトープ協会 訳：国際放射線防護委員会の 2007 年勧告，日本アイソトープ協会（2009）
22） Maurice Tubiana et al. : The Linear No-Threshold Relationship Is Inconsistent with Radiation Biologic and Experimental Data, Radiology : **251**, 1, RSNA（2009）
23） Chernobyl Forum, Chernobyl's Legacy : Health, Environmental and Socio-economic Impacts and Recommendations to the Governments of Belarus, the Russian Federation and Ukraine, IAEA, p. 10（2005）
24） UNSCEAR 2008 Report vol. II : Effects, Report to the General Assembly Scientific Annexes C, D and E, United Nations Scientific Committee on the Effects of Atomic Radiation. "Annex D. Health effects due to radiation from the Chernobyl accident". Sources and Effects of Ionizing Radiation, pp. 64-65（2011）
25） UNSCEAR：東日本大震災後の原子力事故による放射線被ばくのレベルと影響に関する UNSCEAR 2013 年報告書刊行後の進展，国連科学委員会による今後の作業計画を指し示す 2016 年白書，pp. 25-26（2016）
26） 一般財団法人日本エネルギー経済研究所エネルギー計量分析センター 編：超長期の世界エネルギー需給・地球環境に関するモデル分析（1995）
27） Murota, Y. and Ito, K. : Global warming and developing countries-The

possibility of a solution by accelerating development-, Energy Policy, **24**, 12, pp. 1061-1077 (1996)

28) 松井賢一，伊藤浩吉，山田昭：超長期世界エネルギー需要モデルによるシミュレーション分析　中国に関するケーススタディー，INSS Journal, pp. 77-103 (1995)

29) Fujii, Y. et al.: Assessment of technological options in the global energy system for limiting the atmospheric CO_2 concentration, Environmental Economics and Policy Studies, 1, pp. 113-139 (1998)

30) Wigley, T.M.L. and Raper, S.C.B.: Implications for climate and sea level of revised IPCC emissions scenarios, Nature, **357**, pp. 293-300 (1992)

31) Nakićenović et al.: Special Report on Emissions Scenarios for the IPCC, Working Group III, Intergovernmental Panel on Climate Change, Cambridge University Press (2000)

32) OECD/NEA: Comparing Nuclear Accident Risks with Those from Other Energy Sources, 6861 (2010)

索　　引

【す】

【せ】

【そ】

【た】

【ち】

【て】

【と】

【な】

【に】

【ね】

【は】

【ひ】

【ふ】

【へ】

【ほ】

【ま】

―― 著 者 略 歴 ――

1988年　東京大学工学部電気工学科卒業
1990年　東京大学大学院工学系研究科修士課程修了（電気工学専攻）
1993年　東京大学大学院工学系研究科博士課程修了（電気工学専攻）
　　　　博士（工学）
1993年　横浜国立大学助手
1995年　横浜国立大学講師
1997年　横浜国立大学助教授
1999年　東京大学助教授
2007年　東京大学准教授
2008年　東京大学教授
　　　　現在に至る

エネルギー環境経済システム

Energy, Environmental and Economic Systems

2018 年 6 月 18 日　初版第 1 刷発行 ★

検印省略

著　者　藤（ふじ）井（い）　康（やす）正（まさ）
発 行 者　株式会社　コ ロ ナ 社
　　　　代 表 者　牛 来 真 也
印 刷 所　三 美 印 刷 株 式 会 社
製 本 所　有限会社　愛千製本所

112-0011　東京都文京区千石 4-46-10
発 行 所　株式会社　コ ロ ナ 社
CORONA PUBLISHING CO., LTD.
Tokyo Japan
振替 00140-8-14844・電話(03)3941-3131(代)
ホームページ　http://www.coronasha.co.jp

ISBN 978-4-339-06646-3　C3040　Printed in Japan　（三上）